U0261996

水环境与西南民族
村落关系的生态研究

管彦波　著

中国社会科学出版社

图书在版编目（CIP）数据

水环境与西南民族村落关系的生态研究／管彦波著．—北京：
中国社会科学出版社，2021.2

ISBN 978 - 7 - 5203 - 7108 - 7

Ⅰ.①水…　Ⅱ.①管…　Ⅲ.①水环境—关系—少数民族—村落—
研究—西南地区　Ⅳ.①X143②X21

中国版本图书馆 CIP 数据核字（2020）第 164097 号

出 版 人	赵剑英
责任编辑	张　林
特约编辑	张　虎
责任校对	赵雪姣
责任印制	戴　宽

出　　版	中国社会科学出版社
社　　址	北京鼓楼西大街甲 158 号
邮　　编	100720
网　　址	http://www.csspw.cn
发 行 部	010 - 84083685
门 市 部	010 - 84029450
经　　销	新华书店及其他书店

印　　刷	北京明恒达印务有限公司
装　　订	廊坊市广阳区广增装订厂
版　　次	2021 年 2 月第 1 版
印　　次	2021 年 2 月第 1 次印刷

开　　本	710×1000　1/16
印　　张	14.75
插　　页	2
字　　数	227 千字
定　　价	86.00 元

目　　录

第 一 章

绪　　论

第一节　选题缘起与空间界定

一　选题缘起

我国的西南地区，素有"亚洲水塔"的美誉。然而，自 2008 年以来，有关西南大旱的报道却不绝于耳，似乎西南大地正在面临一场千百年不遇的水生态危机。面对西南连续不断的大旱，社会各界开始反思，到底是什么原因导致了西南大旱？旱情凸显的是什么？是水利欠账、生态恶化？是天灾还是人祸？人们从不同层面不断思考这些问题。

我出生于云南，长期从事西南民族社会历史与文化的研究，对于这方热土上发生的事情，自然倍加关注。当然，作为一位人文社会科学工作者，也有责任和使命从自己的专业背景出发，对现实问题有所关注。然而，在我翻检相关的研究成果的过程中发现，有关西南水文环境与水文生态的研究论著和报告中，通过数理分析和统计分析并上升到战略层面思考的成果并不鲜见，可把自然环境和人文环境有机地结合起来，从局部、细部考察西南民族村落水环境的论著却不多见，于是萌生了"水环境与西南民族村落关系的生态研究"这个选题。本书设计之初，希望自己的研究能够关涉如下几个层面。

一是西南民族村落生态和环境类型的分析。村落是以农村人群为中心，伴生生物为主要生物群落，建筑设施为重要栖息环境的人工生态系统，它具有景观、分布、结构、功能、生命过程、新陈代谢和分类区划等生态学特征。① 在整合相关理论的基础上，分区域考察西南地区各种不同村落的生态成因、历史演变、现实情况，并把之作为宏观思考的一个基点。

二是西南民族村落水环境的历史变迁研究。把西南民族村落的形成和发展置于人类住居历史的宏观演进背景中，系统地梳理西南历史上水环境的变迁及各个不同历史时期的水务活动情况，包括对水的治理、开发、利用、配置、节约、管理、保护等创造性活动和村落对治水、管水、用水、保护水的经验总结与规律性的认识。

三是村落水事文化价值观研究。水文化是村落文化中以水为轴心的文化集合体。以村落文化的研究为基础，深入分析各民族乡土知识系统中传承有序的与水相关的环境观和价值观，深入揭示与水相关的村落集体行为和水文化习俗的现代演变。

四是村落水环境的个案剖析与运用模式建构。以水环境作为影响西南民族村落环境的一个重要变量，选择一些有代表性的村落，具体考察水环境与村落文化的生态关系，具体内容包括水文（雨水、水流）对村落形成和发展的影响，村落类型与水源的关系（村落内外水系所形成的溪畔、桥头、池边、水巷、井台等邻里空间的分析）等，并在个案研究的基础上，尝试建立起一套具有科学性和可操作性的民族村寨水环境评估指标体系，以期对民族地区和谐的人居环境建设有所助益。

围绕以上几个方面，我们在展开思考和研究的过程中，深切地感到，原来的设想过于宽泛，基于个人的学术积累，不可能完全展开，更不能追求大而全，于是稍加压缩凝练，有了后面相关章节的安排。

二 空间界定

本书所关注的地理范围是西南民族地区，而西南地区作为一个独特的历史地理民族区，较早进入中原史家的视野，始于《史记》《汉书》和《后汉书》。据《史记·西南夷列传》载：

---

① 王智平、安萍：《村落生态系统的概念及特征》，《生态学杂志》1995 年第 1 期。

西南夷君长以什数，夜郎最大；其西靡莫之属以什数，滇最大；自滇以北君长以什数，邛都最大：此皆魋结，耕田，有邑聚。其外西自同师以东，北至楪榆，名为嶲、昆明，皆编发，随畜迁徙，毋常处，毋君长，地方可数千里。自嶲以东北，君长以什数，徙、筰都最大；自筰以东北，君长以什数，冉駹最大。其俗或土箸，或移徙，在蜀之西。

《后汉书·南蛮西南夷传》亦载：

西南夷者，在蜀郡徼外。有夜郎国，东接交阯，西有滇国，北有邛都国，各立君长。其人皆椎结左衽，邑聚而居，能耕田。其外又有嶲、昆明诸落，西极桐师，东北至叶榆，地方数千里。无君长，辫发，随畜迁徙无常。自嶲东北有筰都国，东北有冉駹国，或土著，或随畜迁徙。自冉駹东北有白马国，氐种是也。

这两条史料记载的是秦汉时期西南夷的分布范围。这里，中原史家以成都平原为中心，依次叙述了其南部、西南部、西部的少数民族分布情况，范围包括云南、贵州、四川的大部分地区。长期以来，学界所主张的狭义的西南概念，基本上沿袭了《史记》《汉书》的"西南观"，即以今天的云南、贵州、四川、重庆四省市为主，划出了一个大致的范围。如方国瑜在《中国西南历史地理考释》中曾说："西南地区的范围，即在今云南全省，又四川大渡河以南，贵州省贵阳以西，这是汉代至元代我国的一个重要政治区域——西汉为西南夷，魏晋为南中，南朝为宁州，唐为云南安抚司，沿到元代为云南行省——各个时期疆界虽有出入，而大体相同。"[①]

广义的西南则突破了传统的"行政史观"的限制，结合历史、人文与自然地理的共性与差异性，把西藏自治区也纳入"中国西南"讨论的范围。比如，童恩正在《中国西南的旧石器文化》一文中，对于中国西

---

① 方国瑜：《中国西南历史地理考释》（上），中华书局 1987 年版，第 1 页。

南有这样一个完整的表述：

> 中国的西南地区，位于亚洲大陆的南部，包括四川、云南、贵州三省和西藏自治区。其西部为青藏高原，南部为云贵高原，北部为四川盆地。全境海拔高度相差很大，动植物垂直分布差异很大，故而品种繁多，物产丰饶，十分适宜原始人类的繁衍生息。从地理位置上看，本地区北接黄河流域，南与印度、不丹、缅甸、老挝、越南等国为邻，是连接亚洲大陆腹地与印巴次大陆及中南半岛的枢纽。①

这个表述，从地缘政治和地理生态环境的视角出发，强调了西南地区的区域位置及环境特点，注意到了西南地域与周边的邻接关系，为我们描述了一个较为完整的"西南"概念。

广义上的西南，还有一种更宽泛的界定，其空间范围不仅包括西藏和广西，还囊括一些与两地相邻的在民族历史与文化上具有过渡性和渐变性的边缘地带。如《西南与中原》一书的作者认为，"西南"一词所涵盖的地域，"其外沿大致稳定在今天西南的川、黔、滇、藏，连同广西5个省区，并涉及湖南的西部，湖北的西南部及青海的藏区等地域"②。马强认为，"传统地理概念中的西南地区除了以今天的云南、贵州、四川、重庆四省市为主体外，还包括今鄂西山地、秦巴山区、地跨川鄂的三峡沿线以及湘西沅、辰地区和岭南以西地区"③。本书所讨论的范围，采用的是宽泛意义上的西南概念，即重点放在云、贵、桂、川四省，同时还要兼顾西藏和湘西地区的一些民族村落情况。

---

① 童恩正：《中国西南的旧石器文化》，载《中国西南民族考古论文集》，文物出版社1990年版，第16页。

② 杨庭硕、罗康隆：《西南与中原》，云南教育出版社1992年版，第5页。

③ 马强：《论唐宋西南史志及其西部地理认识价值》，《史学史研究》2005年第3期。

第二节　相关概念辨析

由于本项目的研究是一个综合性的研究，它涉及一系列相关的概念，而这些概念基本上是一些多解的概念，不同的学科有着不同的认识和理解，我们有必要对之进行梳理和辨析，并确定本课题的研究取向。

一　聚落

对于概念本身而言，聚落是地理学界、考古学界最惯常使用的一个概念。在相关民族村落研究中，许多学者也习惯将之与村落相混使用。在中国的文献中，"聚落"较早见于《史记·五帝本纪》，其载称："一年而所居成聚，二年成邑，三年成都。"释文曰："聚，谓村落也。"《汉书·沟洫志》："民耕田之，或久无害，稍筑室宅，遂成聚落。"这里，人类的聚居地虽有"聚""邑""都"之别，但聚落的基本含义是相当于"邑"之始、"都"之初的乡村居民点。汉之后，随着中国古代"三大龙脉"（以长江、黄河两大水系为界，中国整个山脉被分成南、北、中三大龙脉）风水学说的发展，逐渐形成"大聚为都，中聚为郡，小聚为乡"的三种居住格局，相应地，"聚落"一词的涵盖面不断扩大，凡中国古代传统社会中上至都会郡县、下至乡村集镇的一切聚居形式均可用聚落来指代。发展演变至今，聚落作为一个传统性术语，在广义上包括村落、乡镇和城市三种主要的人类聚居形式。

由于在汉语语境中聚落的指代甚为宽泛，既可是村落、集镇或城镇的单指，也可以是村落、集镇或城镇的统称，指代对象存在着很大的差异，所以不同著述中有关聚落的定义也是异见杂呈。在各种不同的定义中，地理学范畴内的聚落，通常将之看成人类占据地表的一种具体表现，它具体是指"人类为了生产和生活的需要而集聚定居的各种形式的居住场所。包括房屋建筑的集合体，以及与居住直接有关的其他生活设施（如道路、公共设施、园林绿化、港站等）和生产设施"[1]。考古学意义

---

[1]　左大康等主编：《现代地理学辞典》，商务印书馆1990年版，第672页。

上，张光直认为，"聚落所指的是一种处于稳定状态，具有一定地域并延续一定时间的史前文化单位"①。在民族学、社会学与人类学界，周星认为，聚落"是按照一定的生产关系和社会关系（史前主要表现为血缘关系）所组成共同体的人们居住生活得以实现的空间，是居民居住生活方式的物质实体"②。马宗保、马晓琴认为，"聚落是一个建立在特定自然地理环境基础之上、融物质设施与精神观念为一体的人造环境系统，是由人群、住所、公共场所等诸多要素组合在一起的地域共同体"③。李锦认为，"聚落是一定人群的居住集合，由一定的家庭数量和人口规模组成，定居于某一特定的区域或区位。它是人类生存与生活的重要空间方式，是人类与生态和环境发生联系最直接、最密切的时空单元和系统"④。王炎松、袁铮、刘世英认为，"聚落是在一定地域内发生的社会活动和社会关系，特定的生活方式，并且有共同成员的人群所组成的相对独立的地域社会。它既是一种空间系统，也是一种复杂的经济、文化现象和发展过程。是在特定的地理环境和社会经济背景中，人类活动与自然相互作用的综合结果"⑤。李东等认为，"聚落是在一定地域内，由特定人群发生的社会活动、社会关系以及生活方式，并且由共同成员的人群所组成的相对独立的地域社会"⑥。

上述有关聚落的定义，要么强调聚落的地域性、环境性，要么凸显聚落的社会性、文化性，反映了不同学科、不同视角对聚落的理解，均有其存在的合理性。我们认为，聚落作为中国乡土社会相对独立的地域

① 张光直：《聚落》，吴加安、唐际根译，载中国历史博物馆考古部编《当代考古学理论与方法》，三秦出版社1991年版。

② 周星：《黄河中上游新石器时代的住宅形式与聚落形态》，载《史前史与考古学》，陕西人民出版社1997年版，第113页。

③ 马宗保、马晓琴：《人居空间与自然环境的和谐共生：西北少数民族聚落生态文化浅析》，《黑龙江民族丛刊》2007年第4期。

④ 李锦：《聚落生态系统变迁对民族文化的影响——对泸沽湖周边聚落的研究》，《思想战线》2004年第2期。

⑤ 王炎松、袁铮、刘世英：《民居及聚落形态变革规律初探——鄂东南阳新县传统聚落文化调查》，《武汉水利电力大学学报》1999年第3期。

⑥ 李东、许铁铖：《空间、制度、文化与历史叙述——新人文视野下传统聚落与民居建筑研究》，《建筑师》2005年第3期。

社会空间和特定人群的一个生活单位，它既是一个社会性的概念，也是一个环境性的概念，是由各种人文环境要素和自然环境要素综合组成的系统。本书在相关的讨论中，所涉及的聚落概念多在这个层面上来使用，它既可以指代某一个行政村，也可以专指某一个自然村或居民点，而且在大多数情况下与村落通用。

二 村落、村寨

村落是基于人的聚集而形成的一种实体，是民族学、社会学和人类学经常使用的概念，也是本书的一个核心概念。

据相关学者考证，"村"字及具体的村名早在东汉中后期的文献中就已出现。汉之前，村落的早期形态被称作庐、丘、聚，它们是村落来源的三种主要类型。庐是国人的临时聚居地，丘里是野人的自然聚居地，聚是人为规划的安置聚居地。南北朝时期，"村"常与邑、堡、坞、栅、屯等聚落名称连用或并用，并具有了社会意义，逐渐进入国家地方行政并成为一级基层组织单位。到了唐代，野外聚落均被统称为"村"，成为一级行政组织单位，"村"的含义发生了质变，被赋予了更多的社会制度的意义。①

现代学人对村落的表述同样存在较大差异。有学者认为，"村落是一种综合性的社会实体，是镇或城市形成的最初状态。它是在一定地域内发生的社会活动、社会关系和特定的生活方式的总和，是由共同成员所组成的相对独立的地域社会。同时，它又是一种空间环境系统：包括自然生态环境、社会组织和人文环境等子系统；是在特定的地理环境和社会经济背景中人类活动与自然相互作用的综合结果。从宏观来看，它是一种社会和经济现象；从微观来看，它又是一个特定地域空间上的物质实体"②。还有学者指出，"村落，是农村聚落的省称。是相对于城市（或城镇）而言的一种聚集类型，是以农业人口为主的居民点。按功能来

---

① 刘再聪：《村的起源及"村"概念的泛化——立足于唐以前的考察》，《史学月刊》2006年第12期。

② 郑景文：《桂北少数民族聚落空间探析》，硕士学位论文，华中科技大学，2005年。

讲，村落就是聚居、生活、繁衍在地域范围相对稳定、边缘相对清楚、成员在同一时期相对固定的一些农村人员所组成的空间单元。按社会形态来讲，村落是社会结构当中的基本细胞之一。作为人类聚落的基本形态，村落是由原始社会的人类聚落发展形成的"①。村落是"以一定年龄结构、一定数量人口或人群为基本特征，以户为组成单位，以土地为经营对象，以相应的生物（牲畜和作物）为主要价值资源的人类聚居的空间单元"②。

本书研究中的村落，主要指传统中形成的自然村落，也包括由几个距离相近的聚居单元或自然村组成的"联村"，其相似之处是，由于自然和传统的原因，生活在这一地理区域内的人们对于所属群体及其村落边界有着很强的情感认知。

与村落相关联，村寨也是西南乡土文献及民间口语中经常出现的一个词语。一般而言，汉语中与"村"相对应的"寨"，多指四周有栅栏或围墙的村庄或营垒，突出的是其防御性的特征。如在三江侗族聚居区，"寨的称谓最早出现于宋，到清朝，寨在三江县被正式用作行政村的称谓之一。至今，三江的侗族及其他少数民族（苗、瑶等）的自然村以寨相称的情况依然常见，除此之外，其他常用的村落称谓有屯及体现地形特点的弄、坝、冲、洞等。生活中，人们常用'村寨'一词来统称这些村落传统的侗族村寨，四周建有高厚的石墙或栅栏，人畜只能从寨门出入"③。和三江的情况相类似，在当下的西南民族社会传统中，冠之以×× 寨的村落命名仍占有相当数量的比例，而且在许多学者的研究实践中，也保留了这种极具乡土特色的命名方式。

三　水环境、水资源、水文化

水环境与水资源问题，是当今世界可持续发展中面临的最突出的问

---

① 罗艳霞：《新农村建设中的古村落保护开发研究——以山西平遥西源祠村为例》，硕士学位论文，太原理工大学，2008 年。

② 周道玮、盛连喜、吴正方等：《乡村生态学概论》，《应用生态学报》1999 年第 3 期。

③ 韦玉娇：《三江侗族村寨的地理环境与民族历史变迁》，《广西民族学院学报》2002 年第 5 期。

题之一，乡村社会亦是如此。相应的，有关水环境与水资源的属性与内涵问题，学界也比较关注。在目前通行的定义中，《中国水利百科全书》中将水环境定义为："水环境广义指江、河、湖、海、地下水等自然环境，以及水库、运河、渠系等人工环境"[①]。《中华人民共和国国家标准》中的水环境是指，"围绕人群空间及可直接或间接影响人类生活和发展的水体，其正常功能的各种自然因素和有关的社会因素的总体。水环境要素由构成水环境整体的各个独立的、性质不同的而又服从整体演化规律的基本物质组成。随着社会经济和文化的发展与进步，以及人们对水利环境认识的提高，水环境的内涵逐渐得到充实完善。通常（广义上）讲一个地区的水环境是指影响该地区经济社会协调发展的防洪、供水、灌溉、航运以及水质、水景等自然和人工的水体环境。这里研究的水环境是指构成人类聚落环境的地表水域及其各要素的总和，包括水体、水域建筑群落、道路、桥梁等一切自然要素与人文要素及其相互关系"[②]。相关的学术研究，基本上围绕着这个定义来展开探讨，如熊晶在《西山区水环境治理与水文化建设探索》一文中认为，"水环境由水体的存在形态与影响水体变化的因素构成。如湖泊、河流、泉水、坝塘等，就是水体的存在形态。影响水体变化的因素可以划分为两种，一种是自然因素，另一种是人为因素，自然因素如地质构造的改变，气候的变化等，人为因素主要是人口增长、土地利用、提水、排水、森林覆盖率等。水环境就是在水体的存在形态与影响水体变化因素的相互作用中构成和变迁的"[③]。窦贻俭、李春华在《环境科学原理》一书中把水环境定义为："水环境一般是指河流、湖泊、沼泽、水库、地下水、冰川、海洋等地表贮水体中的水本身及水体中的悬浮物、溶解物质、底泥，甚至还包括水生生物等。从自然地理的角度看，水环境系指地表水覆盖地段的自然综

---

① 《中国水利百科全书》编辑委员会编：《中国水利百科全书》（第2版），中国水利出版社2005年版。

② 熊海珍：《中国传统村镇水环境景观探析》，硕士学位论文，西南交通大学，2008年。

③ 载熊晶、郑晓云主编《水文化与水环境保护研究文集》，中国书籍出版社2008年版，第15—16页。

合体。"① 庄晓敏在其硕士论文中主张,"水环境是水文化赖以存在的最本质的物质基础,狭义的水环境即是水质,广义的水环境则是指生态环境中的水圈,主要包括江、河、湖、海等的自然环境和水库、运河、沟渠等的人工环境"②。本书研究中的水环境,虽然在广义的层面上可能对西南地区的水环境与水生态有一个整体的考察,但就概念本身的使用,主要限定在村落水环境这个层面上,重点关注的是河水溪流、沟渠井泉、塘坝水口所构成的小环境与村落的生态关系,即村落范域内水体的存在形态及其影响水体变化的自然与人文因素。

水资源作为人类生存中不可或缺的自然资源和生物赖以生存的环境资源,关于其内涵的探讨,目前国内外学界尚未有一个公认的定论,但作为一个专有名词,早在 1894 年美国地质调查局(USGS)属下就专门设立了水资源处(WRD),并把陆面地表水和地下水总称为水资源。1977年,联合国教科文组织(UNESCO)建议:"水资源应指可资利用或有可能被利用的水源,这个水源应具有足够的数量和可用的质量,并能在某地为水的需求满足而可被利用。"③ 在国内,《中国大百科全书》中的"大气科学""海洋科学""水学科学""水利卷"等卷本均有"水资源"的词条,其中,"水利卷"中,陈志恺撰写的"水资源"条目将水资源界定为:"自然界各种形态(气态、固态或液态)的天然水,并将可供人类利用的水资源作为供评价的水资源。"④ 1995 年,姜文来、王华东等学者在对相关的水资源定义进行梳理后,较为全面地给水资源下了一个定义,他们认为,"水资源包含水量和水质两个方面,是人类生产生活及生命生存不可替代的自然资源和环境资源,是在一定的经济条件下能够为社会直接利用或待利用,参与自然界水分循环,影响国民经济的淡水"⑤。柴玲认为,广泛意义上"水资源包括经人类控制并直接可供灌溉、饮用、

① 窦贻俭、李春华编著:《环境科学原理》,南京大学出版社 2003 年版。
② 庄晓敏:《水利风景区水文化挖掘及载体建设研究》,硕士学位论文,福建农林大学,2011 年。
③ 参见姜文来《水资源价值论》,科学出版社 1998 年版,第 1—2 页。
④ 中国大百科编辑委员会编:《中国大百科·水利卷》,中国大百科出版社 1992 年版。
⑤ 姜文来、王华东等:《水资源耦合价值研究》,《自然资源》1995 年第 2 期。

发电、给水、航运、养殖等用途的地表水和地下水，以及江河、湖泊、井、泉、潮汐、港湾和养殖水域等。"①

狭义的水资源，"仅指与人类社会和生态环境密切相关而又不断更新的淡水。它来源于大气降水，以地表水、地下水和土壤水的形式存在。而由此淡水水体本身及其所赋存环境又构成了水环境，成为生态系统中最具影响力的子系统。由此可知，水的功能是双重的：一方面，它是人类生存和进行生产活动的物质条件；另一方面，它又是组成地球生态系统和引起生态系统变化的重要因素。因此说，水资源是既具有经济价值又具有生态价值的极为宝贵的一种自然资源，具有基础性的不可替代的地位和作用"②。

其实，无论学者们对水资源的理解存在着多大的差异，水资源作为一种特殊的自然资源，它具有流动性、循环性、有限性、关联性、随机性、不均匀性、多态性等诸多自然特征，同时水资源还属于整个社会，是整个人类的共同财富，具有一定的社会特征。③ 本书研究中所要探讨的村落水资源问题，重点关注的是村落生产和生活用水的制度安排，各民族对水资源的管理、保护的观念与行为。

水作为人类生存与发展的一种重要资源，其本身只是文化的载体，并不能独立产生文化，但是在人类对水的依托发展关系中，自然的水体不断被形塑、不断被赋予新的内涵，于是形成了以"人—水"特定矛盾关系为核心的水文化。

关于水文化的定义，不同学科由于研究的视角不同，理解也不完全相同。在我们的阅读视野中，下面几种比较典型。

"水文化是指人类对于水的观念、使用与保护水的规范、习俗、制度等。由于各个民族生产、生活环境不同，从而形成了各种各样的水文化，

① 柴玲：《水资源利用的权力、道德与秩序——对晋南农村一个扬水站的研究》，博士学位论文，中央民族大学，2010年。

② 裴丽萍：《水资源市场配置法律制度研究——一个以水资源利用为中心的水权制度构想》，载韩德培主编《环境资源法论丛》第1卷，法律出版社2001年版，第122—123页。

③ 参见李雪松《中国水资源制度研究》，武汉大学出版社2006年版，第1—66页。

各个民族的水文化都推动了文明的发展。"①

"水文化是人类创造的与水有关的科学、艺术及意识形态在内的精神产品和物质产品的总和。"②

"水文化是社会文化的组成部分，从本质上说，是关于水与人、水与社会之间的关系的文化。"③

"水文化是指人类社会历史实践过程中，与水发生关系所产生的、以水为载体的各种文化现象的总和。它涵盖了水利物质文化、水利精神文化和水利制度文化。水文化的实质是人类与水关系的文化。"④

除了上面列举的定义外，庄晓敏在相关的研究中，对水文化有过系统的总结，他认为，从类型上细分，水文化包括水的自然文化（以海湖、冰雪、雨水等为主的水的形体文化）、水的哲理文化（水哲学、水崇拜、水审美、水文学等）、水的环境文化（水的自然环境、社会环境和生活环境文化）、水的利用文化（用水管水的相关文化）、水的功能文化（水的自然、社会、生产、生活、媒介功能文化）、水的科技文化和水的派生文化等诸多方面；从构成因子来看，它包括水域（水岸、水上构筑物）、自然（植物、气候）、人工（建筑、环境设施）、人的活动（民俗信仰、科普教育、业余休闲）、文化历史（地域文脉、文学艺术、史记传说）等。⑤

上述定义，虽然表面上看起来千差万别，但其涉及的内容无外乎是人类与水的文明史和改造水环境的物质成果，不同国家、地区或族群在利用水的过程中所形成的价值理念、社会规范和行为模式等主要的方面。本书并非专门探讨水文化，但在西南民族社会中，要考察水环境与村落的生态关系，民族传统水文化确实是需要加以关注的一个环节。

① 吴晓青：《倡导水文化　保护水环境——在"水文化与水环境保护国际学术会议"上的讲话》，载熊晶、郑晓云主编《水文化与水环境保护研究文集》，中国书籍出版社 2008 年版，第 3 页。

② 车玉华、赵莉、杨春好：《创新水文化的内涵》，《水科学与工程技术》2008 年第 1 期。

③ 赵慧：《衡水水文化的建设与研究》，《水文化》2009 年第 2 期。

④ 刘仲桂：《保护古灵渠开发灵渠水文化——对灵渠保护与灵渠水文化开发的思考与建议》，《广西地方志》2009 年第 3 期。

⑤ 庄晓敏：《水利风景区水文化挖掘及载体建设研究》，硕士学位论文，福建农林大学，2011 年。

第三节　多学科视野下的村落社会研究

　　村落这个空间单元和社会单元，向来是民族学、历史学、考古学、地理学、生态学等学科共同关注的一个研究领域，各学科之间既有不同的研究重点与旨趣，也呈现出彼此利用相关学科的知识、手段、研究成果的综合性研究趋势。如何从多学科的视角出发，突破学科之间的区隔，整合相关学科的资料、理论、方法，很好地把握村落生态研究的动向，是当下村落生态文明建设中值得重点关注的一个环节。

一　生态学视野下的村落研究

　　对于传统村落而言，其生态是一个相对独立和封闭的系统，村落内基本的能量流动和物质循环主要在一个狭小的空间内进行，而且大多依靠人力和畜力获取食物和能源，对自然环境的依赖性很强。在生态学的研究视域中，村落是自然环境的一个重要生态体系，生态学家不仅关注村落人群的生产活动对自然环境的影响过程，也考察农、林、牧、畜等业态与农户之间的能量转换关系。

　　20 世纪 80 年代，中国学者就关注到乡村生态的研究，代表性著作和刊物有金鉴明的《农村生态环境》[1]、金其铭的《农村聚落地理》[2] 和《农村生态环境》杂志（1985 年创刊）。80 年代末以来，周建中和王智平的研究较具代表性。1988—1992 年，周建中刊发了《关于村落生态系统的几点思考》[3]《村落生态经济系统与村落生态经济学》[4]《村落建设的生态经济学原则》[5] 三篇文章，在探讨村落生态系统的同时，强调村落建设的生态经济学原则，并认为其是村落生态学和村落生态经济学面临的一个重要理论问题。1993—1995 年，王智平先后发表了《不同地貌类型区

---

[1]　金鉴明：《农村生态环境》，中国环境科学出版社 1985 年版。
[2]　金其铭：《农村聚落地理》，科学出版社 1988 年版。
[3]　周建中：《关于村落生态系统的几点思考》，《自然辩证法报》1988 年第 10 期。
[4]　周建中：《村落生态经济系统与村落生态经济学》，《农业现代化研究》1990 年第 1 期。
[5]　周建中：《村落建设的生态经济学原则》，《湖北师范学院学报》1992 年第 1 期。

自然村落生态系统的比较研究》①《不同地区村落系统的生态分布特征》②《农村生态系统分布特征和模式的探讨》③《村落生态系统的概念及其特征》（与安萍合作）④ 等系列论文。在这些文章中，他提出了村落生态系统、农业生态系统、庭院生态系统等概念，并对不同地貌类型区村落生态系统的分布特征、模式以及村落与农田土地利用的关系进行了探讨。在王智平看来，村落生态系统是农业生态系统的一个亚系统，更多强调以人为中心的村落社会和文化因素，主要探讨农村居住地与周边自然地理环境的生态关系。而庭院生态系统探讨的是农村居住地内部的物质流、能量流、经济流和信息流，关注如何为改善庭院经济状况而进行环境调控。⑤

除了周建中和王智平的研究外，20 世纪 90 年代以来，陶战的《我国乡村生态系统在国家生物性保护行动计划中的地位》⑥、吴良镛的《关于人居环境科学》⑦、余树全等的《村级景观生态结构的研究》⑧、刘沛林的《古村落：和谐的人聚空间》⑨、周道玮等的《乡村生态学概论》⑩、刘邵权的《农村聚落生态研究——理论与实践》⑪、陈勇的《对乡村聚落生态研究中若干基本概念的认识》（与陈国阶合作）⑫ 和《国内外乡村聚落生

① 王智平：《不同地貌类型区自然村落生态系统的比较研究》，《农村生态环境》1993 年第 2 期。
② 王智平：《不同地区村落系统的生态分布特征》，《应用生态学报》1993 年第 4 期。
③ 王智平：《农村生态系统分布特征和模式的探讨》，《农村生态环境》1994 年第 1 期。
④ 王智平、安萍：《村落生态系统的概念及其特征》，《生态学杂志》1995 年第 1 期。
⑤ 管彦波：《生态人类学视野下村落的生态结构与功能探究——以西南民族村落为考察的重点》，《创新》2017 年第 5 期。
⑥ 陶战：《我国乡村生态系统在国家生物性保护行动计划中的地位》，《农业环境与发展》1995 年第 4 期。
⑦ 吴良镛：《关于人居环境科学》，载《吴良镛城市研究论文集》，中国建筑工业出版社1996 年版。
⑧ 余树全等：《村级景观生态结构的研究》，载严立蛟等主编《生态研究与探索》，中国环境科学出版社 1997 年版。
⑨ 刘沛林：《古村落：和谐的人聚空间》，上海三联书店 1998 年版。
⑩ 周道玮、盛连喜、吴正方等：《乡村生态学概论》，《应用生态学报》1999 年第 3 期。
⑪ 刘邵权：《农村聚落生态研究——理论与实践》，中国环境科学出版社 2005 年版。
⑫ 陈勇、陈国阶：《对乡村聚落生态研究中若干基本概念的认识》，《农村生态环境》2002 年第 1 期。

态研究》①、李君和陈长瑶的《生态位理论视角在乡村聚落发展中的应用》②、周秋文等的《农村聚落生态系统健康评价初探》③ 等论著，均不同程度地涉及村落生态的问题。在这些论著中，刘邵权的《农村聚落生态研究——理论与实践》，对"农村聚落生态学"和"农村聚落生态系统"有较为深入地阐释。他认为，农村聚落生态学以农村聚落复合生态系统为研究对象，运用生态学的理论与方法，系统研究农村聚落的结构、功能及演替过程，它是生态学中人类生态学的一个分支学科。周道玮等的《乡村生态学概论》一文，系统提出了"乡村生态学"的概念，并把乡村生态学定义为："研究村落形态、结构、行为及其与环境本底统一体客观存在的生态学分支学科。"他们认为，乡村生态学研究的主要内容包括村落景观和村落地理、村落结构和组成、村落行为及其生态意义、村落资源—环境—经济与村落生态工程建设、乡村发展政策与乡村城市化过程等。

在生态学的发展历程中，出于对现实诸多社会文化生态和环境问题的关注，衍生出许多的分支领域和生态实践运动，当中涉及村落生态研究的内容，有以下两个方面值得关注。

（一）"生态博物馆"与"民族文化生态村"的实践

"生态博物馆"和"生态村"由国外学者率先提出，旨在以村寨社区或某一个村寨为主体单位，加强对人类文化遗产的真实性、完整性和原生性保护的行动，它同时主张对自然生态和人文生态的双重保护。这两个概念被引入中国后，在中国西南民族地区的村落生态文化的保护中，已经进入实践的层面。目前贵州六枝梭戛、黎平堂安、锦屏隆里、花溪镇山和广西的南丹里湖、融水安太、龙胜龙脊、东兴、三江、金秀等地已经建立了独具民族特色的生态博物馆。自 1998 年以来，云南石林县北大村乡月湖村、景洪市基诺乡巴卡小寨、新平县腰街镇南碱村、丘北县普者黑仙人洞村、腾冲县和顺乡等乡村尝试性地建立了民族文化生

---

① 陈勇：《国内外乡村聚落生态研究》，《农村生态环境》2005 年第 3 期。
② 李君、陈长瑶：《生态位理论视角在乡村聚落发展中的应用》，《生态经济》2010 年第 5 期。
③ 周秋文等：《农村聚落生态系统健康评价初探》，《水土保持研究》2009 年第 5 期。

态村。

与"生态博物馆"和"民族文化生态村"的实践活动相关联,十余年来,对生态博物馆和民族文化生态村的基本理念、理论背景、模式类型及在西南地区的发展情况进行研究和介绍的文字,常见于各种报刊和论坛,难计其数。如仅就专著而言,有尹绍亭的《民族文化生态村——云南试点报告》①、余压芳的《景观视野下的西南传统聚落保护——生态博物馆的探索》②、方李莉等的《陇戛寨人的生活变迁——梭戛生态博物馆研究》③、中国博物馆学会编的《2005 年贵州生态博物馆国际论坛论文集》④以及列入"西南边疆民族研究书系"的《民族文化生态村》(共有 6册)⑤ 等。这里,我们无意对这些著作加以介绍,但需要强调的是,"生态博物馆"和"民族文化生态村"在西南民族地区的实践,实际上也应该是生态学视野下村落研究的一个重要方面。

(二) 村落景观生态研究

景观生态学作为生态学的一个重要分支学科,它在研究景观空间格局和生态过程中,重点分析各种景观现象在不同时空尺度上的分布特征、演变规律、空间镶嵌关系。一般而言,学界对村落景观的研究,主要是把村落内的建筑景观,及其外围的农业和自然景观视作一个相互联系的有机系统来考察。

国内学界对村落景观生态的研究,主要有两种倾向。一是结合文化生态学对村落景观生态展开宏观的理论思考。如冯淑华在《传统村落文化生态空间演化论》⑥ 和《古村落场理论及景观安全格局探讨》⑦ 等论著

---

① 尹绍亭:《民族文化生态村——云南试点报告》,云南民族出版社 2002 年版。

② 余压芳:《景观视野下的西南传统聚落保护——生态博物馆的探索》,同济大学出版社 2012 年版。

③ 方李莉等:《陇戛寨人的生活变迁——梭戛生态博物馆研究》,学苑出版社 2010 年版。

④ 中国博物馆学会编:《2005 年贵州生态博物馆国际论坛论文集》,紫禁城出版社 2006 年版。

⑤ 《民族文化生态村》,云南大学出版社 2008 年版。

⑥ 冯淑华:《传统村落文化生态空间演化论》,科学出版社 2011 年版。

⑦ 冯淑华:《古村落场理论及景观安全格局探讨》,《地理与地理信息科学》2006 年第 5期。

中，对传统村落的生态位、生态变迁及其引起的空间演化过程进行了探讨，提出传统村落"核心文化演化—功能生态位分离—资源利用谱改变—生态位变迁—空间演化"的文化生态空间演化模式，并在此模式的基础上初步构建了传统村落功能生态位的理论体系。二是在个案研究中，从村落的规划布局、营建选址、水口园林景观、植物景观、建筑及其装饰文化景观、生态预警与评价等环节进行探讨。如毛琳箐的《黔贵文化区建筑景观的文化生态学解读》① 一文认为，在黔贵文化区，聚落作为人类活动的主要空间，其景观形式与规模不仅融入了和谐的自然观，更充分考虑了生产与生活的现实需要，体现了人类如何利用和改造自然以及人与自然之间和谐互惠的关系，注重地形、水文、气候等综合环境因素的影响，山水相依、林木相伴，将自然元素有机地融入聚落景观中，是景观与自然环境有机结合的典范。

二 民族学、人类学视野下的村落研究

在人文社会科学诸多学科中，民族学与人类学是较早关注村落社会研究的学科，或者从某种意义上，村落社会本身就是民族学与人类学非常重要的"学术田野"。

中国民族学、人类学的村落研究，在 20 世纪 30 年代已经在村落民族志调查的基础上展开，而且与吴文藻倡导的社区研究，费孝通、林耀华等的研究实践相关联。1934 年年初，林耀华前往福州义序村，进行了前后三个月的调查，获取了大量的第一手材料。次年，完成硕士论文《义序的宗族研究》，并顺利通过答辩。在其论文中，林先生采用从整体到局部、结构到功能、社会关系到个人生活的多视点研究取向，完整地呈现了中国宗族组织及其社会功能、宗族与家族的连锁结构、亲属关系的系统与作用等方面的内容，并用生活史的方法描述了个人在宗族内的生活。该书在 1936 年出版后影响甚大，被认为是西方文化人类学结构—功能主义方法本土化研究的典范之作。继《义序的宗族研究》之后，40 年代初

---

① 毛琳箐：《黔贵文化区建筑景观的文化生态学解读》，硕士学位论文，哈尔滨工业大学，2009 年。

期，林先生又以自己的家族为背景，采用小说笔法，对闽中山区一个大家族的兴衰荣辱进行了全面而深刻的描述，成就其另一部经典之作——《金翼——中国家族制度的社会学研究》。《金翼》之后，林先生转向西南民族社区，开始对大小凉山彝族村寨进行调查，并于 1947 年结集出版《凉山彝家》一书，从区域、氏族、家族等九个层面，真实地呈现了凉山"罗罗人"的生产生活，同样获得了很高的学术声誉。在林先生关注义序村的同时，费孝通先生开始了大瑶山和开玄弓村的调查。1939 年，留学英国的费孝通，以开玄弓村的调查资料为基础，写成《江村经济——中国农民的生活》① 一书。该书通过对农村社区村落社会结构运作关系的描述与分析，考察了中国基层社会变迁的动力，被认为是中国乡土社会研究史上的里程碑之作。之后，费先生通过对云南禄丰大北场的调查，写成《禄村农田》② 一书。

在费孝通、林耀华关注村落调查与研究的前后，吴泽霖、凌纯声、芮逸夫、杨成志、田汝康、杨堃、岑家梧、江应樑、董作宾、陶云逵、商承祖、颜复礼、马长寿、卫惠林等学者已经开始了对西南地区的苗、瑶、彝、傣、羌、藏、傈僳、拉祜、布依、纳西等民族社会的调查与研究，形成了不少调查报告和研究论著。其中，有不少的调查与研究是在民族村落社会这个层面上展开的。代表性的著作如田汝康的《芒市边民的摆》（1945 年）、江应樑的《摆夷民族之家庭组织及婚姻制度》和《摆夷的生活文化》③ 等。

20 世纪 50 年代以来，为适应我国民族地区的社会改革之需要，从 1956 年开始，大规模、多学科的少数民族社会历史大调查在全国范围内展开，在随后陆续整理出版的"民族问题五种丛书"中，《中国少数民族社会历史调查资料丛书》中的许多内容就是一个个民族村落调查的结果，或者从某种意义上，我们可以把此次民族大调查看作政府主导下的民族村落社会调查。进入 80 年代后，新一代民族学和人类学者沿袭前辈先

---

① 原著以英文写就，1986 年江苏人民出版社出版了戴可景的中译本。
② 费孝通：《禄村农田》，商务印书馆 1944 年版。
③ 江应樑：《摆夷的生活文化》，上海中华书局 1950 年版。

贤村落社区调查的传统，续写村落民族志之势头有增无减。个人的和小规模的调查，我们暂且不论，规模较大者有中国社会科学院民族学与人类学研究所组织的以县为单位的民族调查和云南大学组织的以村为单位的全国少数民族村寨调查。在这两次大调查所刊布的成果中，"中国少数民族现状与发展调查研究丛书"中各卷本，虽是县域性的调查，但涵盖县、乡、村三个层级；"中国民族村寨丛书"中的每一种均是比较典型的村落民族志的著作。在区域性的民族调查中，西南地区的"六江流域""六山六水""五沿"地区的民族社会历史文化调查，也涉及了不少村寨。

通过以上的简单回溯我们可以看出，近百年以来，在中国民族学、人类学从西学中用到本土实践的学科发展进程中，村落社会的调查与研究一直是学科发展最重要的支撑点，相应的，各种不同的村落民族志文本的刊布，为对村落的社会组织结构、耕作制度、经济交往、村际关系、仪式活动、民间信仰等方面的研究积累了丰厚的学术资料。这种从微观的视点，不断续写村落民族志，通过解剖一个个麻雀来观照某一个地区的村落社会，是非常值得肯定的学术路径，但有一个不容忽视的事实是，进入民族学和人类学家视野的村落，大多是一些"乡土知识"丰富、民族和历史特点鲜明的村落，其结果，大量的独具特色的村落个案研究并不一定具有普适的意义。对于这个现象，有很多学者实际上已经开始反思和检讨。① 事实上，近半个世纪以来，民族地区的村落社会正在经历着一场前所未有的巨变，如何将地方性、区域性民族志叙述与中国社会的宏观发展勾连起来，探讨国家在乡村社会变迁和地域社会整合过程中的独特地位将是一个宏大的理论命题。

---

① 肖青在对有关民族村寨研究的综合分析后认为，目前中国民族学、人类学关于民族村寨研究面临三个学术困境：一是研究层次的滞后性——基本停留在整体民族志的浅层建构阶段。二是研究范式的单一性——以古典进化论为基本思维范式。三是研究方法的局限性——将民族文化事象与主体生活情境相剥离（肖青：《中国民族村寨研究省思》，《民族研究》2008年第4期）。

三 传统生态知识与民族生态学视野下的村落研究

在中国的学术传统中，传统生态知识和民族生态学均是民族学、人类学、生态学和生态伦理学等领域的研究者共同关注的问题，但目前在学科归属上仍存在着很大的争议，所以我们将之作为与本书相关联的一个重要研究取向，单独列出来进行介绍。

民族生态学这一术语，是 1954 年由美国学者康克林（Harold Conklin）率先提出，并付诸菲律宾农业研究实践中。在中国学界，虽然在 20 世纪 80 年代初期，国外与民族生态学相关的著述就有学者开始关注，但主要的著作还是十余年来才逐渐翻译出版的。如美国学者盖利·J. 马丁（Gary J. Martin）的《民族植物学手册》① 和唐纳德·L. 哈德斯蒂（Donald L. Hardesty）的《生态人类学》②，日本学者秋道智弥、市川光雄、大塚柳太郎等的《生态人类学的视野》③ 和秋道智弥等的《生态人类学》④，英国学者安托尼·B. 坎宁安（Anthony B. Cunningham）的《应用民族植物学：人与野生植物利用和保护》⑤ 等。

随着域外民族生态学及分支领域相关理论和著作不断被译介到中国，中国学者也开始关注这门学科基础理论的探讨，并把相关理论运用于本土诸多的实证个案研究之中，产生了一些较有影响的成果，出版了许多

---

① ［美］盖利·J. 马丁：《民族植物学手册》，裴盛基、贺善安编译，云南科技出版社1998年版。
② ［美］唐纳德·L. 哈德斯蒂：《生态人类学》，郭凡、邹和译，文物出版社2002年版。
③ ［日］秋道智弥、市川光雄、大塚柳太郎等：《生态人类学的视野》，范广融、尹绍亭译，云南大学出版社2005年版。
④ ［日］秋道智弥等：《生态人类学》，范广融、尹绍亭译，云南大学出版社2006年版。
⑤ ［英］安托尼·B. 坎宁安：《应用民族植物学：人与野生植物利用和保护》，裴盛基、淮虎银编译，云南科技出版社2004年版。

专著或专题性的论文集①，各种不同层级的研讨会，也在各大专院校和科研院所展开。

　　从传统生态知识和民族生态学在中国三十余年的理论探讨和实践过程来看，民族植物学和民族动物学等是较早展开研究的领域，研究的重点和兴趣集中在植物、林地、土壤、水资源等的分类系统上，旨在考察不同民族对自然资源的多维利用与保护技术。在这方面，裴盛基、龙春林、许建初、冯金朝、薛达元、淮虎银、哈斯巴根、陈重明等人以及他们团队的研究，已初具规模，产生了较广泛的学术影响，在一定程度上得到了国际社会的认可。如 1994 年和 2006 年，裴盛基和龙春林分别获国际民族植物学会颁发的"哈什伯杰奖"等。② 同样，在传统生态知识和民族生态学研究领域，中国的人类学家和民族学家也做出了卓越的贡献。他们重点研究不同民族对自然资源的利用方式，强调与环境相关的本土生态知识的技术性。在这方面，尹绍亭、杨庭硕、罗康隆等人，可以说是南方地区的领军人物。

---

　　①　在民族生态学或人类生态学及分支领域的著作中，较具有代表性的有骆世明等编著的《农业生态学》（湖南科学技术出版社 1987 年版）、裴盛基、龙春林主编的《应用民族植物学》（云南民族出版社 1998 年版）和《民族文化与生物多样性保护》（中国林业出版社 2008 年版）、周鸿编著的《生态学的归宿——人类生态学》（安徽科学技术出版社 1989 年版）、中国科学院生物多样性委员会等编的《生物多样性研究进展》（中国科学技术出版社 1995 年版）、许建初主编的《民族植物学与植物资源可持续利用的研究》（云南科技出版社 2000 年版）、董欣宾和郑奇的《魔语——人类文化生态学导论》（文化艺术出版社 2001 年版）、陈山和哈斯巴根主编的《蒙古高原民族植物学研究》（内蒙古教育出版社 2002 年版）、张金屯主编的《应用生态学》（科学出版社 2003 年版）、江帆的《生态民俗学》（黑龙江人民出版社 2003 年版）、任文伟和郑师章编著的《人类生态学》（中国环境科学出版社 2004 年版）、王如松和周鸿的《人与生态学》（云南人民出版社 2004 年版）、何丕坤等主编的《乡土知识的实践与发掘》（云南民族出版社 2004 年版）、陈重明的《民族植物与文化》（东南大学出版社 2005 年版）、孙振玉主编的《人类生存与生态环境——人类学高级论坛 2004 卷》（黑龙江人民出版社 2005 年版）、淮虎银的《者米拉祜族药用民族植物学研究》（中国医药科技出版社 2005 年版）、王兰州和阮红编著的《人文生态学》（国防工业出版社 2006 年版）、方精云等的《长江中游湿地生物多样性保护的生态学基础》（高等教育出版社 2006 年版）、秋道智弥和尹绍亭主编的《生态与历史——人类学的视角》（云南大学出版社 2007 年版）、龙春林主编《民族地区自然资源的传统管理》（中国环境科学出版社 2009 年版）、薛达元主编的《民族地区保护与持续利用生物多样性的传统技术》《民族地区传统文化与生物多样性保护》《遗传资源、传统知识与知识产权》《民族地区遗传资源获取与惠益分享案例研究》（中国环境科学出版社 2009 年版）等。

　　②　详见裴盛基《民族植物学研究二十年回顾》，《云南植物研究》2008 年第 4 期。

　　云南大学的尹绍亭是较早关注民族生态学研究的学者之一。早在
1988 年，他就在《农业考古》上发表了《基诺族刀耕火种的民族生态学
研究》① 和《基诺族刀耕火种的民族生态学研究（续）》② 两篇文章，对
基诺族的农业生态系统进行了系统的研究。之后，他又先后推出了《一
个充满争议的文化生态体系——云南刀耕火种研究》③《人与森林——生
态人类学视野中的刀耕火种》④《远去的山火——人类学视野中的刀耕火
种》⑤ 等系列论著，引起了较大的反响。尹绍亭的研究立足于云南民族地
区大量田野调查的基础上，重点是考察云南民族文化与环境的互动关系，
在其研究实践中，生态学、植物学、历史学、地理学等学科的知识与方
法运用甚为充分，其成果也多是跨学科的综合研究。

　　与尹绍亭一样，吉首大学历史文化学院人类学与民族学研究所的杨
庭硕、罗康隆⑥等学者，也是目前此领域颇为活跃的学者。他们的研究，

----

　　① 尹绍亭：《基诺族刀耕火种的民族生态学研究》，《农业考古》1988 年第 4 期。
　　② 尹绍亭：《基诺族刀耕火种的民族生态学研究（续）》，《农业考古》1988 年第 7 期。
　　③ 尹绍亭：《一个充满争议的文化生态体系——云南刀耕火种研究》，云南人民出版社
1991 年版。
　　④ 尹绍亭：《人与森林——生态人类学视野中的刀耕火种》，云南教育出版社 2000 年版。
　　⑤ 尹绍亭：《远去的山火——人类学视野中的刀耕火种》，云南人民出版社 2008 年版。
　　⑥ 杨庭硕的主要研究成果有《侗族生态智慧与技能漫谈》（《大自然杂志》2004 年第 1 期）、
《论地方性知识的生态价值》（《吉首大学学报》2004 年第 7 期）、《人类的根基：生态人类学视野
中的水土资源》（与吕永峰合作，云南大学出版社 2004 年版）、《地方性知识的扭曲、缺失和复
原——以中国西南地区的三个少数民族为例》（《吉首大学学报》2005 年第 2 期）、《苗族生态知识
在石漠化灾变救治中的价值》（《广西民族大学学报》2007 年第 3 期）、《生态人类学导论》（民族
出版社 2007 年版）、《侗族文化与生物多样性维护》（与杨成合作，《怀化学院学报》2008 年第 6
期）、《论外来物种引入之生态后果与初衷的背离——以"改土归流"后贵州麻山地区生态退变史
为例》（《云南师范大学学报》2010 年第 1 期）、《本土生态知识引论》（与田红合作，民族出版社
2010 年版）等。罗康隆的代表性成果有《侗族传统人工营林业的社会组织运行分析》（《贵州民族
研究》2001 年第 2 期）、《生态人类学述略》（《吉首大学学报》2004 年第 7 期）、《族际文化制衡与
资源利用格局》（《怀化学院学报》2007 年第 6 期）、《文化适应与文化制衡：基于人类文化生态的
思考》（民族出版社 2007 年）、《既是稻田，又是水库》（《人与生物圈》2008 年第 5 期）、《生态人
类学的"文化"视野》（《中央民族大学学报》2008 年第 4 期）、《多元文化视野中的地方性知识反
思》（与谭卫华合作，《吉首大学学报》2008 年第 1 期）、《论侗族民间生态智慧对维护区域生态安
全的价值》（《广西民族研究》2008 年第 4 期）、《侗族空间聚落与资源配置的田野调查》（与麻春
霞合作，《怀化学院学报》2008 年第 3 期）、《传统稻作农业在稳定中国南方淡水资源的价值》
（《农业考古》2008 年第 1 期）、《地方性生态知识对区域生态资源维护与利用的价值》（《中南民族
大学学报》2010 年第 3 期）、《侗族传统生计方式与生态安全的文化阐释》（《思想战线》2009 年第
2 期）、《侗族传统人工营林的生态智慧与技能》（《怀化学院学报》2008 年第 9 期）、《论苗族传统
生态知识在区域生态维护中的价值》（《思想战线》2010 年第 2 期）等。

既有关于传统生态知识和人类生态学的理论探讨与反思，也有关于苗、侗等民族民间生态智慧的个案研究。在杨、罗二人的带动和影响下，他们所在的研究所目前已成为民族生态学研究的一个重要阵地，亦有一些后辈追随者。

当然，近年来在传统生态知识领域里辛勤耕耘的学者很多，我们很难对他们的研究成果逐一介绍。这里想要特别说明的是，诸多学者的研究虽然各有不同的侧重点和研究趋向，但传统生态知识是乡土社会生长起来的一个重要的知识门类，考察的重点自然是一个个村寨，在学者们的研究中，有不少内容涉及西南民族村落生态环境和水环境的诸多方面。

四 地理学视野下的村落研究

由于村落是乡村社会的基本单元，在其形成与发展中，区域地理环境中的地形地貌、水文气候、土壤植被、自然资源等环境因子对村落形态有着显著的影响，所以，村落研究也是地理学关注的一个领域。在地理学的研究中，通常将村落置于特定的空间中，具体分析人地、空间和区域的相互关系，尤其注重对区域内村落空间形态的研究。随着这门学科的发展，地理学有关村落的研究，已逐渐从传统的较为单一的纯空间形态分析，逐渐转向人地关系与村落社会的探讨。

在地理学的分支领域中，聚落地理学和乡村地理学是与村落研究最为密切的学科之一。

聚落地理学又称为居民点地理学，它是研究聚落形成、发展和分布规律的学科。广泛意义上聚落包括城镇和乡村，但从聚落地理学的学术传统而言，城镇空间结构是其研究的重点，相关的理论和方法也多从城市发展的视角提出或展开，而且偏重于实际运用。关于乡村的研究，重点在于从人地关系出发，考察村落与环境的因果关系，进而划分出不同的村落类型，总结其特征，而关于村落体系、区位功能、空间布局等方面的理论探讨，则明显不足。

乡村地理学又称为农村地理学，它实际上是将乡村看作一个由自然、经济和社会组成的系统，具体探讨乡村地区的社会、经济、村落、文化、人口、资源利用及环境问题的空间变化的学科，乡村聚落地理（村落地理）和农业地理是其传统的研究领域。随着学科的发展，它与经济学、社会学、人口学、环境科学等学科之间，建立了许多交叉的学术园地，研究领域也逐渐扩大到乡村土地利用和经济结构的空间变化、乡村地域类型和功能分区、乡村资源评估和开发利用、乡村生态环境等诸多方面。

在人文地理学的诸多分支学科当中，乡村地理学和聚落地理学是关系最为紧密的两个分支学科，在一些地理学家的研究实践中，甚至将之当作一门学科来看待。就本书的研究客体——村落社会而言，两门学科在共同考察村落的规模布局和层次体系时，都较为重视从类型、影响因素、演变机制、空间结构等诸多环节，去具体分析村落各构成要素之间的多重关系，并以乡村聚落空间结构为主要的支撑点，积极参与到当下的村镇建设规划之中。

五　建筑学视野下的村落研究

建筑学界对村落的研究，重点在乡土建筑、民居建筑，少量的研究也延伸到民居建筑的组合体乃至整个街区、村镇。

在我国的建筑学界，自 20 世纪 30 年代末期开始，刘敦桢先生就率先踏入云南民居的调查与研究之中，并于 1941 年在《营造学社会汇刊》上刊发了《西南古建筑调查概况》一文，自此民居建筑作为一个独立的类型正式进入建筑学界的视野。1957 年，建筑工程出版社正式出版了刘敦桢先生的《中国住宅概说》一书，因其较全面地介绍了传统民居而引起国内建筑界的重视。同一时期，以同济大学编绘的《苏州旧住宅参考图录》、张仲一等的《徽州明代住宅》[①] 以及偶见于《建筑学报》上研究文章为标志，已有不少的学者开始关注民居建筑的研究。进入 80 年代以来，在整理 60 年代对全国民居测绘和调查资料的基础上，云南、广东、浙江、吉林、福建等省区专门性的民居著作纷纷问世，相关的研究论文更是不计其数。在社会转型传统民居实物快速消失的当下，出于对民居实态抢救的紧迫性和现实的社会需求性，建筑学界对传统民居的关注热度有增无减。

---

① 张仲一等：《徽州明代住宅》，建筑工程出版社 1957 年版。

翻览建筑学界对传统民居的研究成果，我们发现一个较为明显的研究取向，即从形态空间、造型构造、平面形制、比例尺度、装饰图案等纯技术的环节进行照相式的描述成果占有相当大的比重。这些研究成果，对于构筑某一时段民居建筑的资料库无疑具有重要的意义，然而由于过多地关注民居建筑的器物层面，过于专注单体建筑的分析和村落整体形态的一般性描述，对村落空间主体人的活动与生活以及民居的社会文化成因关注不够，致使对民居建筑的研究呈现出诸多的不完整性。不过，在近十年乡土建筑研究中，我们发现如下几种倾向值得关注。

一是有学者在乡土建筑的研究中，已经尝试建筑学与人类学的结合研究。在这方面，以常青的《建筑人类学发凡》[1]、陆元鼎的《中国民居建筑的回顾与展望》[2]、雷凡的《乡土建筑的文化人类学研究》[3]、张晓春的《建筑人类学之维——论文化人类学与建筑学的关系》[4] 和《建筑人类学研究框架初探》[5]、刘康宏的《文化视野中乡土建筑研究的理论建构》[6]、刘文文的《从〈住屋形式与文化〉谈建筑的文化人类学视界》[7]等几篇文章较具代表性。其中，常青之文，提出了"建筑人类学"这个概念，并指出要从文化生态进化的高度，去揭示建筑的内在价值与意义。陆元鼎之文提出了"地域性建筑研究"的概念，强调要以"历史民系地域综合分析法"，综合运用建筑学、人类学和社会学的相关理论与方法，去研究传统民居的形制、演化和社会文化结构的互动关系。张晓春之文，尝试将文化人类学的理论与方法应用于建筑学领域，从建筑学学科自身角度对建筑人类学进行了论述。

二是有学者开始关注民居形成与村落社会环境和自然环境的相互关

---

[1] 常青：《建筑人类学发凡》，《建筑学报》1992 年第 5 期。
[2] 陆元鼎：《中国民居建筑的回顾与展望》，《华南理工大学学报》1997 年第 1 期。
[3] 雷凡：《乡土建筑的文化人类学研究》，硕士学位论文，华中科技大学，2000 年。
[4] 张晓春：《建筑人类学之维——论文化人类学与建筑学的关系》，《新建筑》1999 年第 4 期。
[5] 张晓春：《建筑人类学研究框架初探》，《新建筑》1999 年第 6 期。
[6] 刘康宏：《文化视野中乡土建筑研究的理论建构》，《同济大学学报》2000 年第 1 期。
[7] 刘文文：《从〈住屋形式与文化〉谈建筑的文化人类学视界》，《山西建筑》2009 年第 4 期。

系，注重乡土建筑的生态性研究，或者从生态学的角度去审视村落的形态。如王钊的《生态视野下的聚落形态和美学特征研究》① 一文，从宏观上将生态学的具体原理同聚落的空间形态之间勾连起来，通过对聚落的空间形态的生态分析，探讨了聚落的生态适应机制及生态内涵，从而对聚落的空间形态及生态特征有了一个整体而系统的认知。白一凡在其硕士学位论文《云贵地区乡土民居建筑表皮的生态性研究》② 中，从建筑表皮材料的地方适宜性与物理特性，建筑表皮的外部形态在通风散热、保温隔热、防火隔声等方面所体现的生态性特征，以及民居建筑表皮在建造过程中对大自然的适应三个方面，对云贵地区民族民居建筑的生态性问题进行了专门的研究。郑云瀚的《云南民居的生态适应性》③ 一文，通过对云南民居的地理环境、气候环境、资源环境的适应性分析，提出一个借鉴地方传统建筑的生态视角，以达到推动生态建筑在欠发达地区的发展、延续和发展地域建筑特征的目的。周慧的《贵州传统民居建筑的环境自然生态观》④，通过对贵州传统民居建筑的生态特点的分析，指出应该挖掘传统民居中朴素的生态价值、历史意义及现实意义，并为具有生态价值的新民居设计提供理论依据。

六　人居环境学视野下的村落研究

进入 20 世纪以来，伴随着全球人口的急剧增长、资源的大肆利用和污染的加剧，人类居住与生存的环境日趋恶化，频发的生态危机与生态灾难，迫使人类开始反思如何以地球为家园，建造舒适、方便而又可持续发展的人类居住环境。于是，第二次世界大战后由希腊学者道萨迪斯（C. A. Doxiadis）等人率先提出的"人类聚居学"，从一个概念到国际上相关研究机构的名称、国际学术会议探讨主题，再发展到一门独立的学科，很快得到社会各界的认同。

---

① 王钊：《生态视野下的聚落形态和美学特征研究》，硕士学位论文，天津大学，2006 年。
② 白一凡：《云贵地区乡土民居建筑表皮的生态性研究》，硕士学位论文，上海交通大学，2011 年。
③ 郑云瀚：《云南民居的生态适应性》，《华中建筑》2006 年第 11 期。
④ 周慧：《贵州传统民居建筑的环境自然生态观》，《贵州民族研究》2007 年第 3 期。

在中国的学术传统中，古代风水学说理论可以说是探讨人类住居与环境相互关系的一个理论流派，在近 20 年的村落环境研究中，已有相关学者注重整理和吸收此理论的合理内涵。20 世纪 90 年代以来，与对人类聚居环境的关注相关联，以吴良镛为代表的一些中国学者，也开始倡导并关注人类聚居环境科学的研究，以"人居环境"为主旨的研究中心、学术研讨会和研究生课程，在各地不断涌现，中国人居环境研究日益受到各界的重视。

人居环境学是介乎人类聚居学和生态环境科学之间一门新兴的边缘学科，也是探讨人类因各种生存活动需求而构筑空间、场所、领域的学问。它的研究涵盖人类聚居活动和聚居环境两个相互交织的问题，涉及社会、经济、生态三大方面，具体包括人类聚居环境要素及其构成、人类聚居环境感受与行为、人类聚居环境模式及其演变、人类聚居环境模式的偏爱与评价、人类聚居环境规划设计、人类聚居环境维持与保护、人类聚居环境的理性秩序和感性脉络等诸多层面。① 在人类居住环境科学的研究中，通常把村落作为一个由自然、社会、人、建筑和网络构成的小系统来考察。在村落网络结构中，人作为村落构成和演化的核心元素，不仅参与了村落的选址、建筑的构建，还是村落社会关系形成的主要推动力量。②

七 历史学视野下的村落社会研究

在中国诸多人文社会科学中，历史学可以说是最为发达的一门学科，甚至在古代漫长的历史发展中，地理学在很大程度上都附属于历史学，但中国历史学的发展，凸显的是王朝史、政治史，关注的是上层社会的研究，对基层村落社会的研究，长期被农业制度与农业生产方式、乡村社会结构与农村经济的研究遮盖，一直是一个十分薄弱的环节。20 世纪 80 年代中后期以来，随着中国史学界社会史研究的不断展开，村落社会

---

① 详见刘滨谊《人类聚居环境学引论》，《城市规划汇刊》1996 年第 4 期。
② 黄盛、王伟武：《基于结构主义的徽州古村落演化与重构研究——以西溪南古村落为例》，《建筑学报》2009 年第 1 期。

研究逐渐被纳入史学家的视野，大量的地方志书、谱牒文献、碑刻铭文、档案文书、口述史料等基层社会历史与文化资料受到了重视，这些文献资料的整理出版，为村落社会的研究提供了基本的资料支撑。

相对于其他学科而言，历史学界对村落的研究，除了对历史上的基层社会组织结构有较为系统的探索之外，更多的研究也只是停留在宏观的纵向梳理和面上的整体观照，就村落共同体的地域分化与空间变动，某一个地理区域内的村落发展史，以及村落形成与演化的地缘、血缘和行政力量等动力因素的分析仍然存在着很大的探讨空间。

通过以上七个方面的分析我们可以看出，村落这个相对独立的社会空间，确实是许多学科关注和研究的对象，但是各学科之间，由于学术传统、研究方法以及研究取向的不同，对村落研究的深度和广度存在着很大的差异，如何整合各学科的资料、理论、方法，加强对村落水生态环境的综合研究，尚具有很大的生长和发展的空间。

第四节　社会史视野下的水利社会研究[①]

一　魏特夫的东方水利社会

在讨论水利社会的问题时，美国汉学家卡尔·魏特夫（Karl. Wittfogel）的"东方水利社会"理论，是我们至今依旧无法绕开的一个重要理论。

卡尔·魏特夫早年曾经是一个共产主义者，他对东方水利社会的思考，一个直接的思想来源是马克思在19世纪50年代所提出的"亚细亚生产方式"。其实，在欧洲的东方观中，从"治水社会"推演出"东方专

---

① 本节我们参阅了如下论文：（1）石峰：《"水利"的社会文化关联——学术史检阅》，《贵州大学学报》2005年第3期；（2）柴玲：《水资源利用的权力、道德与秩序——对晋南农村一个扬水站的研究》，博士学位论文，中央民族大学，2010年；（3）威菲里奥斯·特吉·特瓦特：《水，文化和历史——一些理论问题阐释》，载《水文化与水环境保护研究文集》（熊晶、郑晓云主编，中国书籍出版社2008年版）；（4）张爱华：《"进村找庙"之外：水利社会史研究的勃兴》，《史林》2008年第5期；（5）王龙飞：《近十年来中国水利社会史研究述评》，《华中师范大学研究生学报》2010年第1期；（6）钞晓鸿：《灌溉、环境与水利共同体——基于清代关中中部的分析》，《中国社会科学》2006年第4期。

制主义"，本身就是一种源远流长的传统。"从亚里士多德到亚当·斯密，从孟德斯鸠到黑格尔都或多或少地表达过这类看法。在左派思想谱系中，这种偏见也与马克思、普列汉诺夫直到列宁、托洛茨基等一脉相承。但是从学术上系统论证这种观点并将其发展成一套完整的史学理论的，无疑还是首推'异端马克思主义者'卡尔·魏特夫。"①

1957 年，魏特夫在脱离国际共产主义阵营 20 多年后，出版了其代表作《东方专制主义》② 一书。该书出版后，因其提供了了解人类社会的一个思维路径，在西方学界引起很大的反响，甚至被认为是超过《资本论》的著作。在这部著作中，魏氏把"治水"作为理解世界历史的一把钥匙，将世界分为"治水地区"与"非治水地区"两个大的类别，而中国就是一个非常典型的"治水国家"。在魏特夫看来，东方社会的水利灌溉是一个严密的系统，需要强有力的管理、控制和高度的一体化协作，方能维系其运行。正是由于这种大规模的水利灌溉维系之需要，才产生了包括中国在内的东方国家专制主义的制度。

魏特夫的《东方专制主义》由于暗含着对东方国家意识形态的挑衅，在出版后即受到东方学界的批判。如 20 世纪 80 年代末至 90 年代，在中国学界曾有几次针对魏特夫的专题研讨及批判会。进入 21 世纪以来，在东西方的学术对话中，大多的学者则从逻辑链条和学理上与其展开论辩与对话。实际上，对于传统的中国农耕社会而言，从大禹治水到各朝各代水渠、运河的修建再到清代黄河的治理，从各个历史时期地方官员的治水政绩到官方或民间的治水表演，水、水利与地方和国家权力的关系，存在着很多的关联。但是在任何一个"治水地区"，水不论是作为国家、地方攫取权力的工具，还是作为乡村社会争夺资源的一种象征，水权均具有极为复杂的多元表现。针对魏特夫的理论，有学者指出，国家政治制度、社会经济结构和水利灌溉系统，是一个相互关联、互为因果的关系，并非是一个简单的直线因果链条。③ 就中国的实情，王铭铭在批评其

---

① 秦晖：《治水社会论批判》，《经济观察报》2007 年 2 月 19 日。

② 1989 年，中国社会科学出版社出版了该书的中译本，题为"东方专制主义"，徐式谷等译。

③ 金观涛、王军衔：《悲壮的衰落》，四川人民出版社 1986 年版，第 61 页。

理论时也认为，中国古代虽然有强有力的中央集权，但其覆盖和延伸的范围较为有限，治水的中心与政治的中心之间、中心与边缘之间依然有很大的空间是无法用一个单一理论来解释的。魏氏企图用一个宏大的理论，"将所有的现象融为一体，当作自己论点的'支撑'，将'治水'这个古老的神话与古代中国的政治现实完全对等，抹杀了其间的广阔空间"①。当然，也有学者开始倾向基本认同治水派学说，并利用交易成本经济学方法对该学说进行演绎，认为中国在文明早期，由于治水等跨区域公共事务供给面临高昂的合作成本，驱使国家治理利用纵向的行政控制代替横向的政治交易，以较高的管理成本为代价换取合作成本的节约，导致了大一统体制及其自我强化特征。②

二　格尔兹的"水"与"剧场国家"

在人类学发展史上，克利福德·格尔兹（Clifford Geertz）占有相当重要的一页。他所倡导并实践的"文化的解释"（the interpretation of culture）、"微观的深描"（thick description）、"地方性知识"（local knowledge）等概念，深刻影响着当代的社会思想与文化研究，开启了人类学"象征论"的新时代。

在格尔兹留给我们的文化遗产中，《尼加拉：十九世纪巴厘剧场国家》③ 是非常重要的一部。该书的第三部分，即"政治体制：村落与国家"当中，他提出"水利灌溉政治学"的概念，把"水利灌溉"看作巴厘岛政治机体的一部分，来与魏特夫的"东方专制主义"理论对话。在巴厘岛，存在着一个不由国家占有或掌握水利工程的完全自足的水利组织——"灌溉会社"（Irrigation Society），"任何特定的土地拥有者都全然依赖灌溉会社的全部设施——水坝、引水渠、堤岸、分水闸、地下渠、高架渠、水库等——因为他的水源供应是由一个独立的共同体来独立或

①　王铭铭：《"水利社会"的类型》，《读书》2004 年第 11 期。
②　王亚华：《治水与治国——治水派学说的新经济史学演绎》，《清华大学学报》2007 年第 4 期。
③　[美] 克利福德·格尔兹：《尼加拉：十九世纪巴厘剧场国家》，赵丙祥译，上海人民出版社 1999 年版。

采取合作形式进行修建、拥有、管理、维修的，他是这一共同体中拥有全权资格的成员，同时若用法律术语来说，他是这个共同体中与他人完全平等的成员"①。

在巴厘岛社会，"灌溉会社的社会组织、政治组织和宗教组织，还有总体的水稻农业组织，在严密程度方面堪与技术性的灌溉技术模式媲美。作为一个共同体的灌溉会社的结构是由作为一种从河引水到田的人工机构的灌溉会社的结构赋予的。"② 各种相关组织中，梯田组织、灌溉会社内部组织和灌溉会社组织三个层级的组织，均与特定的祭祀仪式和宗教活动相关联。各个层级上的庙宇和宗教活动，它并不是掌控着巨大水利工程和苦役劳力的高度集权化政治机构，而是一种在社会上逐级分层、空间上散布四方、行政上非集权化、道德上实行强制性的，靠这个仪式义务团体的有序运行，为整体的灌溉会社提供一种合作的机制。在这三个层级之上的组织是"水系区"，它具体由国家财政官员、"普通收税官"和"大收税官"以及一套精心构造的、地区性的、大体上自行推动的仪式体系所组成。官员通过一种几乎是纯象征性的方式成为正式领导者。巴厘岛水利灌溉中不同层级组织的象征性运作，正体现了19世纪尼加拉国家的"展示性"和"表演性"特质，所以在象征与权力的层面上，格尔兹通过19世纪巴厘岛的典型案例，为我们展示了一个基于表演而非强权的国家形态。

三 冀朝鼎的"水"与"基本经济区"

20世纪30年代，我国著名的社会活动家、外交家冀朝鼎在留美期间，用英文写作完成《中国历史上的基本经济区与水利事业的发展》的博士论文③，获得哥伦比亚大学经济学博士学位。1936年，冀朝鼎的博士论文由乔治·艾伦和昂温有限公司（George Allen & Unwin LTD）出版之

---

① ［美］克利福德·格尔兹：《尼加拉：十九世纪巴厘剧场国家》，赵丙祥译，上海人民出版社1999年版，第81页。
② 同上书，第84页。
③ 冀朝鼎：《中国历史上的基本经济区与水利事业的发展》，朱诗鳌译，中国社会科学出版社1981年版。

后，引起学界关注。该书由日本学者佐渡爱译成日文，于 1939 年在日本出版。世界著名科技史家李约瑟博士称该书是有关中国历史发展的卓越著作，并以该书和郑肇经《中国水利史》为参考，撰写了《中国科技史》中的"水利工程"部分。

《中国历史上的基本经济区与水利事业的发展》一书，以大量历史文献资料和地方史志材料为基础，历史地考察了中国水利事业与经济区划的地理基础、古代治水活动的历史发展与地理分布、古代中国国家经济职能的治水起源以及海河流域的开发、黄河流域的土壤侵蚀、江南的围田以及山区土地利用等诸多方面的问题，并把中国古代水利史和水利灌溉的发展演变脉络同中国封建王朝的兴衰更替、中国经济重心的转移等联系起来考察，以高度的概括力，抽象提炼出中国历史上"基本经济区"这一核心概念。

对于水利与基本经济区这个概念的关联性，作者在序言中指出："本书提出了基本经济区这样一个重要的概念，这对了解中国经济史是大有裨益的。通过对灌溉与防洪工程以及运渠建设的历史研究，去探求基本经济区的发展，就能看出基本经济区作为控制附属地区的一种工具和作为政治斗争的一种武器所起到的作用，就能阐明基本经济区是如何转移的，就能揭示基本经济区同中国历史上统一与分裂问题的重要关系，因而也就在这一研究的基础上，对中国经济发展史中的一个方面，给予了一种具体的同时又具有历史表述的分析。"同时，作者在该书的第一章还进一步阐释："中国历史上的每一个时期，有一些地区总是比其他地区受到更多的重视。这种受到特殊重视的地区，是在牺牲其他地区利益的条件下发展起来的，这种地区就是统治者想要建立和维护的所谓'基本经济区'。利用基本经济区这一概念，就有可能剖析在对附属经济区进行政治控制时成为支撑点的经济基地的作用。因而也才有可能去研究中国经济史中的一个重要方面，并从政权与地区关系的观点出发对它加以探讨，以及根据农业生产的发展过程，对它加以系统的论述，——而这种农业生产是随着灌溉事业、防洪事业以及人工水道系统（最初是为了向政府运送贡纳谷物）的发展而发展起来的。再也找不到别的方法能如此清晰地说明以下几方面的问题了，即政权同中国地理区别之间的关系，一地区何以能一再地控制另一地区，以及具有显著地区差异、范围广阔的地域在职能上得以形成统一的途径等问题。"①

四　弗里德曼和巴博德的"水"与"宗族社会"

在人类学界，弗里德曼关于古老中国社会的"迷思"，以及和他的弟子巴博德之间围绕着"水利"与中国乡村社会宗族组织的论辩，可以说是非常有趣的"学术事件"。

第二次世界大战以后，莫里斯·弗里德曼（Maurice Freedman）在与埃文斯·普理查德等人关于非洲"宗族"理论的对话中发现，"宗族"组织作为联系社会的纽带，不仅在非洲一些社会结构简单的国家里发挥着重要的作用，而且在东方古老的中国社会也有其发挥作用的广阔空间。于是，他将英国人类学家的非洲宗族模式运用于中国研究，运用世系理论研究中国乡村社会，研究涉及中国乡村社会的婚姻、家庭、宗族、民间宗教等问题。其中，尤以对中国东南地区宗族组织研究而颇受关注。这当中，《中国东南的宗族组织》② 和《中国宗族与社会：福建和广东》③为他获得了崇高的学术声誉。在这两部著作中，弗里德曼力图通过"宗族关系"把国家和村庄联系起来，力图以"宗族系统"超越村庄社会、以"宗族网络"展示区域社会，进而模型化宗族社会。他认为，广东、福建及华中地区宗族社会的形成与边陲状态、稻作经济和水利灌溉等因素相关联，具体环链是，处于边陲状态下持有父权意识的人们，由于国家权力不在场，他们为了垦荒和自卫、发展稻作经济、合作水利灌溉的需要而组织起来，于是宗族组织得以发展。

巴博德是弗里德曼的弟子，他以自己在台湾屏东和台南的"中社"（Chung-she）村和"打铁"（Ta-tieh）村两个村落田野调查资料为基

---

① 冀朝鼎：《中国历史上的基本经济区与水利事业的发展》，朱诗鳌译，中国社会科学出版社1981年版，第1、8页。

② Maurice Freedman, *Lineage Organization in Southeastern China*, University of London/ The Athlone Press；1st Edition，1958.

③ Maurice Freedman, *Chinese Lineage and Society*：*Fukien and Kwangtung*，Berg Publishers，1966.

础，写作完成了《台湾村庄的宗教关系与共同体社会》（*Kinship and Community in Two Taiwanese villages*）和《水利社会学：台湾的两个村庄》（*The Sociology of Irrigation：Two Taiwanese villages*）两文，阐释了自己的"水利社会学"思想，对弗里德曼的"边陲"之说提出了挑战。在巴博德看来，边陲之地并不直接与宗族组织相挂钩，非边陲之地亦有宗族，边陲之地同样存在着占主导地位的地域组织，水利灌溉并不一定促成宗族团结，具体要根据各地区的水利灌溉性质及土地分布情况而定。同时，他还认为，在一个地域社会，冲突与合作、劳力的供给与需求、家庭的规模与结构等均是影响区域社会文化发展的重要因素，地方不同的灌溉方式，可能会导致不同的社会文化适应与变迁，这不仅在中国社会，而且在所有以灌溉农业为主的社会都存在着很大的差异。

尽管弗里德曼（M. Freedman）与巴博德师徒之间关于"水利社会"的观点存在着较大的分歧，他们过分强调研究社区的"边陲化"，好像也使水利设施完全成了地方社会的存在物，致使其理论带有明显的"地方主义"倾向，然而，二人把水利、宗族与村落穿缀在一条主线上的思考视角，无疑是富有创见的，对于我们今天开展水环境与西南民族村落关系的研究，依然具有一定的启发意义。

五 杜赞奇的"水"与"权力的文化网络"

1988 年，曾师从汉学家孔飞力的美国芝加哥大学历史系教授杜赞奇，在其博士论文的基础上，写作出版了《文化、权力与国家：1900—1942 年的华北农村》（*Culture, Power, and the State：Rural North China, 1900—1942*）① 一书，随即获得美国历史学会与美国亚洲研究学会的两项大奖，引起学界广泛的关注。

在这部著作中，杜赞奇建构了一个研究村落社会的模式——"权力的文化网络"（culture nexus of power）。其基本内涵是："这一文化网络包

---

① ［美］杜赞奇：《文化、权力与国家：1900—1942 年的华北农村》，王福明译，江苏人民出版社 1996 年版。

括不断相互交错影响作用的等级组织（hierarchical organization）和非正式相互关联网（networks of informal relations）。诸如市场、宗族、宗教和水利控制的等级组织以及诸如庇护人与被庇护者、亲戚朋友间的相互关联，构成了施展权力和权威的基础。'文化网络'中的'文化'一词是指扎根于这些组织中、为组织成员所认同的象征和规范（symbols and norms）。这些规范包括宗教信仰、内心爱憎、亲亲仇仇等，它们由文化网络中的制度与网结交织在一起。这些组织攀缘依附于各种象征价值（symbolic values），从而赋予文化网络以一定的权威，使它能够成为地方社会中领导权具有合法性的表现场所。"① 杜赞奇"权力的文化网络"概念中，"权力""文化""网络"分别把国家与村庄、农户与社会、特殊与一般联系起来，实际上他不是以村庄为单位与边界的研究，而是以水利组织、宗族、宗教等文化价值符号所影响的边界为单位的研究，从而在村落社会研究中建立起自己独特的模式。

为了更好地说明文化网络是如何将国家政权与地方社会融入一个权威系统之中，杜赞奇选取"邢台地区的水利管理组织"作为典型案例，通过对当地水利组织——"闸会"及其相关的祭祀体系、祭祀制度、祭祀仪式的深度分析，总结出文化网络的三个主要特点："第一，文化网络内部各因素相互联系，例如行政区划与流域盆地相交叉，集镇与闸会在某种程度上部分重合，祭祀等级与不同层次的水利组织相互适应。第二，各种组织的权力资源相互混合，例如，在争斗中往往将集镇、乡绅甚至行政机构引为后援。第三，在对龙王信仰被各组织引为己用的过程中，可以看到不同的利益和愿望如何相互混杂而形成乡村社会中的权威代表。"②

六 从"水利共同体"到水利社会与文化的研究

客观而言，人类学、民族学意义上的共同体理论源自西方，但中国学界在水利社会史的研究中有关"水利共同体"的讨论，则多少与日本

---

① ［美］杜赞奇：《文化、权力与国家：1900—1942 年的华北农村》，王福明译，江苏人民出版社 1996 年版，第 4—5 页。

② 同上书，第 31 页。

学界有一定的关联。

　　大约在第二次世界大战以前，日本学界就已经开始使用"共同体"这一概念。第二次世界大战期间，"这一概念又被融化进所谓的'大东亚共荣圈'设想，他们从'共同体'理论中摘取有用的词句来描述所谓中国农民中未被西方资本主义思潮腐蚀的原始的亚细亚式的'合作共荣'价值"①。但由于当时日本一些学者在中国华北等地的调查中并未找到理想的农村共同体，所以此理论曾受到日本左派的批评。20 世纪五六十年代，日本中国水利史研究会曾围绕"水利组织是否就是水利共同体"这一论题，就水利组织与水权、水利设施的管理与运营、水利组织与村落的关系、水利组织与国家权力的关系等问题展开讨论。论争的主要论点，张俊峰概括为两个方面：一是在中国近世，水利共同体作为一种社会组织，它实际上是王朝国家借以控制乡村社会的工具之一，其成立，有赖于王朝国家权力的适当介入。二是以"共同的水利利益"为基础而形成的水利共同体，虽然组织本身在维护和修浚水利设施上有一定的独立自主的特性，但组织的运营却依靠其为基层组织的村落之功能，所以，水利共同体具有村落联合的特性。②

　　自 20 世纪 90 年代以来，中国学界在有关水利社会史的研究中，也开始关注"水利共同体"的理论，并在自己的研究实践中，对这个理论进行了检讨、反思与超越。在中国学者中，萧正洪、钞晓鸿、钱杭等是较早在自己的研究中回应"水利共同体"理论的。如萧正洪的《传统农民与环境理性——以黄土高原地区传统农民与环境之间的关系为例》③ 一文，虽是探讨黄土高原农民的经济行为与环境之间的关系，却在文中使用了"关中地区的水利灌溉共同体"这样的提法。钞晓鸿的《灌溉，环

---

① ［美］杜赞奇：《文化、权力与国家：1900—1942 年的华北农村》，王福明译，江苏人民出版社 1996 年版，第 195 页。
②　张俊峰：《"水利共同体"研究：反思与超越》，《中国社会科学报》2011 年 4 月 11 日。
③　萧正洪：《传统农民与环境理性——以黄土高原地区传统农民与环境之间的关系为例》，《陕西师范大学学报》（哲学社会科学版）2000 年第 4 期。

境与水利共同体——基于清代关中中部的分析》①，主要针对日本学者森田明的"明末清初水利共同体解体说"的观点，在田野调查和民间文献材料的基础上，分析了关中中部的渠堰灌溉及水利社会，指出地权的相对分散也会出现共同体内部权利与义务的脱离，各地水利共同体的解体时间未必统一于明末清初时期。钱杭的《"均包湖米"：湘湖水利共同体的制度》②《利、害博弈与历史恩怨——萧山湘湖社会史的变迁轨迹》③《共同体理论视野下的湘湖水利集团——兼论"库域型"水利社会》④ 等系列论文中，虽是以浙江萧山湘湖水利集团为考察的重点，但亦多涉及水利共同体的理论。他的看法是，水利共同体不是水利社会的全部，仅是其一个组成部分，水利社会史的研究应该超越"共同体理论"，展开更为宏阔的综合性研究。

近年来，中国学界在对"水利共同体"等相关理论的检讨与反思中，有关水、水利及相关社会文化的研究，取得了丰硕的成果，下面我们择要介绍。

——董晓萍的水利民俗研究。关于水文化、水民俗的研究，历来是民族学、民俗学、文化学等学科的学者关注的领域，相关的研究成果也较多。在这方面，董晓萍的研究无疑是值得关注的。作为北京师范大学中国民间文化研究的领军人物之一，董晓萍较早关注华北、西北等地碑文水册等水利文献的搜集、整理与研究，后又转向北京地区的水民俗研究，可以说对"村水""城水"的研究均有建树。她曾出任中法国际合作项目——"华北水资源与社会组织"的中方主持人，主持完成了"北京水资源利用民俗传统与现代化"等项目，出版了《华北水利社会研究中

---

① 钞晓鸿：《灌溉，环境与水利共同体——基于清代关中中部的分析》，《中国社会科学》2006 年第 4 期。

② 钱杭：《"均包湖米"：湘湖水利共同体的制度基础》，《浙江社会科学》2004 年第 6 期。

③ 钱杭：《利、害博弈与历史恩怨——萧山湘湖社会史的变迁轨迹》，《历史人类学学刊》2007 年第 4 期。

④ 钱杭：《共同体理论视野下的湘湖水利集团——兼论"库域型"水利社会》，《中国社会科学》2008 年第 2 期。

的中法社会科学理论探索》①《不灌而治——山西四社五村水利文献与民俗》②《陕西泾阳县社火与民间水管理关系的调查报告》③《节水水利民俗》④《北京民间水治》⑤ 等论著，这些论文著作不是对水民俗文化事象直观琐碎的现象罗列、简单的归纳推理，而是基于地域社会或水利社会的深度研究。

　　行龙等人的"水利社会史"研究。在山西大学中国社会史研究中心，行龙的山西地区水利社会研究也颇有影响。其重要成果有《明清以来山西水资源匮乏及水案初步研究》⑥《以水为中心的晋水流域》⑦《"水利社会史"探源——兼论以水为中心的山西社会》⑧《晋水流域36村水利祭祀系统个案研究》⑨《明清以来晋水流域的环境与灾害——以"峪水为灾"为中心的田野考察与研究》⑩《化荒诞为神奇：山西"水母娘娘"信仰与地方社会》⑪《从"治水社会"到"水利社会"》⑫ 等。行龙的水利社会史研究，视野较为开阔，其学术路径在于"以水为中心，勾连起土地、森林、植被、气候等自然要素及其变化，进而考察由此形成的区域社会经济、文化、社会生活、社会变迁的方方面面"⑬。

――――――――――

　　① 董晓萍、Marianne Bujard：《华北水利社会研究中的中法社会科学理论探索》，《法国远东学院学报》2001年第88期。

　　② 董晓萍：《不灌而治——山西四社五村水利文献与民俗》，中华书局2003年版。

　　③ 董晓萍：《陕西泾阳县社火与民间水管理关系的调查报告》《北京师范大学学报》2001年第6期。

　　④ 董晓萍：《节水水利民俗》，《北京师范大学学报》2003年第5期。

　　⑤ 董晓萍：《北京民间水治》，北京师范大学出版社2009年版。

　　⑥ 行龙：《明清以来山西水资源匮乏及水案初步研究》，《科学技术与辩证法》2000年第12期。

　　⑦ 行龙：《以水为中心的晋水流域》，山西人民出版社2007年版。

　　⑧ 行龙：《"水利社会史"探源——兼论以水为中心的山西社会》，《山西大学学报》2008年第1期。

　　⑨ 行龙：《晋水流域36村水利祭祀系统个案研究》，《史林》2005年第4期。

　　⑩ 行龙：《明清以来晋水流域的环境与灾害——以"峪水为灾"为中心的田野考察与研究》，《史林》2006年第2期。

　　⑪ 行龙、张俊峰：《化荒诞为神奇：山西"水母娘娘"信仰与地方社会》，《亚洲研究》第58期，香港珠海书院亚洲研究中心，2009年。

　　⑫ 行龙：《从"治水社会"到"水利社会"》，《读书》2005年第8期。

　　⑬ 张爱华：《"进村找庙"之外：水利社会史研究的勃兴》，《史林》2008年第5期。

另外，赵世瑜①、韩茂莉②、张俊峰③、谢堤④、郑振满⑤、蒋俊杰⑥、刘俊浩⑦、罗兴佐⑧、吕德文⑨、张小军⑩、沈艾娣⑪、萧正洪⑫、麻国庆⑬、艾菊红⑭、柴玲⑮、郑晓云⑯等人的研究，也值得关注。

总体而言，目前中国学界有关水的社会史研究，实际上早已跳出了"水利共同体"概念的束缚，从充满联系的区域社会的时空背景中，联系水与文化的多样性，从多学科的视角开展更加整体而全面的研究，同时，围绕着水资源的利用与水权问题等，现实的关切也比较明显。

① 赵世瑜：《分水之争：公共资源与乡土社会的权力和象征——以明清山西汾水流域的若干案例为中心》，《中国社会科学》2005年第2期。

② 韩茂莉：《近代山陕地区地理环境与水权保障系统》，《近代史研究》2006年第1期；《近代山陕地区基层水利管理体系探析》，《中国经济史研究》2006年第3期。

③ 张俊峰：《明清以来晋水流域之水案与乡村社会》，《中国社会经济史研究》2003年第2期；《介休水案与地方社会——对泉域社会的一项类型学分析》，《史林》2005年第3期；《明清以来山西水力加工业的兴衰》，《中国农史》2005年第4期；《明清时期介休水案与"泉域"社会分析》，《中国社会经济史研究》2006年第1期。

④ 谢堤：《"利及邻封"——明清豫北的灌溉水利开发和县际关系》，《清史研究》2007年第2期。

⑤ 郑振满：《明清福建沿海农田水利制度与乡族组织》，《中国社会经济史研究》1987年第4期。

⑥ 蒋俊杰：《我国农村灌溉管理的制度分析（1949—2005年）：以安徽省泽史杭灌区为例》，博士学位论文，复旦大学，2005年。

⑦ 刘俊浩：《农村社区农田水利建设组织动员机制研究》，博士学位论文，西南农业大学，2005年。

⑧ 罗兴佐：《治水：国家介入与农民合作——荆门五村农田水利研究》，湖北人民出版社2006年版。

⑨ 吕德文：《水利社会的性质》，《开发研究》2007年第6期。

⑩ 张小军：《复合产权：一个实质论和资本体系的视角——山西介休洪山泉的历史水权个案研究》，《社会学研究》2007年第4期。

⑪ 沈艾娣：《道德、权力与晋水水利系统》，《历史人类学学刊》2003年第1卷第1期。

⑫ 萧正洪：《历史时期关中地区农田灌溉中的水权问题》，《中国经济史研究》1999年第1期。

⑬ 麻国庆：《"公"的水与"私"的水——游牧和传统农耕蒙古族"水"的利用与地域社会》，《开放时代》2005年第1期。

⑭ 艾菊红：《水之意蕴：傣族水文化研究》，中国社会科学出版社2010年版。

⑮ 柴玲：《水资源利用的权力、道德与秩序——对晋南农村一个扬水站的研究》，博士学位论文，中央民族大学，2010年。

⑯ 郑晓云：《水文化与水历史探索》，中国社会科学出版社2015年版。

第 二 章

山水、人文环境与西南
民族村落生态关系

第一节　西南地区的自然地理与水文环境特征

一　西南地区的自然地理环境特征

　　我们所探讨的西南地区是兼具政治区划与自然地理内在联系的区域，这个区域的主体部分位于我国三级阶梯中的第二级，同时还是第二级阶梯向第三级阶梯的平原过渡地带，地势起伏较大，从海拔 4000 多米的高原向海拔 200 米的东部沿海下降的地势，决定了这个地区地形的多样性。所以西南地区在地缘形貌上并不是一个整合的区域，其间既有喀斯特地貌发育非常成熟的云贵高原，也有大江大河切割而形成的高山深谷，还有河流冲积而形成的平原坝子和号称"天府之国"的四川盆地。就西南的某一个省区而言，自然地理特征上也呈现出明显的阶梯性或区域性差异。如贵州的自然地理环境特征，西部最高，海拔 1800—2400 米，是云贵高原的东延部分，岩溶地貌广泛分布，以高原地貌为主，地势起伏缓和，耕地土层比较深厚，气温低，光照条件好。东部处于第三级阶梯，云贵高原东部，海拔较低，一般在 800 米以下，以丘陵、低山为主，居民的聚居程度高。喀斯特分布较少，气候温和，雨量充沛，河流纵横，宜于耕作。与西部、东部不同，中南部地貌多为岩溶及山原，海拔多在1100—1400 米，喀斯特分布较广。①

---

　　① 详见廖静琳《贵州苗族文化生态初探》，《安顺师专学报》2000 年第 2 期。

在地缘形貌上，西南地区以山地、盆地为主，兼有平原、丘陵、高原等几种地貌类型。山地从低山、中山到高山均有分布，低山主要分布在西南地区的北半部，如四川盆地的周围多是海拔 1000 米左右的低山，相对高度也在 500 米以下；中山的分布范围较广，海拔多在 1000 米以上，相对高度也多在 500—1000 米；高山主要分布在西藏、滇西北、滇东北和川西南一带，其岭脊的高度多在海拔 3500 米以上，相对高度一般在 200 米以下。西南地区散布于广阔山地间的盆地数量极多，仅云南省面积在 1 平方公里的盆地（俗称坝子）就有 1442 个。但整个西南地区除了四川盆地、汉中盆地的面积较大外，其他均为小盆地。西南地区的平原，除了川西平原、安宁河谷平原面积较大外，大多为小平原，而且平原的总面积也不大。①

由于西南地区兼跨青藏高原和云贵高原两大地带，不仅在总体上地形起伏巨大，呈现出由最高到最低的扇形垂直分布，而且在绵延不断的山地中，大小山脉布满其间，又构成区域性的立体垂直地形。这种大范围和小区域内地形地貌的立体垂直分布、纵横分割的特点，直接导致了立体多样的气候类型与生物资源的多样性分布。从气候来看，西南地区属低纬度高原季风气候，具有南亚热带型、中亚热带型、北亚热带型、暖温带型、温带型、寒温带型、高山苔原型及雪山冰漠型等多种气候类型。不同的气候，为多姿多彩的自然生命系统提供了得天独厚的生长发育条件，形成了动植物群落的极大丰富性。

总之，西南地区是我国地形地貌、气候条件、物产资源最为丰富的地区之一，这种多样性的自然生态环境及物产分布，常常造成同一区域内居民经济文化类型的多样性，同时也容易形成同一地区多民族杂散居的现象，从而形成繁复多样的民族文化地理景观。如在云南民族地理区划中，地理学者通常以红河为界而把云南分作两个部分：红河以东叫作滇东高原，以西则称滇西南山地。滇西南虽统称为山地，然而其间的地域差异也是很大的。大致划分，则有迪庆高原、怒江峡谷、南部山地、红河山地和东南山地五个地域。每个地理区域，无论是自然环境还是民

---

① 李孝聪：《中国区域历史地理》，北京大学出版社 2004 年版，第 93—94 页。

族文化都存在着很大的地域差异。①

二 西南地区的水文环境及水资源分布特点

考察西南地区的水文环境及水资源分布特点，河流水系和岩溶地貌是一个基本的分析面。

西南地区是我国河流水系较为密集的一个地区，长江流域水系、珠江流域水系和西南地区西南部诸河流域水系密布全境。② 这些奔腾的大江大河、数以千计的山涧激流溪水、众多的线性湖沼、人工渠道共同组成西南地区纵横交错的水系网络。西南地区主要的河流水系，主体流向是由西向东、向东南方向流，河流空间分布及形态特征，既呈现出垂直向度的多山地河流、冲沟特征明显的特点，又具有水平向度的水系形状多样性的特征。这些河流水系作为历史上西南各民族与外界各民族群体联系的重要通道，它深刻地影响着西南民族社会历史的发展；同时，水系空间分布的差异性，又使西南民族社会呈现出不平衡的发展和地区间的极大差异性。

由滇、黔、桂、川、渝和湘、鄂、粤部分地区组成的我国西南岩溶区，是世界上碳酸盐岩连片分布最大的地区，面积约有78万平方公里。③ 受区域气候及岩溶环境条件的制约，西南地区岩溶水无论在补给形式、空间分布还是水文动态方面，都表现出有别于其他地区的鲜明特点，其

---

① 尹绍亭：《云南的山地和民族生业》，《思想战线》1996年第4期。

② 在长江流域的金沙江水系中，流经四川省境内的有金沙江干流、普隆河、黑水河、西溪河、美姑河、西宁河、鲹鱼河等，云南省境内的有锰果河、普渡河、小江、以礼河、巧家—永善诸河、牛栏江、横江等。长江流域的雅砻江水系中，流经四川省境内的有雅砻江干流、理塘河、惠民河、安宁河；岷江水系中，流经四川省境内的有岷江干流、大渡河等。在长江干流水系中，流经过四川的有南广河、长宁河、永宁河，流经川滇黔的赤水河等。在长江流域的乌江水系中，流经贵州的有六冲河、白浦河、三岔河、乌渡河、猫跳河、鸭池河、湘江、清水江、芙蓉江、洪渡河等。洞庭湖—沅江水系中，流经贵州的有松桃江、锦江、舞阳河、重安江、龙头河等，流经广西的湘江河源、灌江等。珠江流域西江水系中，流经云南、贵州、广西的有南盘江、北盘江、郁江等。在云南国际诸河流域中，元江—红河水系元江流域的河流有小河底河、屏边诸河流域、南溪河、盘龙江、普梅河、绿汁江等。

③ 中国地质调查局、中国地质科学院岩溶地质研究所主编：《中国西南地区岩溶地下水资源开发与利用》，地质出版社2006年版"前言"。

中水资源时空分布上的非均匀性特征最为明显。时间轴上，虽然西南岩溶区多年平均降雨量大都超过 1200 毫米，但因受季风气候影响，降水量年内分配极不均匀，大部分地区 4—8 月降水量占全年降水量的比例高达60%—70%，这意味着约有 2/3 的岩溶水资源不便于利用，而其余 7 个月的大气降水只占全年降雨量的 30%—40%。空间上，由于受岩溶作用的控制，岩溶地下水资源分布的非均一性更为突出，即岩溶地下水多集中分布于地下岩溶管道裂隙中，一些地势低洼、岩溶洞隙发育的排泄区常成为岩溶地下水的强富集带，而岩溶发育相对微弱的补给区常常构成相对贫水区。① 具体到某个省区，情况也大致相同。如喀斯特地貌占全省总面积 70% 以上的贵州，喀斯特地区大多地处流域上游或支流，无过境水资源，区域水资源来源于降水补给，受气象条件的制约和流域下断面因素的影响，导致喀斯特地区河流内部存在流域的不闭合现象，地面分水线与地下分水线不重合以及河流地域分布不均衡性等诸多的特殊性，因此造成在总量上水资源较为丰富，但水资源的空间分布极不平衡，局部地区水资源的短缺甚为严重。②

相对而言，西南地区是我国水资源甚为丰富的一个地区。表现在河流的径流量上，广西、云南、贵州诸省降雨量属全国第一，河流的径流量占全国总水量的 1/2，具有源头性的生态资源要素。③ 如云南年平均降水量 1259 毫米，为全国（630 毫米）的两倍。主要的河流多年平均水量为 2212 亿立方米，加上过境水量，总水量达 4155 亿立方米，约占全国总产水量的 1/6。④ 但在与云南水资源相关联的金沙江水系、伊洛瓦底江水系、怒江水系、澜沧江水系、元江水系、南盘江水系六大水系中，河流多向北、东、南三个方向的分布，而西向的分布却几乎没有。

---

① 单海平、邓军：《我国西南地区岩溶水资源的基本特征及其和谐利用对策》，《中国岩溶》2006 年第 4 期。
② 刘珂林：《贵州喀斯特小流域水资源评价——以开磷集团 40 万吨/年合成氨工程供水项目为例》，硕士学位论文，贵州大学，2007 年。
③ 中共云南省委宣传部课题组：《生态文明与民族边疆地区的跨越式发展》，《云南民族学院学报》2002 年第 6 期。
④ 王声跃等：《云南地理》，云南民族出版社 2002 年版，第 112—133 页。

虽然西南地区是我国降雨量十分丰富的地区，但由于山高谷深，加之山地植被减少与水土流失形成恶性循环，大大破坏了水源的涵养功能，加剧了用水的紧缺状况。近年来，一些地区为了眼前的利益，乱砍滥伐，毁林开荒，造成森林植被的严重破坏，极度削弱了森林的涵源吐流能力，这些地区一旦降水强度增加，就不可避免地出现崩塌、泥石流或山体滑坡等天灾人祸现象。① 同时，区域性的水文环境变迁，导致流域性的环境连锁反应也时有发生。如20世纪90年代初，珠江流域发生特大洪水，其根源与上游右江、红水河等少数民族地区植被破坏、水土流失有紧密关系。

总体而言，西南地区立体多样、纵横分割的地形地貌条件，河流水系形状的多样性延展和相异的民族社会历史与文化传统，致使西南民族村落在整体上呈现为一种不规则的弹性组群，而内部或某一地理单元内又表现为多样性的统一。

第二节　山水、人文环境与西南民族村落的发展

一　自然环境与人文生态对西南民族村落的影响

村落是人类在认识和改造自然的过程中，为满足自身发展需要而改造加工自然环境的一个有意义的事实，是一种重要的文化景观和"人造自然"。它既反映自然地理环境的特点，也反映人类文化的差异，是一个由各种自然地理环境要素和人文因素综合作用的产物。

（一）　自然环境对西南民族村落的影响

人类形成之初和赖以生存的环境——整个生物圈的关系是同一性的关系，完全处于为适应环境而求生存的状态，生活靠与环境的相互默契，介于一种无序与有序之间。但人类与环境的关系同时又是一种对象性的关系，是能动与受动的统一。同样，在西南民族村落形成和发展过程中，自然地理环境中的地形、气候、土壤、植被、水源等都不同程度地影响

---

① 杨玉：《树立科学发展观，保护民族地区的水资源》，《中央民族大学学报》（自然科学版）2004年第2期。

着西南民族的居住生活和村落分布。

1. 地形地貌对村落的影响

在我国的西南地区，地形、地貌对村落的影响甚为明显。我们知道，西南民族地区是我国地缘形貌最为复杂的一个地区。在这里，有被内力推移而高高抬升的高原和山地，有起伏和缓的丘陵，有低洼的山间盆地和坝子，且各种形态的地貌往往交错分布，地形起伏，垂直变化明显，地势高度相差悬殊，造成了崇山峻岭、丘陵峰峦、密林深菁等复杂的自然地理景观。地形以高原、山地、丘陵为主，同时又间杂着一些山间盆地和坝子。由于受复杂的地缘形貌的制约，西南民族村落建筑所依托的地势有山地、高原、丘陵、台地、谷地、山顶、山腰、山麓、坝区，村落走向或盘山脚蔓延，或顺溪流平伸，或向四周扩展，村落呈现出团聚状、环状、条带状、串珠状等不同的形状，村落分布既表现出水平空间分布的规律性，又存在着立体分布的差异，有着明显的区域性特征。

用不同的指标可以划出不同的村落区。依照上述西南民族地理的整体特征，可以把西南民族村落划分为如下两种具有明显区域性特征的村落区，即高原山地村落区和丘陵坝子村落区。西南高原山地村落区包括云贵高原和青藏高原的一部分所组成的地理单元。在这个地理单元内，又以青藏区和横断山脉地区的区域差异最为显著。青藏区藏族占总人口的45.2%，具有广阔的分布面，由于他们经济生活的游牧性，所以，以方形帐篷为家过着流动的生活，村落不太稳定，规模也不大，但其村落常以喇嘛寺作为标志。珞巴族、门巴族的村落则较集中地分布在西藏东南的墨脱、米林、林芝、错那等县的河谷地带，村落多为单一民族居住。横断山脉地区是指由一组大致平行的南北向延伸的山脉和山脉之间南北向流淌的河流所组成的地理区域。这一地理区域自古就是民族活动的重要舞台，被誉为"民族走廊"。受地形崎岖、河谷纵横的地形条件的限制，往往不同民族各占据山地的一定高度和河流的不同河段，民族村落既呈现出水平空间分布的规律性，又存在着立体分布的差异性。如山高谷深的横断山脉北部主要为独龙、怒、傈僳等民族聚居而成的村落，散布着普米、纳西、白等民族的村落。横断山脉南部的高黎贡山及其余脉的半山上多为景颇族的聚居区，大盈江和龙川江流域的山麓地带及半山区为阿昌族的聚居点，澜沧江两侧连绵山地上为拉祜族的聚居区，红河两岸则杂散着哈尼族、彝族、傣族的村落。

丘陵坝子村落区包括广西、滇东南及一些山间盆地、坝子所组成的松散的区域。在这一区域内，山间盆地、坝子和丘陵并不一定相连，但村落的分布有着基本一致的倾向和规模。一般而言，这一类村落区内居民以耕作旱地和种植水稻为主。村落较集中地分布在河谷、盆地、坡脚，规模也比山区大，有的甚至在河谷盆地中央发展成了很大的集镇，当然也不免同时存在着几户人家组成的村庄。

对于西南民族村落在形态、规模、分布特征等方面表现出来的诸多差异性和丰富性，我们从明代伟大的地理学家徐霞客在对西南民族聚落地理的考察中可以窥探一斑。徐霞客晚年在桂、黔、滇三省进行地理考察，撰写了《粤西游日记》《黔游日记》《滇游日记》等考察日记。这些考察日记大约占《徐霞客游记》的 80% 以上，其中有不少的内容涉及了西南民族村落的位置、规模、形态。如仅就地形与村落的关系而言，仔细翻阅《徐霞客游记》，我们发现，像"山中聚落""聚落环倚西麓""聚落倚西峰下""聚落当岭头""聚落在西坡下""聚落倚山面壑""聚落倚南山""聚落倚西山""有村居倚北峰而悬坞北""有村倚坡之西""有村在梁之西""有村倚南山北麓""有村落在山半""数家之居在山半""其村依山半""望西山高处有寨""村倚山而庐""有村夹峙峡口""有村踞路右冈上""有村倚西山岭上""村落散倚崖坞间""有村在坡下""有村当脊间""有村当岭脊"之类，以山脉中的山顶、山腰、山脊、山岭、山坡、山麓、山南、山北以及山中的道路作为参照物来命名的村落，可谓俯拾即是。至于村落的规模，《徐霞客游记》中用了"百家""数十家""五六家""四五家""三四家""二三家""一二家""一家"等程度不同的数量词来加以判定。这些数量词中使用频率最高的是"数十家"，它实际上道出了西南民族村落一个主要的形态——以几十户人家的中小型村落为主。当然，在徐霞客的笔下我们也看到了为数不少的"一二家""二三家"的小村落和数百户人家组成的大型村落，这虽然不代表西南民族村落主要的形态，但它们又从另外一个方面反映了西南民族村落的多样性。①

2. 水文气候因素对村落的影响

水是生命存在的基本元素，水资源的丰歉程度与一个村落的存续发展密切相关。史前人类总是选择那些水源丰沛的地方作为自己的居住地，居民"择丘陵而处""缘水而居"，村落也相对集中地分布在各大河流域及其支流的台地上。西南民族史前时期的聚落遗址，同样也基本遵循着上述原则，即依山傍水、背风向阳的河流两岸台地成了人们最理想的居住环境。如元谋大墩子聚落遗址位于两条季节性河沟的三级阶地上，聚址高出河床 14 米。卡若聚落遗址南临卡若水，北依土丘山，位于澜沧江两岸的第二、三级台地上。洱海佛顶甲乙两址和马龙遗址中的聚落遗址，也都在山的缓坡或小山上，其中甲址高出洱海海面 28 米，乙址高出洱海海面 46 米。

在一个地区，水资源的时空分布在很大程度上影响着村落的分布，水量的相对稳定有利于村落生态系统的相对稳定，水资源过多或过少都可能引发村落的迁徙乃至淹废。所以，居处各地的人们在营建自己的居住环境时，大都要考虑并勘察水源。例如，分布在西藏珞渝地区的珞巴族阿迪人在选择新寨址时，要选择泉水流量最小的 11 月作为探明寨址供水量最好的时机，然后在有溪流或泉水的地方架设引水竹管，以解决供水问题。② 我国古代基于农业经济发展起来的风水观念，其在村落和住宅建筑选址中强调的"风水"要点五诀——"龙、穴、砂、水、向"，就与自然地理学的地质、地貌、气候、水文、土壤、植被等要素相对应，这五大要素实质上都与水有关。③

水资源对村落分布的影响在坝区、山区和丘陵地带有着不同的表现。在西南的山间坝区，人们多是"近水向阳"而居，把住宅建在河流两边地势较高的台地上，近水而建，以便于利用水资源。在山区或丘陵地区，

---

① 详见管彦波《徐霞客对西南民族聚落地理的考察》，《贵州师范大学学报》2006 年第 5 期。

② ［印度］沙钦罗伊：《珞巴族阿迪人的文化》，李坚尚、丛晓明译，西藏人民出版社 1991 年版，第 53—54 页。

③ 郭康等：《风水理论对人文景观的影响》，《地理学与国土研究》1993 年第 2 期。

水随山而行，山界水而止，人们大多"背山面水"而居，村落主要分布在谷底、山脚、山麓边缘或者是溪流环绕、泉水出没的地方，为的是便于获取人畜饮用水。尽管在坝区和山区丘陵地区，由于受水资源的影响，村落的分布存在着一定的差异，但是，近水而居可以说是一个具有普遍意义的事实。如云南省广南县者兔乡壮族自然村的分布，在地形图上，等高线密集的山坡上基本没有村落分布，全乡 93 个壮族自然村，仅有 5 个远离河流，充分体现了"壮族住水头"的居住习惯。①

　　水资源不仅影响村落的分布、规模与走向，而且还作为村落物质要素构成的一个有机部分，以水井、池塘为载体参与村落的生态系统中。一般而言，村落都有水井，而且不同生态位上的村落，其水井的分布具有不同的规模。大体上，处于水网密布地区的居民，水井的密度高，一个村落中往往有多个水井，甚至可以达到一户一井。处于干旱地区的村落，水井稀疏，有的一个村落才有一个水井，甚或几个村落共用一个水井。

　　水井作为村落物质要素构成的一部分，在我国西南广大的山区非常普遍。在西南地区，几乎任何一个村落内部都有一口至两口水井。水井的修建通常是一项公共性的活动，全体村民都会积极参与。水井或掘地而成，或在山泉出口处修建，有的以石板镶嵌，有的在水井泉池上加盖，设围栏，建立井房，保护水质。侗乡有"五里一水井，十里一凉亭"之说，人们往往在凉亭旁边掘地取水，建立水井，并把喝水用的葫芦瓢放在井沿上，供人们饮水之用。苗寨的水井多嵌在岩坎下，立面呈半圆形，平面分上下两层，上为饮水用，下为盥洗池，井边有竹筒、葫芦或木叶之类，供路人舀水喝。

　　(二) 人文因素对西南民族村落的影响

　　村落作为人类群体出于生存的需要本能地或半自觉地形成的第一个既表现出亲自然的倾向又被烙上人类文化特点的地缘式或血缘式的"自组织"的综合系统，它除了受气候、地缘形貌、水文、生物等自然因素

---

① 付保红等：《云南省广南县者兔乡壮族农村聚落现状调查研究》，《云南地理环境研究》2001 年第 13 卷增刊。

的影响外，还受生产力发展水平、群体的经济生活、家族制度、民族关系、宗教信仰等人文因素的制约。也就是说，村落作为一个自发形成的第一个人类社会文化产物，它的形成与发展、形态与结构又受到人类创造的诸多文化环境的影响。

1. 经济活动对村落的影响

村落社会关系到从生产、交换、分配到储藏和消费的整个经济活动的全过程，任何一种形式的村落及其住宅建筑的产生和发展，都建立在与之相适应的经济活动之上，服从并服务于一定的经济生活。历史上的西南各民族，因谋取食物的主要方式不同，人们的活动方式在空间组合上明显地分化为多种类型。各种不同的类型，微观上又可具体分为采集—狩猎经济村落、游牧经济村落、农耕经济村落、商业经济村落等几大类型。

采集—狩猎经济，是人类在生产技术发展的早期所采用的一种生计类型。操持此种生计方式的人们，一般生产和社会组织都较为原始，社会发育程度低，野生的植物和动物即现成的"自然界的礼物"常常是人们直接攫取的食物来源。与此相对应，民族群体的流动性大，定居抑或较长时期地居住在某一区域都不太可能，所以，村落分散零乱，成不了规模，也没有像样的村落景观。例如，20世纪50年代以前尚在原始森林中过着采集—狩猎生活的拉祜族支系苦聪人，要随着季节的变化和猎取动物群的移动而在广阔的森林中不断迁徙，所以，用木杈作为柱子，以树干和竹子作为墙体，用竹叶或芭蕉叶作为屋顶，临时建造简单的易于拆毁或重建"风篱式"的窝棚也就成了一种历史的必然。

游牧经济与采集—狩猎经济在生态学原理上有所不同的是：在人与地、人与植物之间已经通过牲畜建立起一种特殊的关系，构成了一条以食物为基础，以牲畜为中介，以人为最高消费等级的长食物链。在游牧生计中，人类已巧妙而有规律地把畜群放在生态系统的能量输出口——青草地上，从而在更为广阔的空间向自然生态系统索取了能量，经济较为稳定，劳动生产力提高了。从事这种经济活动的民族群体，相对而言都有比较稳定的游牧区，他们的村落规模较采集—狩猎经济村落大，但村落呈现出一种不规则的具有弹性的散居状态，村落内公共性的建筑少，住宅建筑向简易性或实用性方面发展。例如，旧时以游牧经济为主要生计方式的藏族、彝族，为适应"随畜迁徙"不断变更牧场之需要，常以简单易拆的"帐篷式"住宅为其主要的居住形式。与此相似，苗、瑶等民族及其先民历史上以游耕生计方式为主，"耕山为业""食尽一山则他徙"。对于这些"赶山吃饭"的游耕民族而言，他们一年四季总是在较大的空间范围内，"寻觅着可用于刀耕火种的林地，不停地游动迁徙。自然环境向他们所提供的资源相当有限，故而他们总是散居各地，社会资源总量一直处于贫弱状态，经济活动完全是为了满足衣、食、住、行等自给性的消费，产品很少有剩余，缺少与村落外部的经济力量和信息力量相联系的契机。一切生产的主要目的，几乎都是为了村落内人们生存的需要，绝少为了市场的需求"①。所以，他们往往是人随地（游耕地）而走，村（聚落）随人迁，居无常址，户无定居，村落规模小而呈现出散乱不稳定的状态，村落建筑简陋粗糙，以简单易拆的"叉叉房"②为主。

农耕特别是以犁耕为主要特征的犁耕农业，由于将"生地"变为"熟地"等耕作技艺的引入，从而能周而复始地进行粮食生产，给人类带来了丰富的食物保障，奠定了农耕村落的经济基础，提高了一定单位的空间所能容纳的人口数量，故而，对于农耕民来说，定居抑或较长时期地居住在某一相对稳定的地理单元内并维持"人—地—粮"的平衡也就成为可能，随之建立以农业、园艺、家畜饲养、手工业、加工业等综合型经济生活为基础的村落，并在村落内建造庙宇、庭院等公共性或较为复杂的建筑也就显得十分必要而自然了。这种有了源源不断的资源保障的农业村落，其规模以不断扩大的趋势稳定发展，村落的功能、结构与布局亦会更加多样而复杂。

商业经济村落，即以商业贸易或商品交换为主而形成的村落，其前身是"街村"，其发展就成了"圩镇"、城镇（城堡）和城市。圩和市不同，"日中为市"是指每日都有交换的地点，而圩则是指定期进行交

---

① 管彦波：《西南民族聚落的基本特性探微》，《中南民族学院学报》1997年第4期。

② 叉叉房是以两根插入地下的树权作为柱子，一根树棒横在权上作为横梁房架，四面用茅草遮掩而成，无墙壁，易建易拆，适宜于游耕经济生活。

换的地点。圩可以在交通要道，人工建几座长条状圩廊，定期为市。圩
场兴旺，则商店随之兴盛于圩场四周，渐渐地围绕圩场形成集市，称为
"圩市"。简单的集市多呈"街村"形式，集市的进一步发展形成圩镇，
即商业村落，或称贸易村落。在我国西南民族地区由商业交换而发展起
来的圩镇——商业村落并不少，且这种村落一般都有比较完整的公共建
筑及公用设施、道路系统、居民住宅区、商业区等建筑设施，村落中圩
场、集市及主要街道不仅担负着商品交换的功能，还具有村落中广场的
功用。在这方面以壮族村落中的圩场最为典型。"据民国 22 年的不完全
统计，广西 94 个县，共有圩场 1424 个。"① 每个圩场所在地就是一个商
业村落，其格局大致是：街边十数家店铺毗连，街中心设公共市场，以
供人们交易。

　　2. 生产力发展水平与技术条件对村落的影响

　　由于各种自然、历史和社会的原因，西南地区各民族的社会生产力
发展水平存在着很大的差异，而不同的生产力发展水平和技术条件对民
族村落的形态、结构亦有不同程度的影响。

　　一般而言，对于以原始耕作方法与原始的游猎、捕鱼、游耕来简单
地攫取"自然界的礼物"的民族而言，其十分低下的生产力和技术条件，
使他们的村落一方面只能就地取材，砍树劈竹、采藤割茅，以树叶、兽
皮、柴草、板贡岩来建造，村落受到自然力的严重束缚，规模小，职能
单一，分散零乱；另一方面村落内只能组织简单的再生产和容纳一定数
量的人口，村落很难在原来的基础上有所扩展。同时，由于还有可能受
到各种自然灾害造成的食物产量的减少及相关人口负增长现象和可利用
资源的萎缩等影响，村落的规模在不改变低下生产力发展水平的情况下，
还有可能缩小，甚至回归于自然。掌握了先进的生产方式和耕作技艺的
民族，可凭其先进的生产工具和技术条件来增强改造生存环境的强度和
力度，放大生态系统的能量输出功率，用不断增多的资源为不断繁衍的
人口提供稳定的食物来源，这种有了源源不断的资源保障的民族村落，
其规模将以不断扩大的趋势稳定发展，村落的功能、村落的要素构成、

---

① 梁庭望：《壮族风俗志》，中央民族学院出版社 1987 年版，第 126 页。

村落的布局亦会更加多样而复杂。当然，由于某一环境可提供的资源总量是有一定限度的，超过这个极限，无论生产力水平多么高，村落也将会出现分化和重组，一些新的居民点随之也将产生。

如果说生产力发展水平在总体上决定村落的规模、形态与结构，那么与生产力发展水平相衔接的技术条件又在村落建筑这一环节上影响着村落建筑的空间规模、建筑结构的形式和基本的建筑式样。而不同的住宅形式又有着不同的技术要求，如旧时独龙、怒等民族的住宅，技术含量较低，而藏族的布达拉宫、侗族的鼓楼、傣族的佛寺与佛塔需具备足够的技术力量和大量的专业技术人才。一般而言，在缺乏夯土、制铁、木工、烧瓦、制陶等技术要素的民族那里，住宅只能以"窝棚""叉叉房"之类的形式出现，甚至还依赖于自然，以树居或穴居为主。掌握了烧瓦制陶、冶铁技术的民族，住宅建筑多为土砖木结构，更加注重色彩、装饰的效果，村落也更具规模。在科技进步日新月异的今天，人们既可以在相当大的程度上加大对村落环境的改造和建设，又可以到过去认为不合适或不能营建村落的地方居住，技术条件不同程度地改变着人们对居住环境的选择。

3. 家族制度对村落的影响

虽然西南地区不同民族的村落有着各自不同的生长模式和组合方式，但从村落基层的社会组织结构来看，大致有以血缘（父系或母系）为纽带形成的家族或氏族公社，以家族或氏族等更紧密的社会基层组织联合而形成的原始农村公社等几种形式。村落内群体的聚合形式也不外乎氏族、家族及不同民族不同姓氏的个体小家庭，并且从同一氏族的人们聚居一起到同一家族的人们集中居住在一起，再到若干姓氏人家杂居在一起，组成了三种相互衔接的村落。

人类的居住方式一开始便与他们的社会组织结构和社会生活相联系。在民族共同体的形成和演进过程中，氏族、部族、部落联盟是几种最基本的形态，一些民族在氏族部落母体内孕育的血缘纽带关系及宗法关系总是顽固地贯穿在整个民族社会历史发展进程中，同一氏族或者不同氏族的人们往往集中居住在同一村落里。这种"聚族而居"的组群方式，作为人类居住的一条基本原则，影响着许多民族群体的社会生活。例如，

"洞"作为水族早期的社会基层组织，最早是由单一氏族组成的村落，随着社会的发展，这些村落逐渐发展成为包括若干个氏族宗支的亲族联合体，这些联合体以父系血缘为纽带，居住于一定的地域。[①] 直到 20 世纪50 年代，我国一些民族的氏族组织仍是一种最基本村落组织形式。如云南镇康、耿马等地仍保留家族公社某些特征的德昂族，他们把自己的村落称为"牢"，每个牢又由几个"克勒"（氏族组织）组成。[②] 聚居云南景洪攸乐山的基诺族，每个"周米"（村寨）以两个"阿珠"或"内珠"的成员为基础组成，阿珠或内珠即是一种由血缘关系组成的氏族或家庭。[③] 独龙族把具有共同血缘关系的父系氏族集团称为"尼勒"，由尼勒的近亲成员又组成一系列的家族公社，具有血缘关系的家族公社大都分散在一个相邻近的区域之内，组成血缘村落，独龙族语称为"克恩"。每个克恩有自己的地域，克恩与克恩之间以山峰、峡谷或河流为界。[④]

氏族是由同一血缘关系的亲族组成，为原始社会基本的社会经济单位，氏族的解体则形成不同的家族公社。在家族公社的社会组织形式之下，村落及其住宅建筑常以家族为单位，具有血缘关系的同一祖先的一个大家族或具有共同群体意识的几个大家族组成一个规模较大的村落，有的学者则干脆称为"宗族聚落"。[⑤] 在这种村落中，血缘组织明显有着相当强的支配作用，村落以对家族的血缘依存为主，地缘联系为辅，村落的功能也大多通过家族的社会组织活动来实现，村落内家庭住房随家庭成员的不断增加而渐次增大。但无论如何，这种带有氏族制度特点的家族村落，成了血缘群集结的基本单位，以一种强烈的群体意识和群体力量来强调血缘纽带的牢固性、集体性和便于防御的安全性，所以，它

---

① 韩荣培：《古代水族社会基层组织和土地、山林的管理方式》，《贵州民族研究》1999 年第 4 期。

② 宋恩常：《镇康德昂族父权制家族公社》，载《云南少数民族研究文集》，云南人民出版社 1986 年版。

③ 宋恩常：《基诺族社会组织调查》，载中国人类学学会编《人类学研究》，中国社会科学出版社 1984 年版。

④ 宋恩常：《独龙族家庭公社及其解体》，载《云南少数民族研究文集》，云南人民出版社1986 年版。

⑤ 斯心直：《西南民族建筑研究》，云南教育出版社 1992 年版，第 74 页。

实际上"是特定的亲属系统的区域位置集结,是笼罩在共同文化氛围中的制度化世代亲缘关系的表现"①。具体如 20 世纪 50 年代以前,在西双版纳等地保存农村公社制度比较完整的傣族地区,一个村寨(傣语叫"曼")就是一个农村公社,村社有自己比较完整的行政管理机构,有本村寨专门的祭祀活动,有共同的祖先。②

　　进入现代社会以来,随着各民族群体间经济文化联系的加强和多民族杂散居状态的日益普遍,我国西南地区的村落已在一定程度上摆脱了单纯的以血缘家族为主的组织形式,多民族、多家族、多房族、多姓氏的村落已比比皆是,但无论是地缘式村落还是血缘式村落,家族群体的血缘纽带联系仍是村落中一种以生物学事实为基础的"村落秩序"。关于这一点,侗族的村落最具代表性。主要分布在湘、黔、桂三省交界地区的侗族,大都习惯于组成大村落聚族而居,家族在其社会中起着轴心作用,一般一处侗寨住一个家族,家族内常有几个房族,一个房族又是由数个家庭组成。侗寨内家庭与家庭之间存在着千丝万缕的亲缘关系。一片住宅连成的网络,亦是一个亲缘网络。例如,贵州黎平县肇兴乡肇兴大寨,最早仅为 1 户陆姓侗族兄弟在此安家,现已发展成 650 户 3500 多人的大寨,全部姓"陆",成为一个大家族,下分 5 个小房族,组成 5 个小寨居住,建 5 座鼓楼。③ 从江县下江区下江镇民族村苏洞上寨有 40 多户人家,230 余人,就是以石姓血缘家族为基础发展起来的多姓氏共同居住的辐聚性村落。④ 从江县高增村对外作为一个整体,内部却按居住地段划分为上、下、坝三个小寨。各寨分别修建自己的鼓楼。上寨多为杨姓家族居住,来高增定居的时间也较早,所以上寨的鼓楼造得最高,称作"父"。下寨多为吴姓居住,来寨定居时间晚于杨姓,所以下寨的鼓楼必须低于上寨的鼓楼,称作"母"。坝寨是从上、

---

① 伍家平:《论民族聚落地理特征形成的文化影响与文化聚落类型》,《地理研究》1992 年第 3 期。

② 参见张公瑾《傣族的农业祭祀与村社文化》,《广西民族研究》1991 年第 3 期。

③ 详见金珏《侗族民居的生长现象试析》,《贵州民族研究》1993 年第 3 期。

④ 黄才贵:《日本学者对贵州侗族干栏民居的调查与研究》,《贵州民族研究》1992 年第 2 期。

下两寨分出去的，所以坝寨的鼓楼必须低于下寨的鼓楼，称作"子"。从上举数例可以看出，家族是侗族村落的基本单位，鼓楼则是侗族村落的象征和氏族组织的徽章。"未建寨子，先修鼓楼"，同一家族或同一姓氏的侗族往往围绕着鼓楼聚居在一起，一座鼓楼既代表一个血缘关系的氏族组织又代表一个村落，众多的鼓楼凝聚着不同的家庭，组织了一个又一个的村寨，协调着各族姓之间及各村寨之间的关系，从而也就组织了整个侗族社会。

4. 各种观念形态及宗教信仰对村落的影响

论及各种观念形态对村落的影响，我们首先不能回避的是村落选址中的风水问题。

《释名·释宫室》载："宅，择也，择吉处而营之也。"选择有利的地形、地势建立寨子和住宅，在许多民族看来是非常重要的事。因为在他们的观念中，聚址、宅基选择的好坏，与民族的兴衰、人丁的繁衍都有一定的关系。在西南民族地区，哈尼族是最为重视对寨址、房宅基址进行择定的民族。哈尼族作为山居的农耕民族，"安土重迁"不轻易改变祖先沿袭下来的生活模式和居住方式，但在灾荒连绵、重大事故不断发生时，才会考虑离弃旧寨，在海拔 1000—2000 米、朝阳开阔并有泉水流露的山梁或山腰地带另建新寨。建立新寨，须由村长及村中长者商量，请巫师占卜确定新寨寨址。巫师来到初选地后，把一个生鸡蛋置于右耳处使其下落，倘若鸡蛋破碎，则表示土地神允许在此建寨，反之则不然。通常寨地的寨头必须有一个小山包，山包上必须有茂密的森林以之作为神林供祭村寨守护神；两侧必须有山包，以作寨子的"扶手"，寨脚亦须有一个山包，作为寨子的"歇脚"，还必须有生活用水和祭祀用水源。[①] 寨址选定后，随即举行神圣的"丈口勒"仪式，意即"驱除鬼神清扫新寨基"。然后测定寨心、划定人鬼分离的界限、设置寨门、盖房搬迁。在建房时，也要通过梦占、烧竹卦等方式择定房址，然后再依次测定正房

---

① 杨知勇：《哈尼族"寨心"、"房心"凝聚的观念》，《云南民族学院学报》1994 年第 2 期。

中心、立中柱搬迁。这样，完整的聚址选择和建寨仪式才告结束。①

　　壮族及其先民亦非常注重择吉地而居。他们认为，龙脉风水宝地能够给村民带来福祉，保佑村寨繁盛。因而村落一般集中分布在三面是山，前面开阔，并有江河流经的地方。村落的村址及房屋朝向一般都由风水术士择定。村落中的房屋沿着所处地形走势依序而建，房屋的布局和排列形式都有一定的规律，朝向也基本一致。在选择聚址、房宅基址的过程中，忌讳背向山谷和流水，忌讳前面为横亘的山岭所阻挡。村寨忌讳坐南朝北，房屋后方忌讳对着溪水沟槽，门口忌讳斜对着下流的河水，屋脊忌讳正对着凹下的山谷坳口，大门忌讳正对着右侧的山洞和斑白的石崖。② 瑶族旧时建房也要择吉日动土，大门朝向要按阴阳五行择定。如主人命属金命者，则门向朝北，木命者门向朝南，水命者门向朝西或南，火命者门向朝西。③ 侗族一般聚群而居，其民居建筑表现出强烈的群体意识。选定寨址和寨基的过程中，必须请巫师道士摆罗盘定坐向，按照"乾、兑、艮、离、坎、坤、震、巽"8 个坐向进行择定，要获得福生地和福生位才能定坐向。如果谁家房屋的坐向伤害龙脉，寨上公鸡乱叫、母鸡鸣啼或发生寨火、瘟疫，都会归咎于他。④ 另外，当侗寨所处的地势风水有不尽如人意时，人们往往要建造一座福桥来"堵风水，拦村寨"，这样就可以"清除地势之弊，补裨水之益"，从而使村寨免灾却难，黎民安居幸福。⑤

　　西南民族地区，既有自然崇拜（含天象、山川崇拜）、祖先崇拜、鬼神崇拜、灵魂崇拜、动植物崇拜、图腾崇拜、巫及巫术等原始宗教，又有基督教、伊斯兰教、喇嘛教、小乘佛教、道教，同时还有如纳西族的东巴教、白族的本主崇拜、彝族的土主崇拜等多种崇拜的宗教形式，宗

---

　　①　关于哈尼族的建寨仪式参见毛佑全《哈尼族居住习俗及其他》，《云南师范大学学报》1990 年第 3 期；杨知勇《哈尼族"寨心"、"房心"凝聚的观念》，《云南民族学院学报》1994年第 2 期。

　　②　参见覃彩銮《壮族传统民居建筑论述》，《广西民族研究》1993 年第 3 期。

　　③　黄仕清：《论我国少数民族的住宅建筑》，《民族研究》1989 年第 2 期。

　　④　参见吴世华《试论侗族民居建筑的群体意识》，《贵州民族研究》1992 年第 2 期。

　　⑤　吴能夫：《浅谈侗乡福桥（风雨桥）的名称涵义及其特殊的功能》，《贵州民族研究》1993 年第 1 期。

教品系异常丰富和复杂。而"宗教是人类本质自我异化的一种特殊的社会意识形态,宗教是对现实客观世界的歪曲反映,是一种颠倒了的世界观,是对支配着人们日常生活的外部力量的幻想、颠倒的反映"①。它有着各自不同的物质依托和开展宗教仪式活动的场所。一般而言,原始宗教常常以巨石、岩洞、神树、木桩为神的依托,伊斯兰教、佛教、基督教等人文宗教则修建寺庙、教堂等作为宗教活动的公开性建筑宅院。宗教建筑作为人们宗教意识外化的物质实体,是宗教信仰的直接产物。不同的宗教派别、不同的观念形态常会产生不同的"宗教聚落"。

宗教村落是指"聚落中的人们具有同一宗教信仰和强烈的宗教意识,且聚落中必有一个较宏伟华丽的宗教建筑的聚落",而"只要是宗教聚落其共性就明显受到宗教势力的支配和人们宗教信仰的巨大影响"②。虽然村落形成的原因及分类标准多种多样,但在西南地区,无论任何形式的村落都不同程度地受人们宗教信仰和观念意识的支配。信仰原始宗教的民族,在村落的规划布局时必须开辟一定的场所作为祭典之用。如布朗族在寨心桩的周围用石块砌成 1 米左右的高台,作为寨神的住所,村落群体性的宗教祭祀活动围绕高台而展开。在村落建筑及其室内设施、装饰方面,无不反映他们的祖先崇拜、自然崇拜、鬼神崇拜的观念,多子多福、人畜兴旺、风调雨顺、人寿年丰这一民族居住建筑的主体也就成为相关宗教仪式活动的主题。信仰佛教、道教、伊斯兰教、基督教的民族,各种形式的寺庙、教堂、清真寺、礼拜寺、城隍庙又成了村落内民族公共性活动的场所、独特标志和权力的化身,村落住宅多以之为中心向四周扩展。宗教建筑实际上成了一种村落联盟的表象,凝聚着整个村落内各种不同的人类群体。当然,由于西南民族"大杂居、小聚居、普遍散居"的分布格局和某些民族多种形式的宗教信仰,也在很大程度上制约着村落的形式。如白族村落既受到佛教、道教的影响,又留下了本主崇拜的烙印。傣族村落和藏族村落主要分别受到小乘佛教和喇嘛教的影响,但各种不同的原始宗教在某一具体的时空范围又往往在与村落建

---

① 陈麟书:《宗教学原理》,四川大学出版社 1986 年版,第 53 页。

② 斯心直:《西南民族建筑研究》,云南教育出版社 1992 年版,第 81、85 页。

筑相关的各种活动中表现出来。

二　西南民族村落的形态、结构与分布特征

（一）西南民族村落的形态与结构

在人文地理学的研究中，为了探索千姿百态的村落形成与发展的规律，曾对各种村落形态进行了多视角的归类和规范。但在各种分类中，最基本的是将村落分为辐聚型和辐散型两种。

1. 辐聚型村落

辐聚型村落一般是指住宅围绕某一中心集中在一起所组成的村落。这种村落在坝区或山间盆地多为平面圆形或近于不规则的多边形，其南北轴和东西轴基本相等，或大致呈长方形；在山区多环山而建呈环状；在山谷或河谷阶地上则沿一定走向呈条带状延伸和辐射。村落的延展形式又可具体分为团聚状、环状、条带状三种，依村落规模和地形条件又有组团式、成片式、成条式、群集式等多种。而在西南民族村落形成和发展的过程中，无论何种形式的聚集型村落都往往与人们居住形态上的向心模式和群体模式相联系，即村落的内聚性特征往往导源于村落文化行为的向心模式和群体模式。

人类的居住方式一开始便与社会组织结构和人们的社会生活相联系。在西南民族社会，由于与外界的相对隔绝和历史发展的特殊性，一些民族在氏族母体内孕育的血缘纽带关系及宗法关系一直贯穿在整个民族社会历史发展进程中。与此相适应，人们在居住形态上往往聚族而居，一个村落就是一个互为婚姻的氏族外婚集团，在空间组合上呈聚集状态，同一房族、同一家族、同一姓氏或同一宗族的具有血缘关系的人们集中居住在一起，以一种强烈的群体意识与群体力量来强调血缘纽带的牢固性、集体性和便于防御的安全性。在这种聚族而居所组成的村落中，村寨成了血缘群集结的基本单位，每一个村寨由一个或几个家族所组成，不同家族之间有着多重的姻亲关系，靠这种血缘的关系把村落有机地组合起来，使村落的每一个成员都有一种责任感。"共同的习俗信仰和始祖崇拜，也使得各村落成员经常习惯自然地在追忆祖先的心理支配下唤起集体情绪和民族激情。于是集体与族群利益日渐变为人的动机的第一需

要，以村落社会为轴心来评判一切成了民族村落成员世代的传统品格。"①
互爱、互助的群体精神和共同的族群利益把村落内的成员紧紧地联系在
一起。

从某种意义上来说，村落是家族、房族等社会群体对世界认识的体
现，居住形式则是个人或家庭成员的世界观的反映，村落中的社会关系
及社会组织形式在相当大的程度上规范着村落的形态。村落成员的群体
意识和共同的族群利益不仅决定着村落建筑的群体性，使村落建筑这一
劳动产品表现为多元的组合，同时又使村落建筑在平面布局上呈现出
一种以族长、家族长为核心的向心模式。而向心布局作为人们世界观
的模型或观念形态上的构思，它不仅体现出村落内人们之间的社会关
系，还使村落围绕着某一中心而不断地向四周辐聚，形成一种辐聚型
村落。

与群体意识和向心模式相联系的辐聚型村落，是西南民族村落中的
一种典型形态。在这种村落中，人们为了共同的群体意识和文化认同的
需要，常常赋予村落的某一组织一定的权威意义，并且靠这种"权威组
织"来联结、凝聚着各个家庭或家族，村落内成员的行为基本上被框于
一个具有权威性的辐聚标志为中心的文化环境信息场中。具体如侗族村
落中的鼓楼、白族村落中的本主庙、苗族村落中的芦笙场以及许多民族
村落中的广场、寨心和具有宗教性质的宗教建筑及其与之配套的规章
制度。

2. 辐散型村落

随着村落人口的发展，人均村落用地的减少，村落建筑用地的不断
增加，血缘宗法纽带关系的松弛，民族间杂散居状态的日益普遍，特别
是当一定的村落空间可容纳人口数量呈现出饱和状态时，村落在规模、
形态及组合方式上必然削弱族体群居意识，改变固有的向心布局模式，
向另外一个生存空间转移和分化，在这一过程中，往往出现一些分散的
住家和零散的小村，村落形态也就变为辐散型村落。

---

① 杨鹍国：《民族村落文化：一个"自组织"的综合系统》，《中南民族学院学报》1992
年第 6 期。

辐散型村落作为西南民族村落的又一基本形态，它不是以族居、向心布局为其主要的组团方式，而大多受制于各种地缘形貌及耕地零散分布的特点，规模小而分散，呈"面"的状态，接触自然的要素多，受环境的影响较强烈，况且主要分布在山区，村落在分布上或绕弯溜脊，或背山占崖，或沿沟环谷，或雄踞山巅。同时，这种村落内各成员间的公共性活动相对减少，住宅也不再为村落的共居形式，与村落的相互配合也日益稀疏。人们的生活也日益缩小到住宅内，住宅地点对个体家庭的吸引力远远超过村落群体生活的需要，村落内占主导地位的是个体意识而不是群体意识，村落多为不规则的弹性组群，村落建筑也大都稀稀落落，星罗棋布，各自独立，互不毗连。典型个案有瑶山村落。据民族志资料表明，"在瑶山 70 平方公里的土地上，散布着 20 个或大或小的村落，其中，除朝沙是苗族村寨，岜母是布依族、水族、苗族、汉族等民族杂居的村寨外，其余全部都是瑶族村寨。古老的瑶族村寨主要分布在瑶山的腹心地带，以姑娄、董蒙、板告、瑶沙、董别、更龚、九加为代表，这些村寨大都坐落在崇山峻岭之中，山高林密，道路崎岖，耕地狭窄，人口不过一二十户"[①]。

（二）西南民族村落的规模与分布特征

在西南各民族人口的地缘分布、生态分布、行政分布的总体框架下，受各种自然因素和人文因素的影响，村落的规模与分布千差万别，一般的村落由几十至百余户人家组成，有的三五家成聚，甚至独户居住。有的则上百户乃至千余户居住在一个相互毗连的地理单元内，村落规模大，要素完备，功能多样。在总体分布上呈现出如下几个特征。

1. "大分散、小聚居、普遍散居"的特点

西南民族村落"大分散、小聚居、普遍散居"的分布特点受制于西南民族整体的分布格局。我们知道，在西南民族形成发展过程中，由于始终存在着一定程度和范围内的相互接触、交往、融会现象，各民族在地域上的集聚与扩散，地势上的水平分布与垂直分布，呈现出既分布广泛又相对集中的状况，民族的分布区界并非泾渭分明，整齐划一，而是

---

① 史继忠：《瑶山的房屋建筑》，《贵州民族学院学报》1986 年第 3 期。

大分散中有集中，聚居中有杂散居，杂散居住区中又有相对的小集中居住，绝对单一聚居区的构成始终从属于民族大杂居这一总体范畴之内。如苗、瑶、彝等民族分布在互不相连的地域内，有聚居区又散居各地，布依、白、傣等民族的主体有着明显的聚居区。

与西南民族"大杂居、小聚居、普遍散居"的整体分布特征相关联，西南民族村落的分布在总体上亦呈现出"大分散、小聚居"的特点，即多民族杂居的村落或单一民族聚居的村落满天星斗式交错分布在高山之上、水溪之旁、河谷之中、山间盆地、坝区之内。如瑶、独龙、傈僳、彝、哈尼、德昂、景颇、佤等民族的村落多在山区或半山区，并相互毗邻；白、傣、纳西、侗等民族的村落也多在坝区或半山区，并与其他族的村落互相插花交错在一起。下面我们再以山地民族分布为例，做一重点说明。

山地民族在西南民族中占有很大的比例。所以，山地民族的分布在一定程度上制约着西南民族的总体分布。西南山地民族在分布上呈现出两种态势：第一，居民一般都聚集成较大的中心，且这种聚集大多在丘陵和坝区的接触地带以"串珠"状的分布最为明显。第二，山区河谷地带的民族分布呈线状延伸，或零散地分布在河谷两岸的高地上，甚至以"独户"出现。受这种民族分布状况的影响，山地民族村落在分布上也呈现出如下特征——"聚居相间散居"。即在山地与丘陵、坝区的接触地带的村落有一定的规模，成为山地民族的主要聚居点，在狭窄的河流两岸而又具有一定数量的河谷阶地上，有相对的聚居又有广泛的散居，甚至有分散的单独住家出现，民族村落呈"条带状"或"串珠状"分布。

2. 村落类型千姿百态

村落作为人类文化的一种物质存在形式，其分布、形态、结构和功能也是文化选择的结果，故而采取文化分类的方法，运用普遍联系和对比的观点，对千姿百态的民族村落内部诸要素进行条理化、规范化、系统化的分类研究，目的在于能够使我们更好地认识村落形成和发展过程中所表现出来的同一性和差异性以及内部的本质联系和规律。然而，不同的分类方法与分类标准，触及的只是村落的某一侧面，要对复杂多样的西南民族村落进行全面的认识，必须从多元的视角进行考察。

从某种意义上，村落建筑本身就是一种物质生产的过程，故而按照经济活动方式我们可以把西南民族村落分为农业村落和非农业村落。农业村落是广义的概念，它既包括游耕、锄耕、犁耕农业村落，又包括渔村、牧村、林里村落、狩猎业村落、采集业村落以及多种农业活动方式互补的村落。非农业村落在西南民族村落中占的比例较少，它包括一些贸易集镇、工业和矿业村，军事、宗教、交通、旅游村落。

村落作为人类活动烙在区域地理环境上的文化产物之一，它的建筑场所、位置、建筑结构材料与建筑形式都受地形、气候、土壤、植被、生物等自然环境的影响，所以，以西南民族群体所处的自然地理环境和区域分布为依据，采用地理类型分类法和区域文化分类法可以把西南民族村落分为山地、高原、丘陵、台地、谷底、山顶、山腰、山麓、坝区、水域、湖海、跨境民族村落和横断山区、六江流域、六山六水等不同的村落。

西南民族地区，由于各种自然和历史的原因，各民族的社会经济发展极不平衡，20世纪50年代前曾存在着各种不同的社会经济形态。所以，运用社会形态分类法，可以从纵向时间段上把不同民族的村落分为原始社会的村落、奴隶社会的村落、封建社会的村落，且各种不同社会制度下的村落又有着相异的结构和功能。

民族众多、宗教信仰复杂是西南地区的一大特色，所以，按照民族及其语言谱系又可以把西南民族村落分为单一民族村落、多民族聚居村落和壮侗语族村落、藏缅语族村落、苗瑶语族村落。按照宗教信仰又可以把西南民族村落分为原始宗教村落区、基督教村落区、佛教村落区、道教村落区等不同的类型。

除了上述几种分类方法外，我们还可以按照村落的形态、结构及生长模式，把西南民族村落分为辐聚型村落和副散型村落两大类。而辐聚型村落内又可细分为团聚状、环状、条带状等不同的村落类型。

总体而言，由于西南地区地理环境的复杂性、各民族社会经济发展的不平衡性以及社会历史文化传统的变异性，致使生活在这一地理单元内的人们共同体，在营建自己居住环境的过程中，有着多重的环境依据和多样的文化选择，即使有着相同文化背景的同一族系共同体，在寨址的选择方面由于受立体多样环境的影响，也往往呈现出不同的选择模式，如壮族的寨址就有高山型、山脚型、平地型三种选择模式。另外，村落作为人类活动烙在自然环境上的文化产物，寨址的选择和村落的样式则又往往通过文化和社会生活需要来主动评价和选择，这一方面又形成了不同的自然环境下又有着相同的村落特征和相同的文化背景下又有着比较一致的村落选择模式。如"山居为瑶，峒居为壮"[1]，"苗族住山头，瑶族住箐头，壮族住水头"[2]，"高山苗，水仲家，仡佬住在石旮旯"，"客家住街头，夷家住水头，苗家住山头，瑶族占箐头，苗族占山头"[3]等史料和民谚，就是相同文化规范村落的结果。

三　西南民族村落水系空间特征

在西南民族村落内部空间构成中，线性流动的河水溪流、面状或点面结合的水塘和点状的泉井是村落水空间构成的三种主要形式。三种水体形态中，有些村落三种兼具，有些村落以一两种水体形态为主，个别的村落内部空间构成中，甚至显现不出水空间，但下面三种形式，基本上可以代表西南民族村落内部水空间的构成样式。

（一）以线性流动的河水溪流串联或围合而成的村落空间

在西南民族村落的形成和发展过程中，邻近河水溪流建立的村寨，其内部水空间构成中，线性流动的河水溪流是一种较为常见的形态。村落与河流溪水的组合关系，大致可以分为"环"式水系、"过"式水系和"穿"式水系三种。环式水系村寨，指村寨临水而建，河水溪流环绕着村寨蜿蜒流过，村落三面环水，水岸限定的空间范围自然成为村寨的寨域。过式水系村寨，实际上是可以看作环式水系的一种类型，指的是村落的外部有河流溪水流过，有的是一条，有的是多条，村寨有一面、两面甚至多面临水。穿式水系则是指河水溪流穿寨而过，村寨民居建筑沿水系两边空间扩展，因水流走向和空间的开阔度之差异，有的大的村落明显

①　民国《连山县志》。
②　云南省编辑组：《云南苗族瑶族社会历史调查》，云南民族出版社 1982 年版。
③　转引自吴正光《贵州民族建筑的类型和内涵》，《贵州民族学院学报》1992 年第 1 期。

会形成几个比较集中的团聚形式。这种形式的村落，因临水面广，不仅生活用水方便，而且村寨建筑与水系有灵活而机动的关联。

在西南民族村落中，以河流溪水为主要的水空间的村落，典型的村落如贵州黎平肇兴侗寨和从江增冲侗寨。

被誉为"侗乡第一寨"的贵州黎平肇兴侗寨，是一个陆姓侗族村寨，分为五大房族，分别居住在"仁""义""礼""智""信"五个自然片区（如图2－1）。整个村落坐落在四面环山的低山峡谷之中，形如"舟"字形，由东向西和由南向北的两条溪水在谷地里汇合，从村中流淌而过，于村西远处的坝区里汇入八洛河，最后汇入都柳江。在20世纪70年代东西横穿村中的黎从公路未建成之前，溪流便自然成为某些自然片区之间的边界，溪流两岸由于住宅建筑的底曾后退一定的宽度并架空形成村寨独特的内廊空间，自发形成线状"水街"。水街因有交通的功能和获得生活用水的便利，充满生活情趣。溪流上自东向西依次建有五座风雨桥，把五个片区的溪水贯穿起来，又在水面上造就了一个完整的公共空间。①

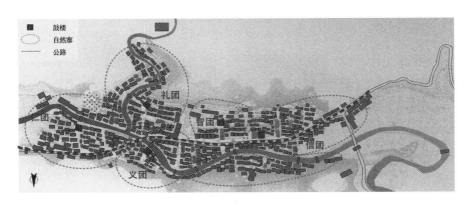

图2－1 肇兴大寨水系空间结构示意②

增冲侗寨位于黔东南苗族侗族自治州南部、都柳江中游从江县的西

---

① 详见蔡凌《侗族聚居区的传统村落与建筑》，中国建筑工业出版社2007年版，第78—83页。

② 赵晓梅、贾明：《浅析侗族聚落形态与发展》，《住区》2012年第2期。

北面，是一个融自然山水与古朴的民居建筑于一体的侗族村寨。村寨坐落在山间河谷坝子上，四面依山，清澈如玉带的增冲河三面环绕村寨流过，把村落围聚成一个紧凑有序的整体。村寨山环水绕，村中地下水、地表水、山泉水资源丰富，纵横有致的水渠网络，潺潺水流贯注遍及各个角落的大小水池鱼塘，既很好地满足村民日常生产生活用水的需要，又把整个村落有机地贯穿起来，形成一个完整的"水寨"。①

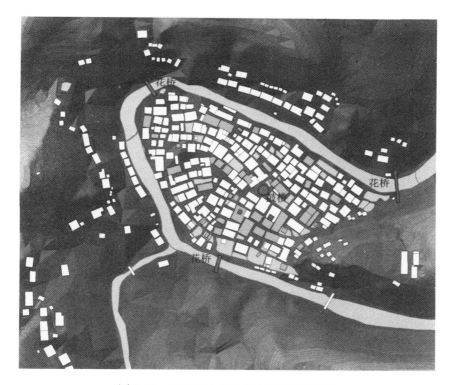

图 2-2　三面环水的贵州从江增冲侗寨②

（二）以人工引水渠为主而形成的村落空间

河水溪流是自然形成的，村落临水而建，依托水系的走向而生长，

①　详见李杰、孙明明、王红《民族建筑与自然环境之交融——以从江增冲侗寨研究为例》，《贵州民族学院学报》2005 年第 5 期。

②　赵晓梅、贾明：《浅析侗族聚落形态与发展》，《住区》2012 年第 2 期。

但并不是任何一个区域环境中村落的生长都有可以依托的水系。于是在一些河水溪流不发达的山区或半山区，为了保障村落用水，人们往往从远离村落的地方引水入村，以满足村落用水的需要。一般从远处引入村寨的水流，对主导村落空间的划分，没有太突出的作用，村落还是以其他物质要素为主，自然地延展和生长。不过，在一些民族的村落实践中，因人工引水渠而形成的水系，在很大程度上也影响着村落空间的格局。在这方面，以川西北岷江上游河谷和高山地带的羌族村寨最为典型。

川西北岷江上游是羌族的一个主要聚居区，在这个地区生长和发育了许多独具民族特色的羌族村寨，如桃坪寨、羌锋寨、郭竹铺寨、龙溪寨、老木卡寨等，其中的桃坪寨水系特征最具代表性。

地处高山河谷中的桃坪羌寨，背山面水，坐北朝南，岷江主要支流杂谷脑河从村口自西向东流过。村寨在寨子的上游设置引水口，修水渠引水入寨，并在寨子主要通道的下面修筑暗水道，串联全村每一农户，以方便村民随时取用。水道出村后，灌溉东面的经济林木。这种贯穿全寨的暗渠，与围绕水渠而建的道路、寨口、过街楼、水磨、洗衣、淘米处、绿化集中点等景观，形成桃坪寨充满了灵动而不失山野之趣的空间形态。对桃坪羌寨水空间，季富政先生在《中国羌族建筑》一书中有深入的分析。他认为，以水渠为核心的桃坪羌寨空间形态具体表现在以下两个方面：一是北侧寨口水渠入寨空间序列，集中了磨坊、石板桥、石板路及碎石路、汲水处、过街楼、三岔路口、几家大门口及几家石砌墙体转折等，空间变化全因水渠而产生。这里不仅是村民活动中心之一，空间亦错落丰富，木、石、水三者协调配置天然成趣。在此，水渠由山野入寨，又由明渠转入暗渠，形成给水系统，像是一种空间的交接仪式，于此作展开臂膀拥抱之势，空间呈开放性接引容纳之貌，是水渠入寨口的空间中心。二是入寨水渠流经寨内，几乎全为暗渠，过去意在防范外敌久围不撤用水之苦。水渠经一番地下循环，终于从东、西、南三方破洞而出，又形成排水体系。于是水渠出口犹如人开笑颜，成为寨子又一中心空间的展现处。尤其是寨子西侧面出口处不仅掘开一处小潭，还着意培植几棵大柳树，加之迎面一敞坝，是村民尽兴歌舞聚乐之处。从此处回首寨子，又是石砌建筑暴露面最多的地方，尤感依傍雄浑寨体，又得解脱的羁绊。空间一开一合，一虚一实，一立体一空敞，呈现的空间气氛十分畅快，是水空间于羌寨极特殊的中心空间表现形式，它和排水排污的水道是截然不同的概念。此于国内，亦是不多见的奇观。所以，这种暗渠流经全寨地下的空间处理，可言纯粹的羌族创造，其出、入口形成中心空间是水到渠成的必然。和桃坪寨水空间相似的还有老木卡等寨，形式多多，各有千秋。①

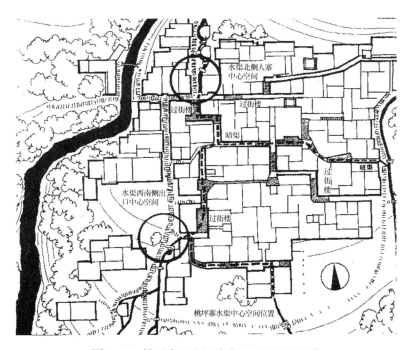

图 2－3　桃坪寨以水渠为中心的民居组团②

（三）以水井（或潭泉）为主而形成的村落空间

西南地区村落的分布虽然在总体上受制于山水环境，或依山，或傍水，村落有各自不同的延展及组团方式。但是，由于西南地区山水切割

① 季富政：《中国羌族建筑》，西南交通大学出版社 2000 年版，第 85—86、128、149 页。
② 同上书，第 149 页。

明显，开阔地带较少，很多村落往往是星星点点散落在各种不同的地形环境中，规模小，呈现出不规则的弹性组群。这样的村落用水，大多依靠水井（或潭泉）获取地下水，其村落空间也多围绕着水井或潭泉而划分。如云南石林大糯黑村，村之四周群山环绕，错落有致，地势西高东低，村落围绕着村中水塘向四周延展（见图2-4）。贵州花溪地区某石头寨，由130多户布依族居民所组成，村内有四个井台，分别形成四个节点空间，各自吸引着一片居民，他们在这里汲水、洗衣，同时也进行交往活动，充满生活气息。[1]

图2-4　环水塘延展的石林大糯黑村[2]

　　水井围聚的井台空间一般仅限于井台、井栏、井亭周围，较为有限。但有些水井，因出水量大，供给的人群多，并与水潭相连，经数世的维修整治，其所围聚的空间较大。如重庆酉阳县内龙潭镇中的"八卦井"，该井台空间由三部分组成，中心为呈八角形的饮用水井，西部为上泉眼溢流成溪经各家汇聚于此的非饮用水潭，及东部用于洗菜、洗衣的三阶

---

　　① 彭一刚：《传统村镇聚落景观分析》，中国建筑工业出版社1994年版，第37页。

　　② 杨世文：《撒尼村落形态和民居建筑研究——以石林大糯黑村为例》，硕士学位论文，西南林学院，2008年。

式水潭，水流分级有序地绕八卦井而过。井碑、平石桥、宽大的井岸、井栏等组成了丰富、优美的井台"水建筑"空间。①

第三节　西南民族村落生态系统

一　村落生态系统的层次、结构与功能

（一）村落生态系统概述

"村落生态系统"是与"乡村生态经济""乡村生态环境""农村生态环境"相关联的一个概念，也是我们在对西南民族社会水环境与村落关系的生态分析中，不能回避的一个重要概念。

生态系统是 1935 年由英国植物生态学家坦斯莱（A. G. Tansley）最先提出的一个概念。当时，他把生态系统与宇宙间各种各样的自然系统等同看待，认为生态系统是动态平衡、相对稳定的系统。在其之后，随着生态学的发展，人们对生态系统的概念也有了更加深入的认识。目前学界倾向于这样一种看法，生态系统是在一定的时间和空间范围内，生物的和非生物的成分之间不断地通过能量转化和物质循环而构成的相互作用、相互依存的统一整体，即各种生物群落与其生存环境之间构成的综合体。在生态系统中，根据获取能量的不同而把生物分成生产者、消费者和分解者三部分，再加上各种无生命的无机物、有机物和各种自然因素，组成一个相互间不断地进行着物质循环和能量传递的有机统一整体。从生态系统的结构来看，它包括生物种类、种群数量、种的空间配置和时间变化等形态结构及各个组成部分之间所形成的营养结构。生态系统的每一个组成部分都不断地进行着物质流动和能量交换，在一定的时间和相对稳定的条件下，都处在一种相互制约、相互适应与协调的动态平衡中，此即我们通常所说的生态平衡。但生态系统的平衡是动态的平衡，而不是静态的平衡，凭借其内部的自我调节能力，虽然可以排除外来的干扰，不过这种调节能力是有一定限度的，这个限度即"生态阈

---

① 田莹：《自然环境因素影响下的传统聚落形态演变探析》，硕士学位论文，北京林业大学，2007 年。

限"，超过这个限度，生态平衡极有可能失调，严重者则会出现生态危机。

　　村落作为地球表面突出而且普遍的一种景观，它本身具有分布、结构、功能、生命过程、新陈代谢和分类区划等生态学特征，同样是一个以一定的人群为中心，伴生生物为主要生物群落，建筑设施为重要栖息环境的人工生态系统。① 在村落生态系统中，作为村落物质要素构成的建筑景观、村落周围的农业景观和自然景观共同构成了村落的生态景观。西南民族地区，处于不同生态位上的村落或村落群，大都由森林生态、水生态等自然生态和民居建筑等人文环境组成一个循环有序的小的村落生态系统，在这个系统中，西南民族社会传承有序的神山森林文化对水土资源的保持和村落生态系统的稳定，起到非常重要的作用。

　　（二）村落生态系统的层次、结构与功能

　　在人类的生态系统中，基于自然经济时代的生活方式而形成的村落，作为与自然联系最为紧密的一种聚居生态空间，它实际上是一个以人类活动为主导的社会—经济—自然等诸多的环境因子构成的复合生态系统。一般而言，任何一个成熟的村落均占据一定的地域空间，具有自己的结构和功能（见图 2－5）。在乡村生态系统当中，村落作为其子系统之一，它与林草、水体、畜牧、农田等乡村生态子系统明显不同的是，村落不仅具有突出的景观和复杂的人文特征，而且还通常包融并与其他生态系统进行复杂的物质循环和能量流动。在村落生态系统中，自然因素中的土地、房屋、道路、公共场所、居住环境、小气候等非生物成分和植物、家禽家畜、伴生生物等生物有机体，以及经济行为、家庭伦理、制度秩序、人口民俗等社会因素共同影响并塑造村落的空间形态。

　　在影响村落的诸多环境因子中，区域内的自然环境包括地理环境、水文气候、物产资源是基础的部分，它不仅为村落提供食物、能源、建材等地域生态资源，而且在很大程度上决定着村落的选址布局、生长模式和结构规模。村落人群的社会经济活动，无论是种植作物、畜牧养殖还是采集渔猎，它主要是通过改变自然环境来获取生存的资源和能量。任何一个村落的形成、演化和发展都是人、生物和村落环境长期影响的

---

　　① 参见王智平《村落生态系统的概论及特征》，《生态学杂志》1995 年第 1 期。

结果，相互之间的影响程度取决于人类社会的发展水平。在人及村落与自然环境空间多方面的互动过程中，村落共同体作为一个消费单位，如何适度改造和利用自然环境，与乡村生态系统保持一种良性的互动，是村落能否永续发展的主题。

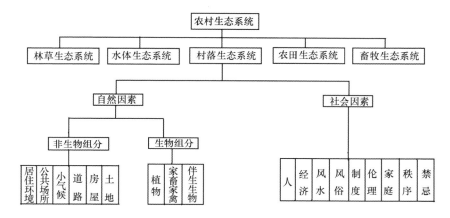

图 2-5　村落生态系统的层次结构①

　　村落作为一个相对稳定、边界清晰的生态系统，具有协调的内部结构和功能。从横向上看，村落空间结构由村落本身及周边的自然山水格局、附属建筑所构成的整体形态，随着村落中的道路系统或水渠系统的逐步完善而形成的结构肌理，相邻房屋之间或组团内住宅的邻里关系，以及居住单元四个层面构成。② 从内外关系来看，村落的"对内功能主要是村落内部各个子系统间的相互关系以及各个子系统在整个系统中的作用和地位，对外功能主要是某一村落与周边村落或集镇之间的相互作用"③。在村落的结构与功能的关系当中，结构是功能的基础，村落各组成要素之间实现物质和能量的转换主要通过结构这一渠道来实现。为了维护村落生态系统的稳定，完善村落整体结构和功能，一般的村落都会

① 王智平、安萍:《村落生态系统的概念及特征》,《生态学报》1995 年第 1 期。

② 参见周道玮、盛连喜、吴正方等《乡村生态学概论》,《应用生态学报》1999 年第 3 期。

③ 何念鹏、周道玮、孙刚等:《乡村生态学的研究体系与研究趋向探讨》,《东北师范大学学报》(自然科学版) 2001 年第 6 期。

形成自组织的稳态机制——自我调节机制。村落生态系统的自我调节，主要表现在同种生物种群间密度的自我调节、异种生物种群数量的调节和生物与环境之间的相互适应调节三个方面。①

二　西南民族村落内环境生态系统

在乡村社会，每一个村落都有相应获取生存资源的范围，即"资源域"。资源域作为村落居民所有资源来源的地域，有"内围资源域"和"外围资源域"之别。内围资源域是指村落周围与居民的主体生活密切相关的那部分资源区域，一般范围都较小。外围资源域则是指离村落远、与村落居民主体生活关系不大的那部分资源区域。②考察西南民族村落的生态系统，如果从资源获取的最广泛的层面上来看，大致应该包括三个系统：一是由水井、水塘、庭院园林等环境因子构成的村落内环境生态系统。二是以作物种植及相应的水利灌溉设施为依托的农田水利生态系统。三是以山水环境关系为依托的山林生态系统。三个生态系统在空间上既有相对固定的范围，又有彼此重叠交叉的部分，它们不断进行着物质和能量的循环，以保证村落生态系统的稳定。关于农田水利生态系统，我们在其他相关部分将有所涉及，这里只讨论村落内环境生态系统和山林生态系统。

（一）饮水井：村落生态伦理

在凿井技术发明之前，人类大多选择有泉水出没或在江河旁边的台地上营建居所，以便获取天然的生活用水。新石器时代晚期凿井技术发明后，人类开始一定程度上摆脱地表水资源的束缚，不仅可以向远离河湖的广袤原野拓展生存和发展的空间，有效地躲避洪水的侵害，而且可以喝上干净、卫生的饮用水，从而减少疾病灾害的发生。水井作为中国历史上最悠久的文化器物之一，从最初的凿穴涌泉到各种不同形制水井

---

① 参见何念鹏、周道玮、孙刚等《乡村生态学的研究体系与研究趋向探讨》，《东北师范大学学报》（自然科学版）2001 年第 6 期。

② 详见李果《资源域分析与珠江口地区新石器时代生计》，载中国社会科学院考古研究所编《华南及东南亚地区史前考古——纪念甑皮岩遗址发掘 30 周年国际学术研讨会论文集》，文物出版社 2006 年版，第 173 页。

的产生，它反映了在复杂的环境中人类利用地下水资源的探索与实践，与人们的日常生活息息相关，蕴含着丰富的历史文化内涵。

从历史的纵向上考察西南地区的水井，我们看到，早在战国和西汉时期，居住在滇池的居民就已懂得打井提水灌溉，晋宁石寨山所发现的凿用古井即为明证。[①] 20 世纪 50 年代以来，考古人员在成都平原等地亦发现大量的汉唐古井群，据不完全统计，仅成都地区清理的汉井就有三百多口。如 1989 年成都市博物馆考古队在配合城市基本建设时共清理汉井 50 余口，占清理古井总数的五分之二，具有数量多、密度大、分布广的特点。[②] 相对于成都平原而言，其他地区水井的考古实物遗存目前发现的较少，但西南历史上并不乏名胜古井，如建水古井[③]、迤萨古井[④]、平乐古井[⑤]、和顺古井、大方古井等，均是非常具有历史与文化特色的古井。对于这些极具地域特色的名胜古井，我们将另文介绍，此处不单列

[①]　云南省博物馆编：《云南晋宁石寨山古遗址及墓葬》，《考古学报》1956 年第 1 期。

[②]　王双怀：《汉唐时期对西部水资源的开发和利用》，《开发研究》2008 年第 3 期。

[③]　在西南地区名胜古井中，建水古井颇具历史与文化特色。建水因珠江水系流经其境而得名，但历史上曾经经历过一个异常干旱的时期。时人民谚称："好个临安坝，有雨也下不，雷在中间打，雨在两边下。"于是，建水人民为解决人畜饮水问题，从洪武年间开始，经明清两朝，挖掘建造了不少古井。自元代以来修建的建水古井，虽然有不少被毁坏了，然而，如今的建水仍可称为"古井博物馆"，保存有许多年代久远、形状奇特、水质甘洌的古井，其较有名者，可用建水坊间流传的一副对联来串联："龙井红井诸葛井；醴泉渊泉溥博泉。"分别指建水的龙井、红井、诸葛井、东井、小板井和大板井（参见曾黎《建水古井的记忆与想象》，《中国三峡》2010 年第 8 期）。

[④]　位于红河南岸的哀牢山区的迤萨镇侨乡，在全镇 22 平方公里的土地上，就有大小水井 30 余处。历史上，井水可以挑到市集或村寨出售的，而且还出现了专门的职业挑水人，水的价格依水井水质的不同而有等次之别。迤萨镇侨乡的水井，因水源、水量、地势各异，井体的结构及式样大小也不尽相同，主要可分为渗透式滴水井、卷洞式地下井、人工过滤井、露天式池塘井等（参见孙澄、何作庆《水文化的固守与变迁——以红河县侨乡迤萨镇水文化为例》，《红河学院学报》2010 年第 1 期）。

[⑤]　据地方史志记载，古昭州平乐的名井有"感应泉""鲁班井""敬公井""梅公井""张公井"和李商隐在《题昭州》一诗中所提到的"金沙井"等。其中在平乐城北的感应泉，还有一个寓意颇深的故事。相传宋代邹浩谪居昭州时，"以江水不可食，汲数里外，后所居仙宫岭下，忽有泉涌出清冷莹洁，因疏为井名曰：感应泉。后将召还，泉忽涸。"邹浩《感应泉铭》："昭州江水不可饮，饮辄发瘴，日用汲井，乃在二三里外，又三石路崎岖，当风雨寒暑时，尤以为病。忽于所居，乐川之上，仙宫岭之下，有泉出焉。甘凉莹彻，一邦之井，无与比者。"（参见桫椤《平乐南蛮文化源流简史》，载平乐南蛮文化网，平乐热线网络丛书之一）。

出来讨论。

　　作为一种典型的村落文化器物之一，水井在西南民族村落社会是一种普遍的存在。各民族村落社会中形态各异的水井，如按修建方式来分，大致有三种类型：一是掘地而成的水井。二是在泉水出没的地方修建的泉井，这类水井在许多村寨又叫龙潭井。三是修建的蓄水池，引水灌入而形成的水井，又称蓄水。哈尼族的多数村寨都修有蓄水井，高山森林中常年下流的泉水沿着水槽流入水井，引水渠道常年贯通，井中之水常年溢满，流水不腐，常保洁净，哈尼族的饮水和生活用水全取于其中。① 按水井质地来分，有土井、木井、陶井、砖井、石井、瓦井等。按形制或水井的设计造型及建筑风格来分，有方形、圆形（椭圆形、近圆形）、月牙形、不规则形等多种。如侗族村寨的水井，仅从设计造型上来看，就有瓢形水井、石桶井、窑口井、石牛井、方池形水井、四合井等几种不同形状的水井。② 水井的直径，大者有三四米，小者几十厘米。井眼有"一眼""二眼""三眼""四眼"之别。按功能和属性来分，有饮水、储藏、浇灌、消防、祭祀、药用以及美化环境等多种功能和属性。

　　水井作为村落水资源利用的重要标志之一，它实际上是与村落的人文生态和自然生态相关联的一项重要设施。在西南民族社会，因各村落自然条件和社会环境之不同，水井的形制、分布位置、空间形态及运行制度实际上存在着一定的差异。从水井的分布而言，不同海拔高度、不同地理位置的村落并不完全相同。一般位于坪坝或山麓地带的村落，掘地而成的水井，多处于村落居住片区的中心，少者一两口，多者十数口，甚至一户一口。山区丘陵地带的水井，多位于村落上方泉水丰沛或地下水丰富的洼地。而且水井所在位置、数量多少、流量大小还与村落的规模及空间延展有一定的关联。

　　对于传统的村落社会而言，由于水井与人们的生产、生活密切相关，所以有关水井的事情大都是村民公共领域中的大事，也是一项公共性的

---

　　① 王清华：《哀牢山哈尼族梯田农业的水资源利用》，载林超民主编《民族学评论》（第二辑），云南大学出版社 2005 年版。

　　② 详见龙运光、李明文等《独特的侗家水井与侗民族文化发展及群体防病意识的探讨》，《中国民族医药杂志》2004 年第 1 期。

活动。水井的修建，一般由寨中长者提议，全体村民商量，共同出劳出资，集体修建。修建水井，选址是关键。侗族村寨"主要是选择在距离村寨附近古树参天（或树林茂密），而且有岩石或砂石之处，并有很好天然山泉水流出的地方修建水井，在这样的地形处修建水井，不仅有树林保持水源不枯竭外，还能保证水源在流入水井前充分得到岩石和砂石多层的自然过滤，其流出的清泉水质是非常清洁卫生的"①。傣族在修建水井的过程中，不仅注重选址，而且还有一套必须遵循的程序。其法是，先由全体村民共同商量选定地址和水井造型，然后请佛爷占卜确认所选地址和造型，再由全体村民分工合作建造水井（包括井底、井壁、井台、井栏、井罩、排水沟的修建）。水井建成后，再由佛爷选定吉日并主持祭井仪式，水井修建程序方告完成，接下来是水井后期的维护。

相对于城镇社区而言，传统村落对水井的管理与维护实际上是关于村落秩序的问题。村寨对水井的管理与维护，实际上包含两个方面的内容：一是在修建水井主体工程的同时，为了保证水井中的水不被枯枝落叶、杂草脏物、井水回流、雨水灌注以及人畜或周围其他环境的污染，一般要构筑高于地面的井台，或者在水井的井口上覆盖各种不同材质的井盖，修建井亭②、屋舍，以确保水源不受污染。二是建立水井管理与维护的责任人制度，并在水井旁刻碑勒石，把水井修建过程、保护水质卫生及保护水井周围水土植被的条文刻于石碑上，以加强对水井及周围环境的保护与管理。这两方面的内容，都是村寨内部非常重要的事情，受到各民族村寨的重视。如在哈尼族村寨中，水井一般位于全寨的中心，是村寨的心脏和生命之源，保护水井是全寨人共同的事情。但由于日常生活用水汲取及水井的使用主要是妇女承担的工作，所以疏通水沟、清

---

① 龙运光、李明文等：《独特的侗家水井与侗民族文化发展及群体防病意识的探讨》，《中国民族医药杂志》2004 年第 1 期。

② 在有关水井的保护设施中，建在水井上四面开敞的井亭，因民族不同、地区不同，造型各异。西双版纳地区傣族村寨的井亭，多用竹子搭成，顶部为歇山屋顶。瑞丽地区因水井的水面较高，井亭多用石筑成亭，似"塔龛"。广西壮族自治区亮寨井亭，属于下沉式井亭，泉水从一块巨石下面流出，井亭便建在巨石之上，采用九架三柱抬梁式构架。侗族村寨的井亭多为木构四柱形式，歇山屋面，既小巧精致，又简洁大方。

洁水井等日常的维护大多由妇女负责，只是到了全村寨祭祀水井的时候，清除井壁表苔杂草、井底沉淀之物，修补井台、护栏才多由成年男子完成。[1] 在一些纳西族村寨，为加强对水沟、水井的管理，还专门设一个水管员。"水管员由村民举荐，主要任务是带领村民不定期地清理水沟。清理水沟前，要将水全部放干，并把水源堵住。水沟和街道彻底清扫干净后，才重新放水使用。龙泉村一位姓和的水管员说，水使用时间长了以后，总有些杂质、污物无法通过水流排走，水流较缓的地方淤泥也容易沉淀，必须通过清扫来保证流水清洁。"[2] 傣族水井的管理与维护，过去是村寨的头人，现在则是村长。由他负责安排时间定期清理水井，擦洗井中的石头，除掉青苔、小虫和漂浮物。这虽然与傣族人民爱清洁讲卫生的良好习惯分不开，但也不难看出傣族人民对水的那种崇敬之意。[3]

作为一种古老的历史存在，水井的产生与发展，是人们适应和改造居住环境的结果，与生态环境之间存在着高度的相关性，不同环境条件下的水井具有各自不同的生态特点，发挥着不同的作用。基于各种不同的环境条件，西南各民族在对水井的维护及井水的利用过程中，形成了诸多颇具生态智慧的观念和行为。其中，饮用水和洗涤水、人畜饮用水分开，凸显的就是朴素的生态保护意识。广西龙脊廖家寨的村民在取用井水时，"用公用的长柄木瓢或者竹瓢将水舀出，再倒入水桶或者水罐中，绝不用自家的水桶直接到水井中取水；人们从不在井边饮牲畜；人们都会自觉地冲刷井台，清理附近的杂草杂物"[4]。湘西腊禾库村苗寨修有许多口水井，为了保护饮用水质不受污染，人们常常在水井旁边开挖修建饮用水区、生活洗漱区、牲畜用水区3个水池区，各部分之间以石头区隔分开，留一小渠道沟通水池，顺序是从饮用水区到生活洗漱区再

① 参见王清华《哀牢山哈尼族梯田农业的水资源利用》，载林超民主编《民族学评论·第二辑》，云南大学出版社2005年版，第74页。
② 曾琴：《西双版纳傣族水井装饰艺术研究——以景洪市为例》，硕士学位论文，昆明理工大学，2011年。
③ 艾菊红：《傣族水井及其文化意蕴浅探》，《内蒙古大学艺术学院学报》2005年第2期。
④ 韦贻春：《广西龙脊廖家古壮寨梯田水利文化研究》，硕士学位论文，广西民族大学，2007年。

到牲畜用水区。[①] 丽江纳西族的水井，大多为"三眼井"。所谓"三眼井"，是在建水井时顺溪流方向，依地势高低，自上而下巧妙地将井水分为上、中、下三个部分，分别用于饮用、洗菜和洗涤。一水三用，各司其职，互不相混，既环保卫生，又节约水资源，反映了纳西族特别的用水智慧和对水资源的珍惜。大理白族地区有"蝴蝶泉""银箔泉""红龙井""玉龙井""石马井"等古井名泉，一般村寨中水井都修成几个井池，井池底部和四周用青石板铺就，便于取水和清洗。民间有约定俗成的用水规则，第一个井池用于饮水，第二个井池洗菜、淘米，第三个井池洗涤衣物，第四个井池用于其他用途。各个井池之间都有平面出水口，并保持一定的水面，水呈流动状态，多余的水自然流向下一个井池，既清洁又便利。[②] 位于广西壮族自治区桂林市兴安县白石乡的水源村，是水资源丰富、村内排水系统非常完善的古村落。在村民生活用水的处理上，该村将水源处的水引到了靠近居住区域的地方，并在缓坡地带随地势分成从上到下四口井，村民们使用井水时一律遵循约定俗成的用水规则，即地势最高的第一口井用于直接饮用水，第一口井的水流入第二口井，用于洗菜，第三口井用于清洗衣物，第四口井用于喂养牲畜等。[③] 德宏地区的傣族群众在生活中严格区分各类用水，饮水是专门有砖房覆盖的水井，一般位于村寨神山林或水源林的下部，洗菜等用的一般水井，往往在村寨里会有2—3个，至于洗澡、洗衣物则到自家门前的小河里洗，很是方便。这些用水规则，人们大都会自觉遵守，轻易不会违反。[④] 生活在贵州铜仁梵净山区的苗族，对村寨水源有良好的保护意识。他们的水井构造多由三部分组成：一是人饮用水，为水池中心位置，是水源最干净、最清洁所在的位置。二是洗涮用水，从饮用水池边开出一条水道引至相邻一地而成，为村民洗菜、洗衣用水。三是牲畜用水和灌溉用水，从洗

① 陆群、李美莲、焦丽锋、苏胜平：《湘西苗族"巴岱"信仰与生态维护——以禾库村水井的变迁为例》，《原生态民族文化学刊》2011 年第 2 期。

② 金少萍：《白族的龙崇拜与水环境的保护和利用》，载熊晶、郑晓云主编《水文化与水环境保护研究文集》，中国书籍出版社 2008 年版，第 98—99 页。

③ 杨萍：《广西水源头古村落解读》，硕士学位论文，北方工业大学，2010 年。

④ 朱垚：《傣族的生态环境思想研究》，硕士学位论文，云南师范大学，2006 年。

衣池引一水渠至田间的大水池，供牲畜饮用、洗澡和农田灌溉。[①]

考察水井与村落的关系，我们还必须看到的是，对于缺乏交往空间的传统村寨而言，水井并不仅仅是一个生活设施，而且还是村民聚会交往、休闲娱乐、歇息聊天、纳凉蔽日、挡风避雨的场所，是人们心灵栖居的空间。同饮一口水井，成为村民描述或感受彼此间亲近关系的一种方式，在村民的社会生活中，水井作为村民公共关注的对象，它实际上成为村民公共领域中的重要内容，是构成村民生活世界语境和公共交往基础的重要元素。走进西南民族村寨，我们经常会看到这样的场景：在池塘岸边、井台周围，三五成群的妇女，在汲水、洗衣洗菜的同时，攀谈闲聊、聚会交往，繁忙而又其乐融融。因为，在传统的村落社会，居家的妇女与外界接触的机会少，很难大量地参与公共交往活动，挑水、洗涤作为她们日常的"必要性活动"，井台空间自然就成为她们与外界交往的一个重要场所。目前，虽然传统村落中妇女的交往范围有所扩大，但是井台交往依然在延续，甚至有的村民并不是因为取水而聚集井台。

（二）水塘：村落社会—自然—文化系统

水塘，又称"池塘""潭塘""水坝""水坑""水潭""龙潭""塘子"等，可以说是地表最小的水体单元。在西南乡村社会，水塘是一种普遍的存在，也是乡村地名中出现频率很高的一个词语，许多乡镇村寨、学校工厂、集市街道、古庙寺院、水库水坝、电站碾坊、河流水沟、山洞井泉等多以塘、潭而得名。

村寨内部及其周围水塘的形成，大致有两种成因：一是自然形成的水塘，如地下泉眼水冒出，或雨季水流自然流向寨中低洼地带而形成。二是引水汇聚而形成的水塘，即事先在村中某个位置挖掘坑塘，引山泉水或者河水灌注而形成。两种不同成因的水塘，除水体来源稍有差别外，一般没有太多的分别。

广布于西南村落社会中的水塘，其容量、面积、形态、结构存在着很大的差异。面积大者，有似小湖，可以在上面操舟行船，进行成规模的养殖种植，或大面积的田土灌溉。小者几米或几十米见方，一次天旱，

---

① 吴政富：《梵净山苗族风俗初探》，《广西民族学院学报》2004 年第 6 期。

即可干涸见底；一次暴雨，即可灌满冒顶，甚至垮塘覆灭。水塘的形态结构，天然形成者多随地势自然延展，形态多样，结构以土质为多；人工修建者，或方或圆，也多依据环境条件来选择，结构有土质、石灰水泥浇灌、砖砌等。水塘在村寨中的位置，村前村后、寨头村尾均有分布，并没有一定之规。村落中水塘多者有十数个，少者一两个，也有一些村寨没有水塘。

作为一种水利设施，水塘在调节村落小气候、围聚村落空间、方便村民生产生活用水等诸多方面发挥着重要作用。一般而言，水塘最为直接的功能是灌溉和提供居民生活用水。以灌溉为主要目的而修建的水塘，多位于农田的上方，把山泉水、水库水或河水通过沟渠注入水塘，蓄积起来，根据农田灌溉之需要，通过小的分水沟浇灌农田。这样的水塘，在雨季还有防洪的作用。通常情况下，村寨生活饮用水主要靠水井水，或者通过水管引入村中的山泉水，不直接饮用水塘里的水，但也有少量的没有修建水井的村寨，村民饮用、洗涤、洗澡等生活用水全靠水塘。这时水塘里的水，一般水质较好，主要是地下泉水涌出，而且用于汲水的水塘和用于洗衣洗菜乃至洗澡的水塘是分开的，人们常常把从一个或多个泉眼里涌出的泉水，人为地分成彼此相连但又相互隔开、各有功用的几个水塘。

在西南乡村，水塘还兼具防火的功能，有的村寨为了防火，专门在村中各个不同的位置修建用于防火的蓄水池或消防露天水池。对于传统的村落社会而言，村民世代积攒下来的财产主要是民居建筑，而民居由于多为木建筑构架，密集、易燃，火灾隐患大，一旦发生火灾，村民数代积累下来的家产可能瞬间化为乌有。历史上也有许多火毁村寨的惨痛经历，所以许多村寨都非常重视村落防火，有着较强的防火意识，重视防火设施水池的修建。地处湘桂交界处的阳烂村，是一个传统的侗族村寨，村民的民居建筑基本上都是纯木质材料所建，村寨俨然就是由林木构成的生活世界。生活在这样木质材料构成的村落里，火灾无疑是对人们生命财产安全最大的威胁。在长期的村落生活实践中，阳烂村村民形成了一些成文或不成文的村落防火习俗惯制，有了专门的防火巡视人员，负责检查火灾隐患，向村民宣传防火知识，自编有《防火安全歌》："大家静听我来唱，防火工作要加紧，全年劳动辛苦不能忘。今天晚上来听戏，出门之前先灭火，先让全家来放心，再到戏场来看戏，莫忘家里水桶装满水，莫忘防火安全是第一，这对我们很重要。家里若有灶，要放锅在上，锅里放满水，灶上有锅水，不怕火生起。"这种村民喜闻乐见的说唱，对于向村民普及防火知识、提高村民的防火意识，无疑是一种很好的形式。在防火设施建设中，村寨除了有 14 口长流不断的天然水井外，村民还开渠引水入寨，修建了 17 个水塘，以备防火之用。由于有了完备的防火措施和观念上重视，该寨自建寨以来的 400 余年间，没有发生过火灾。[①] 广西龙脊廖家壮寨，是一个典型的以杉木为料构筑而发展起来的村寨。为了防火抗旱，该村历史上曾打造过太平清缸。据说大约在同治年间，天旱无雨，作物枯死，水稻半收，村民在廖广春的带领下，从山中抬回石料石板，延请石匠凿刻加工，建成硕大石缸，名曰"清平缸"，内灌清水，以防火灾。1970 年，廖家寨发生了一场火灾，烧了 7 户家庭。之后，村民更加注重消防池的建设，在国家的支援下，村民投工投劳，在寨中修建了无数个大小不一的消防池。[②]

村寨中的水塘，无论是自然形成还是人工修建，一般均具有养殖和种植的功能。走入西南民族村寨，我们同样可以看到在池塘中嬉戏的鱼虾、鸭鹅，满塘满池的莲藕，但由于受地理环境条件的限制，西南民族村寨中的水塘大多都是小水塘，面积小，容量也不大，而且水源受季节变化的影响大，水塘的水量极不稳定，因此，村寨中水塘的养种植功能并不明显。

从村落环境、生态与文化来看，表面看似简单的一潭水体的水塘，却是一个值得深入分析的系统。

村民选择居址，极为讲究风水，风水理论中又最重视"配水"，配水自然包括水塘。《阳宅会心集·卷上》的《开塘说》中有云："塘以蓄水，足以荫地脉，养真气。""池塘水天生成者，亦储财禄"，"若品字屋

---

① 详见罗康隆、麻春霞《侗族空间聚落与资源配置的田野调查》，《怀化学院学报》2008年第 3 期。

② 韦贻春：《广西龙脊廖家古壮寨梯田水利文化研究》，硕士学位论文，广西民族大学，2007 年。

外池塘，读书竹屋起家庄，人财大旺进田地，贵子名声达帝乡"①。此引述中的后半句，虽有牵强附会之嫌，然整体语句却道出了水塘贮气运、聚财富的寓意。按照村落生态景观的路径来分析，水塘作为村落生态环境因子之一，它实际上参与了村落生态小环境的循环，对于调解村落小环境、小气候，增加村落空气水分，保证村落空气通畅凉爽等起到一定的作用。在村落生态循环中，具有一定规模的水塘，其实也是一个小的生态体系。这个体系中，塘水的注入与流出、池塘周围各种植被的生长、塘中鱼虾鸭鹅的投放乃至村民生活污水的流入，各个环节均影响着水塘生态的稳定与平衡，而一个个运行有序的水塘环境，又影响或调节着村落生态环境。

从社会—文化系统的视角来看，许多村寨围绕水塘自然生长，水塘周围的公共建筑或辅助建筑与植被，诸如宗祠寺庙、书院茶舍、环塘小路、巡塘柳树竹林、纳凉水亭乃至漂浮于水塘中水草落叶等，构成了生机盎然的村落景观，显示了村落的灵动、自然与朴拙。同一个村落中不同水塘围聚而形成的安宁、开阔空间，是村民日常交往活动和情感凝聚的空间，也是象征村落文化的一个空间。在这个空间，长者摆古谈天，续写着村落的历史；村民交流沟通，现代和传统的文化讯息碰撞交汇，发展着村落的文化；同一村落的人们共同祭祀、过节，展演着乡土风情的一个又一个画面。

总之，村落社会中的水塘，是一个由"自然—社会—文化"构成的综合系统。它不仅可以发挥引水、拦水、治理水患的实用功能，而且水塘的尺度、规模以及水环境都维系着村落结构体系的动态平衡。

（三）水口与村落生态

在村落的空间结构中，水口有着极为重要的作用。所谓水口，是指一方众水总汇聚、总出流的地方，也是许多村落的出入口。古人选择聚址，极重视水口。按照风水理论，山主富贵，水主财源，水口被视为村落的保护神和生命线。明缪希雍《葬经翼·水口篇》云：

---

① 参见王玉德编著《古代风水术注评》，北京师范大学出版社1992年版。

夫水口者，一方众水所总处也。昔人谓：入山寻水口；又云：中土求水口；又云：平地难得者，水口……若在山中，必得交互水口，方为有利；若结都会及帝王陵，必有北辰尊星坐镇水口，高命耸异，望之惊慑者始合，……此总水口也，亦名大水口。若中间只结一地，余皆为用者，其近身当必有小水口……昔人谓：大水之中寻小水者，指此盖水口乃地之门户。……夫水口者……必重重关锁，缠护周密，或起捍门相对对峙，或列旌旗，或出禽曜，或为狮象，蹲踞回护于水上，或隔水有山来缠裹，大转大折，不见水去，方佳。

这段话语，从水口大小、形局、关锁等诸多方面，分析了水口的重要性。由于水口在古代城镇村落中的重要性，在中国古代的地方志书中，有关县域、村域水口营建之事，多有记载。

古人营建水口，讲究天门开、地户闭。天门开，则财源来，地户闭则财用不竭。若水口无关锁、无关栏，则气散财枯，人畜不旺，需培植水口林、修桥建寺、筑塔起阁，以起关锁之作用。

在西南民族地区，村寨水口的位置、离寨子远近，因自然地貌和人为处理方式之不同而存在很大的差异。在山区，水口多为山口或泉水的源头，而且多因特定自然边界的限定，固定不变；在坝区，水口一般以河口的形式存在，且不是一个恒定的地点，往往随着村落规模的扩大而变动。

河流溪水的走向影响着村落的形态，同样，作为村落排水系统总枢纽的水口，也在一定程度上影响着村落的环境与布局。从村落地域来看，水口多是村落的出入口，是村落最大容量的边界，它犹如村落的"门户"，把自然村落与周围的自然环境区隔开来，形成对比空间，一旦进入水口后，便是村落的主空间，这个主空间在村民的心里，是安全的一方天地。所以，一般聚族而居的村落，都把水口作为界定村内、村外两大空间领域的标志。在山水环抱的村落中，水口是村落的屏障和"关隘"，为了村落的安全，多在水口处修建相应的防御设施。一旦村与村之间发生械斗，水口是第一级防线，要严防死守。对于侵入村寨的他族人员，也要设法将之赶出水口。在一个村寨非常重要的祭祀活动期间，也往往要在水口处设卡，不让他人进入。

水口是界口，是人们进出村寨的重要通道，自然也是村落对外的门面。水口环境关乎村落的对外形象，其自然景观和人文景观的营造向来十分讲究。在一些文化积淀厚实的村寨，常在水口修建塔亭廊榭、祠堂书院、寺庙桥坊，营造出一个个颇具地方和民族特色的人文环境。水口处的自然环境，多天然浑成，亦多有营造。营造之关键在于水口林的保护与培育。水口园林，是村寨最核心的"风水林"，它具有护托村落生气的风水意义，关乎村寨的盛衰荣辱，是村寨的命脉和象征，受到严格的保护。如嘉庆二十五年（1820），贵州省锦屏县九南乡九南村的水口山植树护林碑载："益闻德不在（大），亦不在小，《书》云'作善降之百祥'。由能于远而忽于近乎。我境水口，放荡无阻，古木凋残，财殳有缺。于是合乎人心捐买地界，复种树木。故栽者培之郁乎苍苍。"①

集自然景观与人文景观于一体的水口景观，向来是村寨风景最亮丽的部分。在水口的空间处理上，地形、地貌、水体、园林等均是可资利用的要素。不同的人文与自然环境要素，对水口形态产生不同的影响。西南地区形态各异的水口，除了在社会心理这个层面上，增强人们对居住环境的安全感和领域感，满足村民"保瑞辟邪"的心理需求之外，它彰显的更多的是人们对居住环境的一种追求，有着更直接的生态意义。一个个囊括诸多山水要素又与村落地景融为一体的水口环境，既能沟通村内外水系，减轻山水对村寨的冲刷，还可挡风防尘、吸附尘沙、净化空气、涵养水源，也是村寨的生态屏障。

（四）庭园生态

在西南广阔的山水之间，从峡谷深涧到坪坝旷野，从丘陵山地到江河溪畔，到处镶嵌着星罗棋布的村寨，每一个绿树成荫的村寨，就是一个小型复合生态系统。在这个小型生态系统中，庭园生态可以说是最微型的一个小生态系统。对于这个系统，过去学界已在庭院经济、庭院景观或者园林景观等层面上有所关注。我们这里所讨论的村寨庭园生态，

---

① 黔东南苗族侗族自治州地方志编纂委员会编：《黔东南苗族侗族自治州志·文物志》，贵州民族出版社1992年版，第112页。

实际上是兼具资源、环境、经济、社会等多维属性的一个生态系统。

　　村落是人类聚居的最小空间单元，对于传统的村落社会而言，人们日常的社会交往主要局限在村落空间中，但日常的家居生活则又回到住宅建筑中。在村寨中，不同的家族或农户均以住宅建筑围聚一个相对封闭的生活空间，一个个单独的庭院空间，聚合成村落空间。一般而言，在一个传承有序的自然村寨中，无论其大小，单独的庭院空间基本上是类似的，甚至在某一个区域内的村寨中，农户民居所围合的庭院生态，在生态、经济和生活功能上，也不会有太大的差别。但是，因民族、地区之不同，村寨庭园生态还是有差异的。

　　在庭园生态中，引种的植物是最为关键的。行走在西南的山村乡野，最能辨识一个个村寨的自然景观莫过于遮天蔽日的村落古树——高耸入云的古柏、冠盖似云的榕树、盘根错节的枫树、耐寒的古松等。不同地区、不同的民族村寨，村寨中的古树是有差别的。如20世纪30年代，著名的民族学家凌纯声先生在《云南民族之地理分布》一文中写道："旅行云南时，降入深谷见有榕树之地，常为摆夷所居，或有少数的蒲人。上山至有松树之处，即发现罗罗或汉人村寨……"[①]在凌先生的考察视野中，植物带显然成了区示民族分布的一个标志。传统的力量是顽强的，即使是今天，我们依然可以从村中古树的不同类别，大致判断村寨的民族属性。之所以有这样的认识，是因为村寨中的植物在大多数情况下也是文化的植物。

　　村寨庭园中的植物和山涧河溪自然生长的植物是有一定区别的，或者说走入庭院的植物是文化植物，植物与居住环境、居住者的文化传统均会发生关联。最显著的关联是，许多植物是人们观念信仰的产物，它与人们对自然万物的崇拜、宗教信仰发生关联。从自然崇拜而言，西南地区植物品种异常丰富，云南素有"植物王国"之称，在人们的生活实践中，在自然崇拜观念的影响下，许多植物被赋予了神性，与人类同质同源，可变互生，甚至在一些民族的神话传说中，还认为他们的生命来源于植物，他们的祖先与某种植物有亲缘关系。源于这种认知传统，被

---

① 凌纯声：《云南民族之地理分布》，《地理学报》1936年第3期。

引入村寨庭院的植物是多种多样的，实难找出一个可行的分类体系进行细微的观察。不过，整体而观，只要植物的形态特征、生物学特征或生态习性等符合人们的审美要求，它就有可能被纳入吉祥礼仪植物、民俗风情植物、象征表意植物的范围，而被引入庭院生态中，与民居建筑、民族装饰艺术等相映成趣，共同构成村寨庭院景观。在西南地区的村寨庭院植物中，与人们的日常生活相关的地域性植物，通常是一个主要的类别。如在傣族聚居的西双版纳地区，植物种属多种多样，所以傣族的庭院园林植物包括家种园林花卉、水果、野生水果、家种蔬菜、野生蔬菜、香料、染料、纤维植物、药用植物、食笋竹类、用材竹类、木本植物、草本植物、藤本植物等多种。据调查，食用 86 种，药用 74 种，纤维木材 29 种，香料、染料、饮料 22 种，其他 10 种。这些分属不同种属的乔木、灌木、草本、藤本植物，有意无意地组成一个人工植物群落，高低错落地分布在庭院园林中，形成多物种、多层次的生态结构。通常在群落的上层，由高大的椰子树、茂密波罗蜜和细高的槟榔树占据了主要空间。第二层被较高的树如柏子、番木瓜、杧果、三丫果、缅桂占据。缅枣、香蕉、芭蕉、臭菜等植物占据第三层。处于群落的最低层是蔬菜、香茅草、刺五加和许多草本药用植物。在围院的竹篱上，还有滑板菜、藤甜菜等藤本植物攀缠。一个傣族村寨及其民居住宅，尽管人们在种植植物时是无意识的、随意配置的，但民居周围却形成了果木交错、乔木、灌木、花草兼容、红花绿树掩映的优雅景观。每座傣家庭院和其他少数民族居住房屋周围，都变成了植物利用、保护与环境美化融为一体的独特园林。[①] 当然，即使是生活在同一个地理单元内，各民族也有各自所偏爱的植物。如生活在楚雄、大理一带的彝、白、哈尼等民族，虽然较多使用云南松、华山松等松属植物，但白族较偏爱黄葛树、聚果榕等，彝族多用滇青冈、云南油杉、马樱花等，哈尼族善用杜鹃花等植物。[②]

在西南传统的乡村社会，一个村寨往往是一个"祭祀共同体"。居住

---

① 详见白成元《滇中南主要园林植物景观研究》，硕士学位论文，四川农业大学，2005年。

② 林萍、马建武、陈坚、张云：《云南主要少数民族园林植物特色及文化内涵》，《西南林学院学报》2002 年第 2 期。

在同一个村寨的人群，无论是信仰早期宗教还是人文宗教，他们在共同建构肃穆庄重、神秘神圣的祭祀环境的过程中，作为直接祭拜对象的植物或者各种寺庙神林中的花草树木，也常是庭院植物中的常客。在村寨生态系统这个层面上，坐落村寨中的寺庙园林，无疑也是最具代表性的一种园林景观。在这方面，傣族村寨中的佛寺园林堪称经典。傣族信仰小乘佛教，几乎每个傣寨都有一个庭院面积较大的缅寺。根据植物学家们对缅寺庭院植物的考察、调查发现，缅寺周围常见栽培的具有实用价值和宗教意义的植物有 85 种。其中 29 种为印度、热带东南亚原产；91种为中国原产或与东南亚共有；10 种为热带美洲和非洲原产。外来植物占 93 种，其中佛教礼仪植物 12 种。这些植物既美化了环境，又为宗教活动和宗教专职人员的生活提供了必要的植物产品，并作为植物的种质基因库保存了较多的珍贵植物种类。另外，西双版纳傣族村寨庭院种植的许多植物，都是从缅寺庭院引种的，所以，缅寺庭院实质上也是傣族村寨庭园植物的引种中心——小植物园。[①] 论及缅寺植物，小乘佛教规定建寺时须栽若干种特定的植物，其中"五树六花"是必不可少的。由于生态环境不同，各地的"五树六花"也不尽相同，"五树"常指菩提树、大青树、贝叶棕、铁力木、槟榔或糖棕或椰子，"六花"常指荷花或睡莲、文殊兰或黄姜花、黄缅桂、鸡蛋花、金凤花或凤凰木、地涌金莲，其中有的是佛树，有的是刻写经文所必备和赕佛所必需的。[②]

相对于北方村落而言，南方村寨较小，但庭院多不设围墙，形成小村落大庭院的格局。在西南地区，每个居家农户房屋的"衣领围子"，虽然面积大小不一，然而亘古相沿的传统是，人们习惯在房前屋后空坪隙地上植树养花种草，美化居住环境的同时，还喜欢栽种瓜果菜蔬、放养家畜家禽，建设小果园、小林园、小桑园、小鱼塘、小药园，在这个意义上，小小的一方庭院，显示了其经济的功能，所以，如果在"庭院经济""庭院生态经济"等经济领域来讨论，可能还会有更多新的探讨的空

---

① 段其武、许再富、刘宏茂：《西双版纳傣族缅寺庭院植物》，《林业与社会》1995 年第 1期。

② 参见许再富、许又凯、刘宏茂《热带雨林漫游与民族森林文化趣谈》，云南科技出版社1998 年版。

间。事实上，在生态经济学的范畴内，庭园生态经济作为一种资源—环境—生态—经济—社会微域复合生态经济系统，它实际上是通过对多功能、高效益的植物种群的单元选择与系统地科学集合，充分利用地面、空间、土壤以及太阳能来进行多层次经营，并利用绿色植物自然再生产的特性去开辟财源，达到短、中、长相结合的多层次结构、多级利用的庭园生态经济循环系统，这个系统对于保持水土、改善生态环境、提高土地利用率、合理调整农村产业结构、增加群众收入、实现区域可持续发展等方面都具有十分重要的意义。[①] 目前在世界各地实施的"庭院农业""农户园田""村落园地""园田种植"等形式的农户庭院及农户邻近园田的开发，构成大规模食物生产系统的一个子系统。在我国村寨建设实践中，已经有学者提出建设"三位一体"的庭园生态经济模式，并在一些地区推行。这种模式是以农户庭园为基本单元，利用房前屋后的山地、水面、庭院等场地，主要建设畜禽舍、沼气池、果园三部分，同时使沼气池建设与畜禽舍和厕所相结合，形成养殖—沼气—种植三位一体庭园经济格局，以达到生态良性循环，增加农民收入为目的。[②] 关于庭院生态的经济分析，不是本章关注的重点，之所以把庭院生态单独提出来讨论，是因为在村落内生态环境中，庭院生态确实是一个应该给以充分关注的一个环节。

三　"神山神林"：村落的生态屏障

在人类对自然环境的改造和适应过程中，处于不同生态位上的民族，为了营建人地共生的环境系统，都非常重视对具有涵养水源、保持水土、调节气候、防风固沙、净化空气等诸多功效的森林生态的保护。同样，在西南民族村落社会，基于各种不同的信仰与观念，也传承着许多有关森林保护的习俗与惯制，其中的"神山神林"文化是最具地区和民族特色的。

---

① 黄世典：《"庭园生态"初议》，《生态学杂志》1987 年第 1 期；梅再美：《贵州喀斯特山区农村庭园生态经济发展途径与对策探讨》，《贵州林业科技》2005 年第 3 期。

② 朱彦彬：《几种农村庭院经济模式及效益分析》，《现代农业》2005 年第 7 期。

（一）基于多样性生态与多族群传统的神山森林文化

人类与环境的关系既是同一性的关系，又是一种对象性的关系。任何一个民族在与环境的调适与互动过程中，均会对周围环境形成各种不同的感知和认识。西南各民族在长期的与山地森林为伴的生产与生活实践中，对山地森林资源有着独到的认识。他们常把居住区域内的林地，依据生态、生产和生活之用途，划成不同的林块，区别对待。通常情况下，村寨内围环境中的森林，有水口林、龙座林、垫脚林、宅基林等村落宅基风水林、寨神林和寺院园林之分，村寨外围环境中的森林，有水源林、坟园墓地林、薪炭林、用材林、集体林之别。如普米族把其居住区域内的林地划分为神树林地、风水林地、水源林地、风景林地和肥源林地，这些林地属于宗族共有林地，村民集体维护，不得任意砍伐。傣族生存环境中的森林，被划分为"垄林"、坟林、佛寺园林、家庭园林、人工薪炭林、经济作物种植园林等多种，各种林地与河水溪流、水田、水塘等生态因子，共同参与傣族的村落生态循环之中。在景洪市与傣族处于相似生态环境中的勐宋哈尼族，在其生态实践中，森林资源被划为勐神寨神林区、村寨共同墓地坟山林区、村寨防风防火林区、传统经济植物区、用材林区和旧时用于刀耕火种的轮歇地林区，各种林区中的森林资源，除了轮歇地林区的灌木在耕作时可以砍伐外，其他林区均严禁砍伐。

广义的神山神林，可以是具有一定规模的林块，也可以用来指代村寨中一株或数株古树所围聚的小环境。行走在西南乡间村寨，我们经常会看到村寨中生长繁茂的古树。这些百年古树往往是盘根错节、枝繁叶茂、浓郁蔽日，把不大不小的一个个村寨遮蔽起来，远远望去，一个村寨似乎就是一株或几株古树围聚的空间。在黔东南的一些苗族村寨，普遍有崇拜枫树的习俗。他们视枫树为祖先的化身，村寨的保护神。但也有一些苗寨并不限于枫树，凡村中高大繁茂的古树，都有可能被视为有灵性的神树。如黔东南雷山县方祥乡的格头村，共有9棵特别大的、被认为有灵性的神树，其中有一棵枫树、一棵杉树、三棵板栗、三棵紫木、一棵秃杉。在村民看来，被尊为神树的古树就是他们的保护神，对树的侵犯也就是对群体利益的侵犯。① 在村寨中，楠树、松树、枫树等古树常被看作村寨的保护树。苗族群众世代培育和管护而形成的村寨保护林，可以说是苗寨一道亮丽的自然景观。在大多数的壮族村寨，人们通常把村中的榕树、木棉树、樟树、杉树等枝繁叶茂的古树当作村寨神树，加以保护起来。在多数村民看来，具有旺盛生命力的村中百年古树，是村寨繁盛的标志和象征，它招祥纳福、祛难禳灾，庇护着村民，村寨的兴衰荣败，均与古树发生关联。这一株株具有灵性的古树，虽然说独树难成林，但在村民的眼中，它就是"神林"。

在西南民族的文化传统中，不仅村中的古树被视为"神林"，许多村寨还有专门的"神山神林"或"风水林"。

傣族居住的地区，"家有家神，寨有寨神，勐有勐神"，几乎每个自然勐、自然村寨都有自己的勐神林和寨神林。如西双版纳傣族自治州有30 多个大小不等的山间盆地，傣语称为"勐"，每勐均有"垄社勐"，即勐神林；600 余个傣族村寨，每寨都有"垄社曼"，即寨神林，简称"垄林"。②

在侗族的文化传统中，常把居住区周围的山视为"龙脉"，对山上的风水林、水源林严加保护。如在贵州省从江县小黄村，不仅村寨中的古木被奉为神树和"护寨树"，而且村寨周围的后龙山、关山也被视为"护寨林"和"风水林"，不能动土挖掘。如果有人违反，则会损伤地龙神，破坏风水，给村寨带来灾难；坟山被视为与祖先直接相关联的宝地，在周围的小环境内禁止各种活动，包括伐木、采集和狩猎。③

彝族称神山神林为"密枝林"（有的地方叫"土主林"）。几乎每一个彝寨都有自己的密枝山和密枝林。在彝族的密枝林祭祀活动中，最具特色者当推撒尼人和阿细人村寨的"密枝林"，甚至在撒尼人的节日庆典活动中，密枝节与火把节、春节一样，热闹而庄重。彝族各个村寨的密枝

---

① 周相卿：《黔东南雷山县三村苗族习惯法研究》，《民族研究》2005 年第 3 期。

② 宋蜀华：《从民族学视角论中国民族文物及其保护与抢救》，《中央民族大学学报》2004 年第 4 期。

③ 刘珊等：《传统知识在民族地区森林资源保护中的作用——以贵州省从江县小黄村为例》，《资源科学》2011 年第 6 期。

神山与密枝林，分布位置各异，有的在村寨中，有的离村寨不远的山上，有的以几株古树为代表，有的则是成片的森林。如弥勒县可邑村（彝语"有水注的地方"）的密枝林和密枝山，距村口不到两公里，古木参天，绿树成荫，里面有许多珍贵的木材、药材和珍稀动物。在密枝山脚下，有一棵格外高大茂密的树，这是可邑村的神树。位于文山州丘北县普者黑景区内的仙人洞村，四周被古树林立的孤峰所环抱，村前是碧波荡漾的仙人湖，依山畔水，山清水秀，村寨被翠竹树木覆盖。该村的密枝山在村口的右侧，树林密布，有两棵神树，一棵在密枝山脚的竹林附近，另一棵在村寨里。①

山居的佤族崇拜树木，在其创世神话《司岗里》讲到，大神"莫伟"告诫人们，选择住址时，必以大树为依托。村民建新寨，首先要选好神树（林），村寨中不仅生长着繁茂的参天大榕树，而且佤族群众还把村寨附近茂密的森林称为"龙梅吉"，即"鬼林地"。佤族认为，神林是"木依吉"存在的地方，神秘又神圣，不得擅自闯进，更不能动林中的一草一木、一土一石，否则将受到神灵的惩罚。居住在山区或半山区的拉祜族，信仰万物有灵，崇信天神"厄莎"。厄莎祭拜的地点，有时是寨中的神庙，有时是山中的山神庙，有时则以森林中的一棵大树作为祭祀的对象。在拉祜族看来，厄莎居住在神庙或森林中，庇护着村寨，因此，他们通常把村寨周围最高大、最古老、粗壮、茂盛的树敬为"神树"，把山寨附近的茂密森林视为"神林"，不时祭拜，严加保护。崇拜自然、相信万物有灵的布朗族，视"竜神"为村寨的保护神。竜神居住在竜林（神林）里，他们通常把寨子周围最为茂密的一片森林视为竜林，举行全寨性的祭拜竜神活动。在他们的观念中，竜神是至高无上之神，因此竜林也是非常神圣之地，禁止任何人到神林去砍柴、放牧和狩猎。

居住在红河以南哀牢山之中的哈尼族寨子，多选址于海拔1000多米的山腰上，寨子上方有森林，下方有梯田，森林涵养水分并形成溪流，供村民日常生活使用并灌溉梯田。村寨、森林、梯田和溪流，形成了

① 刘婷：《浅论少数民族地区的传统文化和自然生态的保护及可持续发展——来自建设"民族文化生态村"彝族村寨的调查》，《楚雄师范学院学报》2002年第5期。

"四素同构"的生态循环系统。在村寨与森林之间，哈尼族人会选择一处小树林，作为护卫整座寨子的寨神林，并在寨神林中选择一棵健康、笔直而且多籽的树，作为寨神树。村民们对寨神林和寨神树不仅要精心维护，而且每年还要在神林里举办昂玛突节。如位于元阳老县城新街镇以南 11 公里处的全福庄行政村，由大寨、小寨、中寨和上寨 4 个寨子组成，其大寨的规模最大，由 3 个"非正式"的小寨子和 5 个村民小组组成，3 个小寨子各有 1 个寨神林，大寨有 1 个总寨神林（见图 2 - 6）。①

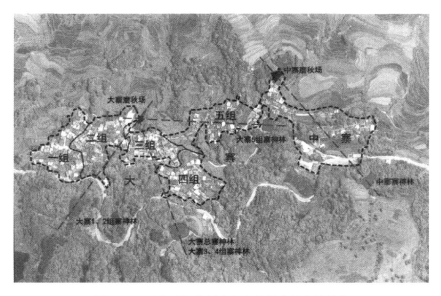

图 2 - 6　云南元阳全福庄各自然村寨的寨神林②

　　上面，我们以彝、哈尼、佤等民族为个案，介绍了西南民族村落社会颇具地区和民族特色的神山森林文化。透过这些文化表象背后，我们应该看到，可能更深层的是千百年传承下来的文化生态系统，是靠信仰和观念支撑、用以调整人与自然关系的一种生态伦理体系。

---

　　①　罗德胤、孙娜、李婷：《哈尼族村寨"多寨神林对单磨秋场"的现象分析——以云南省红河州元阳县全福庄大寨为例》，《住区》2011 年第 3 期。
　　②　同上。

（二）神山森林的多重宗教与文化内涵

如前所述，西南各民族对神山森林的崇拜，其表现形式、承载内容及所涉及的面是比较广的。村域有村寨神山神林，地区有区域性的神山神林，同一民族在同一地区的神山森林同样具有不同的层次和级别。如在滇西北的藏族地区，按照其影响范围或隶属关系，大约有 5 个等级的神山体系。即村寨独有的神山、家族的神山、村寨共有的神山、局部地区藏民共有的神山、藏民共有的神山。在藏语中，神山称为"日达"，主要"是通过宗教仪式划出封山线（藏语叫'日卦'）而确定的。在日卦线以内的土地，无论面积大小均为神山，得到严格的管理控制，一般只能进行轻微的放牧和采集森林小产品（非木材产品）"①。

从宗教生态伦理而言，维持人类和自然环境的平衡、和谐发展是世界上大多数宗教的基本特征之一。我国的西南边疆民族地区，历史上由于受高原、山岳、森林等自然地理环境的分割与阻隔，以儒家文化为主体的汉民族文化中的非神性观念一直难以深入，大自然的屏障在一定程度上强化了各民族对本民族传统文化的信赖和对异民族文化的防范，闭塞、内向的自然地理环境通过人的作用而形成的"隔绝机制"，使各民族的宗教信仰具有明显的自然地理环境的特征。而西南民族地区，多族群的传统和复杂的自然环境，又使各民族在认识人与自然之间的关系即宗教的自然观问题上存在着多样性的认知，有的民族把自然界看作神的体现，有的则认为是超自然的神统治着自然和人类。各种不同的认识，源于他们对自然环境不同层面的认知，这应是神山森林文化产生的一个渊源。

对于人类而言，广博的自然本身就是一部生动而神秘的教科书。世世代代与大山、森林及各种动植物彼此依存的西南各民族，为了各自的生存和发展需要，他们常常会把自然界的许多内容都搬进自己的宗教信仰当中，赋予自然现象、自然力和自然物以神圣的力量，把生态系统中的山林、动植物等诸多存在物当作有生命、有灵性的存在，小心谨慎地

---

① 徐宁等：《滇西北藏族神山传统与持续农牧生产研究》，《云南地理环境研究》2007 年第5 期。

敬奉祭祀之。自然，被各民族圈定的神山神林作为非常神圣之地，神林内的自然万物均是神圣而有灵性的，不仅不能在神林域限内开荒种地、狩猎采集，甚至连自然枯萎掉落的干树枝、熟透的野果也不能触碰。

关于神山神林的崇拜，学界惯常从自然崇拜或图腾崇拜等层面上来阐释，其实联系西南民族多元的自然与人文背景来看，广泛意义上的神山森林文化，应是兼具世俗社会和神性世界的民间传统信仰模式。在这种模式下，依靠世俗和宗教的力量，人们形成许多禁忌规约，并借此与自然之间建立起一种有章可循的秩序，即朴素的生态关系。如在西藏许多地方，人们对神山、圣湖常怀有敬畏之情，日落之前禁止下湖，一般人禁止翻越一些终年白雪皑皑的大雪山。虽然在现实中当地人对于这些禁忌的虔诚遵从的内在驱动力，是希望山神、湖神能够赐福与保护虔诚遵奉者的幸福，但产生这些禁忌的生态原因，主要还是源于高海拔地区脆弱的生态，以及生活在这种自然环境里的人们对自然的高度依赖。①

同自然界的各种生物构筑一种和谐而有序的关系，是人类生存和发展的基本关系。西南各民族在前现代社会的漫长史程中，基于各异的生存环境和族群传统，他们在解释人与自然万物的关系时，均形成许多独具民族特色和生态智慧的认识。这些认识，作为乡土知识谱系中非常重要的内容，或保存在民族的古籍文献尤其是宗教典籍中，或通过民间传说故事的形式流淌在日常生活中，抑或以民间信仰的形式穿缀在各种不同形式的民俗活动中，规范和影响着人们的社会生活。其中，与生态环境相关联的神山信仰作为民众一种普遍的信仰，可能很大一部分源于人们对"神圣的"和"非凡的"超自然力量的敬畏心理，出于趋利避害的现实目的的需要，而且主要靠自然力或超自然力来保证实施，基本上是自觉自愿的，并没有以法律条款的形式来要求群众遵守，但在大多数村民的观念信仰和内心深处，它是神圣的、有力量的、不可触犯和亵渎的。它像一种"无形法律"或消极防御手段，渗入人们社会生活的各个领域，在长期发挥作用的过程中，慢慢会内化为民众普遍认可的一种观念和行

　　① 朱志燕：《关于生态民俗功利性的思考》，载孙振玉主编《人类生存与生态环境——人类学高级论坛2004卷》，黑龙江人民出版社2005年版，第118—127页。

为，甚至上升为一种普遍的社会心理和道德习俗准则，规范和影响着民众的行为秩序、社会秩序，从而减少人们对环境的破坏，在一定程度上达成对水环境、水生态的保护。

（三）神山森林的生态认识价值

村落作为地球表面突出而且普遍的一种景观，它本身具有分布、结构、功能、生命过程、新陈代谢和分类区划等生态学特征，同样是一个以一定的人群为中心，伴生生物为主要生物群落，建筑设施为重要栖息环境的人工生态系统。[①] 在村落生态系统中，作为村落物质要素构成的建筑景观、村落周围的农业景观和自然景观共同构成了村落的生态景观。西南民族地区，处于不同生态位上的村落或村落群，大都由森林生态、水生态等自然生态和民居建筑等人文环境组成一个循环有序的村落生态系统。在这个系统中，各民族社会传承有序的神山森林文化对水土资源的保持和村落生态系统的稳定，起到非常重要的作用。其现实的生态认识价值大体反映在以下三个方面。

首先，神山神林是传统的自然保护区，是一种特殊意义的封山育林区。神山林作为村落外围的林地，往往大于村寨面积，少则几分或几亩，多则十几亩、几十亩，甚至上百亩，很有一些规模。如西双版纳州的垄林面积，据调查，1958 年以前，全州有垄林 1000 多处，总面积约 10 万公顷，约占全州总面积 5%，相当于今天国家自然保护区三分之一强。1984 年，全州有"龙山" 400 多处，面积 30000—50000 公顷。[②] 周鸿等学者对云南石林县密枝林的调查分析后指出，在全县 2 镇 8 乡 380 个自然村中，共有村寨密枝林 3480 公顷。其中以彝族村寨为主的北大村乡、圭山乡、亩竹箐乡、维则乡 4 个乡的森林覆盖率达 41%—54%，而以汉族为主的乡镇森林覆盖率仅为 18%—27%，有的彝族村寨森林覆盖率高达 80%，彝族村寨的森林覆盖率远远高于汉族村寨。[③] 刘爱忠等人对楚雄一

---

① 王智平：《村落生态系统的概念及特征》，《生态学杂志》1995 年第 1 期。

② 详见高立士《西双版纳傣族传统灌溉与环保研究》，云南民族出版社 1999 年版，第 30—32 页。

③ 周鸿、赵德光、吕汇慧：《神山森林文化传统的生态伦理学意义》，《生态学杂志》2002 年第 4 期。

些乡镇的"神树林"调查结果显示，大过口乡"神树林"面积占全乡森林面积的96%以上；白路乡"神树林"的面积约占全乡森林面积的94%，其中古黑村最大的"神树林"面积60公顷；环州乡除"神树林"外，几乎没有成片的森林（万松山自然保护区除外），昙华乡自然植被相对丰富，也普遍存在着同样的"神树林"。①

其次，神山神林是村寨的水源林和动植物的庇护所，对生物多样性的保护发挥着重要的作用。遍及西南民族村寨的神树神林是禁伐、禁猎、禁牧区，它在村民严格的保护下，不同规模地存续下来，为村寨的发展提供了多种多样的生境条件，也为动植物提供了理想的栖息地，在保护生物物种多样性方面发挥着重要的作用。如刘宏茂、许再富对勐龙及小勐仑地区4个"垄林"的调查，在每个"垄林"内，在1500平方米的样方里均有高等植物100多种，在物种总数量、乔木树种的多样性指数以及均匀度等方面，"垄林"都与西双版纳国家自然保护区内的热带季节性雨林内的有关物种情况相同。② 许再富对西双版纳28个竜山的调查显示，在竜山森林中含有的高等植物368种，92科，252属。③ 在昆满布朗族村寨的竜山森林中，森林结构由乔木一层、乔木二层、灌木层、草本层和层间构成，形成了大树挺拔、藤萝密布的郁闭森林环境。在1800立方米这样的森林里，生长着乔木93种、灌木植物28种、草本植物18种、藤萝植物29种、附生植物11种，共计179种植物。相比之下，在附近的大渡岗山地的季风常绿阔叶林，其物种组成就很单一，有乔木35种、灌木植物20种、草本植物12种、藤萝植物6种，共计73种。在龙山森林的庇护下，野象、野牛等珍稀动物也被保存下来。④ 云南楚雄彝族地区广泛存在的"神树林"，是当地生物多样性最为集中的地方，它既直接保存了

① 刘爱忠、裴盛基、陈三阳：《云南楚雄彝族的"神树林"与生物多样性保护》，《应用生态学报》2000年第4期。
② 刘宏茂、许再富：《西双版纳傣族神山林和植物多样性保护》，《林业与社会》1994年第4期。
③ 许再富：《云南植物多样性保护有效性的若干问题探讨》，《云南生物多样性学术讨论会论文集》，云南科技出版社1993年版，第205—210页。
④ 何丕坤、何俊：《热带社会林业》，云南科技出版社2003年版，第155—156页。

该地区的主要植物物种，也为许多昆虫、爬行类、鸟类和一些小型哺乳动物提供了天然的栖息地。根据调查，以哺乳类和鸟类为主的 20 多种野生动物主要靠这些"神树林"作为栖息地而得以生存。其中，穿山甲、小麂、高原兔、大蹄蝠、赤腹松鼠、金鸡、环颈雉和红腹锦鸡等 10 多种野生动物属国家级保护动物。[1]

最后，神山神林是村寨的生态园地和绿色屏障，对涵养水源、保持水土起到非常重要的作用。西南各民族在长期适应本土自然生态环境的过程中，基于各种不同的信仰观念尤其是风水观念而发展起来的神山神林文化，最为突出的认识价值乃是其生态意义。在村寨内部或村寨周边成规模的"神林"，可以就近吸收村落产生的二氧化碳并释放氧气，净化村落空气环境；可以遮挡太阳辐射，靠林木的蒸腾作用，保持村寨稳定的湿度，调节村寨的温度，有效地改善村落的小气候环境，美化村落环境。同时，对多雨水，易发山洪和泥石流等自然灾害的西南山村而言，神山神林犹如村落的防护林，它可以拦截水流和巩固坡地，使村寨少受山洪、泥石流等自然灾害的侵袭，为村落的安全提供一道绿色的屏障。如仅就傣族的"垄林"的生态作用而言，汪春龙、高立士等人研究表明，"垄林"下的土壤年均径流量只有 6.57 毫米，若毁林开荒后，土壤的年均径流量将达到 226.31 毫米。在"垄林"条件下，土壤冲刷量每亩年均只有 4.17 公斤，若"垄林"被毁，每亩地每年的土壤冲刷量将达到 3245公斤。与其他林地相比较，"垄林"的保土能力是橡胶园林的 4 倍，是刀耕火种地的 776 倍；保水能力是橡胶园的 3 倍，是刀耕火种地的 35 倍。又根据每亩"垄林"蓄水 20 立方米计算，西双版纳全州"垄林"150 万亩，能蓄水 3000 万立方米，相当于 3 个曼飞龙水库，5 个曼岭、曼么耐水库的蓄水量。[2] 就每个具体的村寨而言，神山神林的生态作用也是十分突出的。如据相关学者对云南石林彝族撒尼人村寨——阿着底村的研究

① 刘爱忠、裴盛基、陈三阳：《云南楚雄彝族的"神树林"与生物多样性保护》，《应用生态学报》2000 年第 4 期。
② 汪春龙：《景洪县森林遭受严重破坏的调查》，《云南林业调查规划》1981 年第 2 期；高立士：《傣族传统"垄林"文化信仰对生态环保的贡献》，教育部第四届"社会—文化人类学"高级研讨班论文，昆明，1999 年。

表明，在该村由庭园树木、风水林、水源林、密枝神林、集体林共同参与循环所组成的农田生态系统中，密枝神林对涵养水源、保持水土有着十分突出的作用。如果把集体林和密枝林作一比较，不仅密枝林样地的群落种类组成丰富，群落物种多样性高于集体林，而且集体林的土壤含水量、有机质、全氮、有效氮、有效磷、速效钾则仅分别为密枝林的69%、87%、83%、75%、81%、82%，表明密枝林的保水持肥能力高于集体林。[①]

---

① 周鸿、吕汇慧：《乡村旅游地生态文化传统与生态环境建设的互动效应——以云南石林县彝族阿着底村为例》，《生态学杂志》2006 年第 9 期。

第 三 章

制度、信仰与仪式:强化村落关系的
一种重要形式

治水、管水是传统中国农业社会形成的基础。在我国的文明传统中,讲究"治国必先治水",治水及水利管理的成功与否,实际上是关涉社会管理体系乃至国家体系的大问题。正是在强调水利与国家、社会整合这个层面上,有人把中国文明称作水利文明,把中国古代社会看作水利型社会。这种看法,无疑具有深刻的历史洞见。

翻检中国古代的地方史志文献,我们看到,关于地方官员兴修水利、凿井引渠的文字,大量地充斥在各种文本中,治水常作为官员沉浮升迁的一个重要考核指标。然而,一个客观的事实是,受行政控制技术与手段之限制,"王权止于县政"可以说是中国古代一种沿袭数千年的政治统治格局。广大的乡村社会,主要靠宗族自治自理,靠村民传统的乡土知识和伦理道德来维系。于是,与国家和地方层面的水利管理制度相并行,在村落社会也生长出相应的水利灌溉与管理制度。

第一节　西南民族地区乡村社会
传统的水利灌溉方式

在西南民族地区,乡村社会传统的生产灌溉用水,无论是雨水、雪水,还是河水,灌溉方式无外乎陂池水塘贮水灌溉、沟渠引水灌溉和提水灌溉三种主要的方式。

一 陂池水塘贮水灌溉

关于陂池,《说文》释文曰:"陂,阪也……一曰池也",又说:"阪者……一曰池障也",即类似水塘的一种贮水池。西南地区的农业灌溉历史,较早可以追溯到新石器时代。据相关资料显示,在大理苍山之麓的缓坡地带,考古学家曾经发现陂池遗址。这种陂池,可以储藏雨水和截留自高山流下的雪水,用以浇灌田园。①

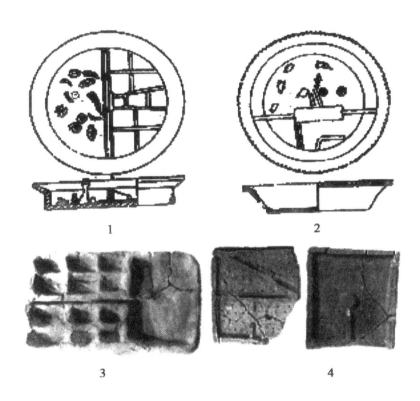

图3-1 云南出土的陂塘水田模型

注:1 为下关大展屯 2 号墓出土;2 为呈贡七步场 1 号墓出土;3 为呈贡小松山出土陶制水田;4 为通海发现的东汉水田和坝塘。

———————

① 详见吴金鼎《云南苍洱境考古报告》甲编,重庆李庄,1942 年。

进入汉代以后，考古工作者在云南、四川等地均发现不少的陂池水塘实物遗存。1975 年，在云南呈贡小松山出土了一具东汉时期的长方形陶制水田模型。模型长 32 厘米、宽 20 厘米，从中间被分割成两大部分，一端是一个完整的大方格，大方格内没有任何东西，应该是蓄水池（池塘）。另一端是代表水田的 12 块小方格，池塘与水田有沟槽相连，形象地表示了蓄水以浇灌水田。① 1977 年，呈贡七步场的一座东汉墓中也发现了一件陶制的水田池塘模型，与前者不同的是，池塘中还有莲花、水鸭、青蛙、螺蛳及团鱼等图案，水田和池塘之间的灌溉渠道上还架有一座木板桥，桥头上立一水鸟。② 1981 年，在下关大展屯东汉墓葬出土了一件圆盘形陶制水田模型，模型的中间被一道堤埂分割为两部分，堤埂上有一道宽 0.2 厘米、高 0.15 厘米的缺口作为出水口。在堤埂的两端，一端是呈方格状的小块的水田，另一端是内有泥制莲花、田螺、蚌、贝、泥鳅、青蛙、水鸭等 12 件水中动植物模型的蓄水池。这个水田模型形象地反映了当时农田和水利的配套设施以及蓄水池的多种用途。③ 类似的水田陂塘模型，在四川的西昌、合江县草山砖室墓、忠县崖墓、新都县崖墓、宜宾市草田 3 号墓、乐山市车子乡崖墓以及彭山县出土的画像砖上多有出土（见图 3-2、图 3-3）。

从文献记载来看，唐宋以来尤其是明清时期，西南各种地方史志文献中都有不少关于陂塘的记载。如在广西地区，据《明实录·熹宗实录》记载，从"天启四年正月起至十二月终止，桂林等九府各州县修筑陂塘圩岸等项，共三千五百八十三处"。又据嘉靖年间林富、黄佐主修的《广西通志》记载，当时广西各州县共筑陂塘 175 座。各种陂塘因地势不同，蓄水多少不一，大者可灌溉上千亩田地，小者百亩至数十亩不等。④ 在西南地区，虽然总的降水量并不少，但降水的季节分布不均，春秋两季时常出现春旱和伏旱，所以根据各自不同的地形和气候特点而修建的陂塘，非常适宜西南山区尤其是丘陵地区的田亩灌溉，直至今日仍然较为常见。

---

① 参见呈文《东汉水田模型》，《云南文物》1977 年第 7 期。

② 云南省博物馆：《云南呈贡七步场东汉墓》，《考古》1982 年第 1 期。

③ 大理州文物管理所：《云南大理大展屯二号汉墓》，《考古》1988 年第 5 期。

④ 详见吴小凤《明清时期广西水利建设研究》，《广西民族学院学报》2005 年第 6 期。

如滇东南文山州的许多山区,因受喀斯特地貌的影响,地表蓄水率极低。生活在该区山中的汉、苗、彝、瑶等民族,为了能够生存下来,常"在村中、寨边、地头、洼地选择石层厚、断裂少的地方,凿石砌壁,造就大小陂池,贮藏雨水,以供人畜饮用和农业灌溉,这便是该区人民的生存之法"①。

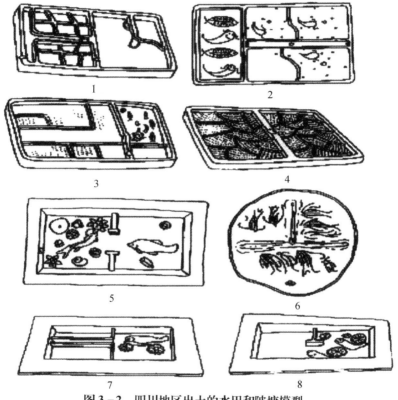

图 3 - 2　四川地区出土的水田和陂塘模型

注:1 为四川合江县草山砖室墓出土的小区划水田;2 为汉代四川彭山县出土的画像砖上的陂塘稻田模型;3 为四川宜宾市草田 3 号墓出土的陶水田陂塘模型;4 为汉代四川乐山市车子乡崖墓出土的水田模型;5 为汉代四川西昌出土的陶制陂塘模型;6 为汉代四川忠县崖墓出土的陶制陂塘模型;7 为汉代四川新都县崖墓出土的陂塘稻田模型;8 为汉代四川新都县出土的陶制陂塘模型。

① 尹绍亭:《云南的水和农业灌溉》,载熊晶、郑晓云主编《水文化与水环境保护研究文集》,中国书籍出版社 2008 年版,第 45—46 页。

图 3 - 3　四川出土的陶陂塘①

注：1 为圆形陂塘，直径 45 厘米；2 为方形陂塘，长、宽分别为 50 厘米、43 厘米；3 为方形陂塘，长 60 厘米，直径 45 厘米。

图 3 - 4　广南县峰岩洞村修筑于地边和山坳中的陂池②

---

①　米骞：《两汉四川陶俑鉴藏》，四川美术出版社 2007 年版，第 239—241 页。

②　尹绍亭：《云南的水和农业灌溉》，载熊晶、郑晓云主编《水文化与水环境保护研究文集》，中国书籍出版社 2008 年版，第 46 页。

二 沟渠引水灌溉

引水灌溉，惯常的做法是依地势高低挖掘沟渠，辅以堤坝，将自然河流或泉水导入田中。引水的方式有沟渠引水和槽引两种。

沟渠引水是沿水田修建一条或数条主干渠，干渠上再修建数条分支渠，在干渠和分支渠上每隔一定的距离开一个水口供水，每个水口的水又通过一块水田流向另一块水田。这样，在一个面积广大区域内的水田群，共同利用一条河流或一条规模宏大的主渠中的水，形成一个大的灌溉系统。在这一系统中，存在复数的堰设在同一条主水渠上，分出若干大的支渠，在大的支渠上又存在复数的堰，并分出若干较小的支渠，其下还有更小的复数的支渠，构成一个非常复杂的灌溉网。① 西南历史上，关于沟渠引水早在汉唐时期的文献中就多有记载。如南诏劝丰佑时（841年），遣大将军晟君修建了自磨用江至鹤拓（今大理城郊）的"横渠道"，又称为"锦浪江"。这个水渠引水工程灌溉了大理东郊及城南的农田，最后与龙佉江合流流入洱海。元代赛典赤经滇，"为陂池，以备水旱"，在云南修建了许多水利工程。明清以来，随着屯田制度在西南地区的推行和展开，官方和民间修建、扩建或者改土堰为石堰，兴修和整修了许多具有蓄水、分洪、灌溉等诸多功用的沟渠堤坝，有的沟渠还设有严密的管理与修缮制度，水利治理工程已向理论化、技术化方向发展，内地一些先进的水利技术传到西南。如明代宜良县的汤池渠，长达18公里，由15000名屯军兴修。据万历《云南通志》卷2记载，此渠修成后，"引流分灌腴田若干顷，春种秋获，实颖实粟，岁获其饶，军民赖之"。鹤庆的南供河渠网包括数条支渠和多条分渠，灌田五万余亩；青龙潭下凿4渠，灌田三千余亩。

在沟渠引水灌溉中，明代祥云等地的"地龙"水利工程作为一种典型的暗渠引水，颇有特色。祥云位于云南省大理白族自治州东部，地势较高，境内河流少，是典型的"干坝子"，史称其地"平壤千顷而缺水

---

① 参见罗二虎《中日古代稻作文化——以汉代和弥生时代为中心》，《农业考古》2001年第1期。

利，大雨则获，雨少则枯。然土性黏腻如胶，可作塘陂蓄水"①。自明初以来，随着该地屯田制度的推行和大量土地的开发，如何利用祥云一带的地下水灌溉农田，显得十分迫切。为此，当地人民根据祥云一带的地理特点和水利资源情况，效仿内地开"井渠"的灌溉方法，因地制宜，创造性地修建了"地龙"灌溉工程。"地龙"的建造方法是："在山边河谷平地之上，根据地形、水源和灌溉需要的长度，先挖一明沟基槽，深二百厘米左右，然后沿基槽两边用大小不等的不规则石块垒砌而成沟榔，沟底用卵石或不规则的石块铺垫，沟口再以大块石板逐一盖底而成，而后，再在沟盖石板上回填以田土成为地下沟渠。'地龙'的起端一般连接山阴流水及地下水源丰富的地方。在'地龙'的另一端或中部又再筑以龙塘，作为集水用水之地。"② 这种"地龙"式的灌溉工程，可将山坡流水和雨水汇聚起来，保存于地下蓄水池和暗渠当中，既可备旱时灌溉之需，又有利于防洪，同时还不占地面耕地，有似西北地区的"坎儿井"。这样一来，受益于"地龙"灌溉工程，祥云因缺水而荒废的农田，复又变为绿野，有名的干坝子，也成为民谚称的"云南（祥云）熟，大理足"的米粮仓。

槽引或称水枧引水，一般是指用竹渡槽、木槽、水管等架设水枧引水，这是一种颇具地区或民族特色的引水方式。我们在西南的山区，常能够见到跨涧越壑、绵延数里、宛如长龙的水枧。清闵叙《粤述》载：

　　竹筒分泉，最是佳事。土人往往能此。而南丹锡场统用之法，以竹空其中，百十相接，蟇溪越涧，虽三四十里，皆可引流。杜子美《修水筒诗》："云端水筒坼，林表山石碎。触热藉子修，通流与厨会。往来四十里，荒险崖谷大。"盖竹筒延蔓，自山而下，缠接之处，少有线隙，则泄而无力。又其势既长，必有楮阁，或架以竿，或垫以石。读此六句，可谓曲状其妙矣。又《赠何殷云》："竹竿袅袅细泉分"。远而望之，众筒纷交，有如乳绳。然不目睹，难悉其事

---

① 万历《云南通志》卷2。
② 何超雄：《祥云明代的水利工程——地龙》，《云南文物》1983年第14期。

之巧也。①

文中形象地记载了清代广西少数民族以竹枧引水之情景。又民国时期，任国荣在广西瑶族地区考察时则看到了另一番景象：

　　瑶山地方虽说是溪水纵横，但如果要想普通乡下人一担一担地挑着来用，休说是懒惰的瑶人没这耐心，而且上山下岭，也大大地感着痛苦。蒙蒙昧昧的瑶人，竟能如大都市一般地安设自来水管来解决这难题，这是多么可怪的一件事！自来水管之设置，创自何人，始于何时，皆无可究诘，历代沿用，经已多年。装置之法，先择其长竹无数，径可三寸，剖而为二，去其里节，用 Y 形树枝架起，离地三四尺或五六尺。这竹管一支一支地衔接着，远者连绵达数里，末端透入厨房水缸中，首端安在地势较高的山溪急流里，山溪急流向下冲泻时，把水缘着竹管一直流到安置者的厨房水缸中，一天到晚地流着真是用之不竭了。②

　　这段文字虽然有歧视瑶族群众之嫌，但对瑶胞竹枧引水之举则多加赞赏。水枧引水既可作生活用水，亦可作灌溉用水。如 20 世纪七八十年代，贵州榕江加宜苗族，主要是根据山腰梯田的特点，采取架设水枧和开凿沟渠的办法，引山泉溪水进行灌溉。水枧苗语叫"给里"或"垒给"，有竹枧和木枧两种。前者用大楠竹破成两半，后者是用整根杉木挖成木槽，将水引进田里。在加宜公社，主要的木枧有 6 条：一是由五嫩沟到加宜寨边，长约 3 里，可灌田 60 亩。二是由乌沙沟到连隐，长 2.5 里，可灌田 40 亩。三是由加宜寨脚到加五寨脚，长 4 里，可灌田 50 亩。四是由五嫩沟到连隐，长 4 里，可灌田 70 余亩。五是由加狗沟到摆勒寨脚，长 3.5 里，可灌田 120 亩。六是由九牛沟到德罗，长 5 里，可灌田 30 余亩。这 6 条水枧，中华人民共和

———————

① （清）闵叙：《粤述》，中华书局 1985 年版，第 23 页。
② 任国荣：《广西猺（瑶）山两月观察记》，台北南天书局 1978 年版，第 35—36 页。

国成立前曾由个体农户分头铺设过竹枧，人民公社成立后，重新组织人力进行整修，才将从前个体农户架设的零星水枧连成一片，合理管理，扩大了灌溉面积。①

三 以水车为主的提水灌溉

作为水资源较为富集的西南地区，密布着数以千计的溪水河流，如何把处于低处的大川小河的水流，提升灌溉高处的农田，在现代水泵抽水发明之前，利用水车提水灌溉是一种较为传统的做法。使用水车灌溉，通常的做法是在河中置筒车、翻车，利用人力、畜力踏动水车，或利用自然水流冲动带动许多竹筒的大轮水车，水车不停地转动，一个竹筒相继被转到水面装满水后，又一个个相继被转到高处把水倾倒出，这样就能灌溉地势比较高的水田。

据文献记载，自明清以来使用水车提水灌溉在西南各省区已较为普遍。

在贵州地区，早在明万历年间，诗人谢三秀就有"桔槔无力水声迟"的诗句，说明在此之前，贵州已使用水车。弘治《贵州图经新志》思南府风俗载："处平隰者则驾车引水，以艺粳秫。""驾车引水"所驾之车当是水车。清代，贵州的永宁州（今关岭县），"补苗当河在城东北五十里。河内可置水车，灌溉田亩，为州属第一水利"②。安平县（今平坝县），"焦家桥河，一名马路河。水自洛河来。河中有水车数十具，灌溉田亩极多。"③ 清乾隆六年（1741），署理贵州总督事务云南巡抚张允随在向朝廷报告贵州水利情况时说："黔省傍溪之田，皆高于水，民间率用自然车，自然车不能旋转，则用龙骨车以济自然车之不及。现今平越、都匀、安顺、思南、遵义等处，皆有用龙骨车者……"④ 可见，清代贵州使用水车

---

① 李平凡、颜勇主编：《贵州"六山六水"民族调查资料选编·苗族卷》，贵州民族出版社 2008 年版，第 4 页。

② （清）常恩总纂，吴寅邦、邹汉勋总修：《安顺府志》，贵州人民出版社 2006 年版，第 219 页。

③ 同上书，第 224 页。

④ 贵州地方志编撰委员会编：《贵州省志·水利志》，方志出版社 1997 年版。

和龙骨车已相当普遍。

在云南地区，水车使用已多见于明清地方志文献。康熙《罗平州志·堤闸堰塘桥梁》记罗平："顺江田高水低，于江中浅水之处，安闸制水车，日夜自转汲水灌溉。"《滇系·物产》亦载："水车、水碾、水磨、水碓，皆巧于用水者也，惟之为利尤溥，滇亦多此。"清人周朝俊对开化府的龙骨筒车有诗赞曰："几处筒车倚渡头，辘轳推转不曾休，清音静听宫弦细，碎片轻飘梅蕊浮，暗柳飞烟生翠雨，渴虹含水喷沙洲，翻来覆去龙江上，疑是银河天际流。"① 许赞曾《滇行纪程》也说，云南农家，先在溪旁筑石成隘，上流水至隘"势极奋迅"，于此设筒车两个，转水入田，转上的溪水，用竹筒相连，可以使很远的田地也能够得到灌溉。这种充分利用水力的灌溉工具，适合于云南的地理特点，有利于山区或半山区水稻田的开发与灌溉。20 世纪 50 年代，进入雨季犁田撒秧时节，为了抗旱保苗，自制木质水车，架于河边。水车呈圆形，直径 3 米左右，由木支架、轴心、竹条辐、竹笆叶轮、竹筒瓢、导水槽等绑扎而成。水车的工作原理是河水冲击叶轮转动，通过竹筒瓢把水提起，倒进导水槽，再流向稻田。一般可以提高水位 2—3 米，24 小时可灌田 1.5—2 亩。傣族的戽斗，傣语称"科左"，用竹编成三角形，口上方缚一"T"形竹棍作手柄。在使用时，为了省力和提高工效，常支撑一个三脚架，将戽斗吊在上面。70 年代以后，一些地区开始使用水轮泵抽水灌溉农田，龙骨水车使用率降低。

在广西的苍梧县，"江水之可以筑陂架车资灌溉者六：其流入桂江者为思良江，城北二十里，灌田八十余顷。为龙江城西北五十里，灌田四十余顷。其流入大江者为长行江，城西南三十里，灌田九十余顷，为东安江，城东北四十里，灌田三十余顷。为须罗江，城西南六十里，灌田九十余顷。为安平江，城西七十里。灌田七十余顷。"② 平乐府贺县："上六里水为贺江，自富川长流而下，沿河之田架车灌溉，水田居半。"③ 康

---

① 道光《开化府志·七律》。
② 嘉庆《广西通志》卷 119《山川·水利·梧州府》。
③ 嘉庆《广西通志》卷 119《山川·水利·平乐府》。

土州："伏居水、布滩水，俱汇入仙桥水下流，沿河筑堰架车以资灌溉。"龙英土州有西溪、北溪、西南溪、南溪四条溪水，"四溪土民，皆筑坝架车，取水灌田"①。可见，至迟在明清时期，广西的许多地方已经使用水车提水灌溉。

在四川水车灌溉的历史较早可以追溯到唐代，但直至宋元尚未普及。入明以后，地方史志文献多有记载。如道光刻本《中江县新志》载："予足迹半天下，所见如手车、足车、鹅翼车、龙骨车不一，而无劳人力，而百顷渊然，则莫如筒车，莫如中江之筒车之为体也，而其为用也宏。……而中江更扩其式而大之，下际江、上齐山，第闻车声轧轧，水声泪泪，一带平同，尽为沃壤，即冈后之邱阜原隰皆可引而灌也。此其巧。虽公轮何以过之。"乾隆《犍为县志·山水》载："筒车壩埔在县西南二十里，农家多用桔槔引水故名。"乾隆《珙县志·诗》载："珙符二水两岸之居民多以水车运水溉田，其轮高至二三丈，箭多至四五十，一车可灌田数十亩，诚济旱之良策也，此制宜广其传"。

总之，水车作为一种传统的灌溉工具，非常适宜西南地区多山地农作的特点。

第二节　西南地区典型的水利灌溉制度

围绕着上述几种水利灌溉方式，西南各民族社会形成了许多独具特色的水利灌溉制度，其中尤以傣族、哈尼族最具代表性。

一　傣族的水利灌溉技术

（一）水利灌溉系统及管理制度

作为典型的稻作民族——傣族，在长期的稻作实践中，对利用天然河流和开沟挖渠人工灌溉农田，积累了丰富的经验，养成了良好的协作习惯，建立了以村社或以整个坝子为区域的比较完备的灌溉系统。在原始公社制度下，灌溉由各个民族、家族乃至原始农村公社集体管理。进

---

① （清）谢启昆：《广西通志·山川·水利》卷120。

入阶级社会以后，历代政权的统治者都把管理和建设水利灌溉系统作为自己最重要的事，设有完备的农田灌溉的行政管理系统。

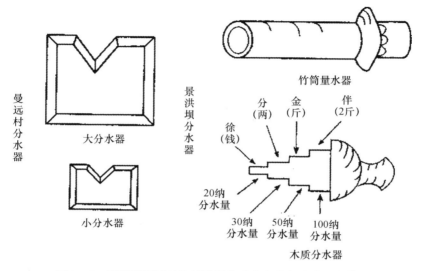

曼远村分水器

大分水器

小分水器

景洪坝分水器

竹筒量水器

分（两）　金（斤）　伴（2斤）

徐（钱）

20纳分水量

30纳分水量　50纳分水量　100纳分水量

木质分水器

图3-5　橄榄坝曼远村和景洪坝的分水方法与分水工具①

1950年以前，在西双版纳勐景洪坝子，有由"闷遮乃""闷澜兴""闷邦法""勐扉颠""闷回老""闷回卡""闷回解""闷澜肯""闷澜永""闷澜哈""闷澜坎""闷澜东""闷回广"13条水沟组成的一个全勐性的大灌溉区，纵横浇灌全勐81个傣寨4万亩稻田。每条水沟灌溉数目不等的村寨及田亩，组成一个小灌溉区。在管理上，从宣慰司署到各勐土司以至各个村寨都有专管修整水沟和分水灌田的人员。宣慰司的内务总管"召龙帕萨"，是理财官兼水利官，为水利的最高管理者。各勐的各条大沟渠，设有"板闷竜"和"板闷囡"等正、副二职的水利监，管理本沟渠灌溉区的水利事务。在灌溉区内的每个村寨还设有管水员"板闷"② 一人，并由水头寨和水尾寨的两个"板闷"来任水利监的协理，

————————

①　据郭家骥《西双版纳傣族的稻作文化研究》，云南大学出版社1998年版，第75页。
②　"板"为铜锣，"闷"为水沟，直译为"沟锣"，以管水员鸣锣开道，通知有关修沟、分水事宜而得名，非常形象，其职能有如古代中原的"水正"。

以便上下照应，不使水头田占便宜，水尾田吃亏。这样，从最上层的
"召龙帕萨"到"板闷竜""板闷囡"再到"板闷"组成了一个有效的水
利管理系统。这个垂直的水利管理系统不仅要保证各大小灌溉区的沟渠
畅通，每年放水灌溉前要用放竹筏的方式检查主要沟渠是否通畅，然后
祭祀水神。还要负责各村社、各寨子、各户人家田地用水量的分配。分
配水量是按各寨的田亩计算，各寨再按每户的田亩数计算，并按距离渠
道的远近，合并算出某处田应该分水几伴几斤几两（所谓"伴、斤、
两"，是用来测定流量大小的特殊单位，并非重量单位）。分水时使用一
个特制的上面刻有"伴、斤、两"的圆锥形木质分水器。各村寨都有分
沟、支沟，纵横分布在田间，从主沟到分沟、支沟之间，从分沟、支沟
到每块田的注水口，都嵌一竹筒放水，按照水田面积应得的水流量，100

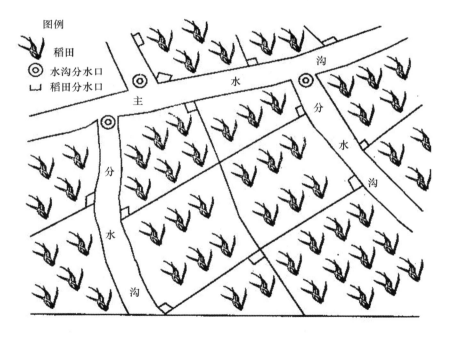

图 3 - 6　傣族主水沟与分水沟之间的分水方法①

---

① 据郭家骥《西双版纳傣族的稻作文化研究》，云南大学出版社 1998 年版，第 75 页。

纳的田分"伴"即二斤,50 纳分"斤",30 纳分"两",20 纳分"钱",在竹节上凿开与之相适应的通水孔,分水器就是用来测定通水孔的大小。①

每年农历二三月时,作为"召片领"最高政权机构的"议事庭",都要发布新修水利灌溉系统的命令,通知各勐各寨遵照执行,以示重视。这里,我们抄录清乾隆四十三年(1778)议事庭所发布的一份修水利的命令,以供研究。

议事庭长修水沟命令

召孟光明、伟大、慈爱,普施 10 万个勐。作为议事庭大小官员之首领的议事庭长,遵照松底帕翁丙召之意颁发命令,希各"勐当板闷"和全部管理水渠灌溉的陇达照办:

一周年过去了,今年的六月(新年)又到来了,新的一年的七月就开始耕田插秧了。大家应该一起疏通沟道,使水能够顺畅地流进大家的田里,使庄稼茂盛地生长,使大家今后能丰衣足食,有足够的东西崇奉宗教。

命令下达以后,希"勐当板闷"及各地陇达官员,计算清楚各村各户的田数,让大家带上圆凿、锄头、砍刀以及粮食去疏通渠道,并做好试水筏子和分水工具,从沟头一直到沟尾,使水流畅通无阻。不管是一千纳的田、一百纳的田、五十纳的田、七十纳的田,都根据传统规定来分,不得争吵,不得偷放水,谁的田有三十纳也好,五十纳也好,七十纳也好,如果因缺水而无法耕耘栽插,即去报告勐当板闷即陇达,要使水能够顺畅地流进每块田里,不准任何一块宣慰田或头人田因干旱而荒芜。

各勐当板闷官员,每一街期(五天)要从沟头到沟尾检查一次,要

---

① 详见"民族问题五种丛书"云南省编辑委员会编《傣族社会历史调查》(西双版纳之三),云南民族出版社 1983 年版,第 78—93 页;"社会历史调查资料丛刊"修订编辑委员会编《西双版纳傣族社会综合调查》(二),云南民族出版社 1984 年版,第 67—70 页。

使百姓田里之水，真正使他们今后够吃够赊佛。

如果有谁不去参加疏通沟渠，致使水不能流入田里，使田地荒芜，那么官租也不能豁免，仍要向种田的人每一百纳收租谷 30 挑。如果是由于勐当板闷不分水给他，就要向勐当板闷收缴官租。如果是城里官员的子侄在哪一村种田，也要听勐当板闷的通知，按时到达与大家一起参加疏渠，如有人贪懒误工，晚上喊他说没有空，白天喊他说来不了，就要按照传统的规矩给予惩罚，不准违抗，这才符合召片领的命令。

其次，到了 10 月份以后，水田和旱地都种好了，该勐当板闷、陇达等官员到各村各寨做好宣传：要围好篱笆，每度栽三根大木桩，小木桩要栽得更密一些，编好篱笆，使之牢固，不让猪、狗、黄牛、水牛进田来。如果谁的篱笆没有围好，让猪、狗、黄牛、水牛进田来，就要由负责这片篱笆的人视情况赔偿损失。有猪、狗、黄牛、水牛的人，要把牲口管理好。猪要上枷，狗要围栏，黄牛、水牛和马都要拴好。如不好好管理，让牲口进入田地，田主要去通知畜主。一次两次若仍不理睬，就可以将牲口杀吃，而且官租也由畜主出。

以上命令，希到各村各寨宣布照行。

傣历一一四〇年七月一日写[1]

在这个命令中，不仅强调了水利管理制度、分配用水原则，而且对各个村社、寨子、农户应该尽的义务、遵守的条款和违反水利条例应受的处罚，都做了详细的规定。可以说，傣族社会的这套组织严密、分配及时而又合理细致的水利管理制度，在云南农耕社会的水利灌溉系统中是卓有成效、独树一帜的。有的学者甚至把傣族水稻种植中的水利灌溉制度上升到国家起源的高度来探讨，认为"随着以水利灌溉事业为中心的公共事务的扩大，兴修更大的水渠需要几个以至几十个村社的协作，这种协作称为'甘猛'，即全猛的公共事务，它把许多村社的'甘曼'结合成为一个灌区，称为'陇''档''哈麻'以至'猛'等大大小小的联合组织。大的人工灌溉工程造成大规模人力集中，促使许多小共同体结

---

① 转引自张公瑾《傣族文化研究》，云南民族出版社 1988 年版，第 10—11 页。

合成一个总合的统一体,于是出现了国家的雏形"①。

(二) 稻作灌溉技术与传统沟渠的质量检验技术

在农业灌溉这个系统工程中,如何节约、合理而又有效地分配灌溉用水,是一个非常关键的环节。一般而言,西南各地通行的灌溉分水技术主要是修筑闸门和开挖水口,而实现灌溉。但在西双版纳傣族社会,从干渠向各灌区分配水量时,并不是开挖水口或建立水闸,而是将打通竹节的竹筒埋置于水渠底部,以此作为引水涵管来达到分水目的。在这个分水过程中,用竹子制作兼具输水和配水功能的分水器,既能解决水量分配中的矛盾,又能保证稻作用水的需要,技术含量较高。

分水器由两部分组成,一部分是木质的标准配水量具,傣语称为"根多",汉译为竹筒塞。另一部分为竹筒所制的配好水量的标准输水管道,傣语称为"南木多",汉译为水筒。这两部分互相配合并发挥各自的功能,构成一套完整的配水设施。如图 3-7 所示,"根多"实际上是由不同粗细的圆柱叠加而成的一个器具,这些不同直径的圆柱,就是其配水的各个量级,它用以检查和测量所制作的输水管道"南木多"的孔径,从而通过不同孔径的"南木多"来控制灌溉水流量,使有限的水量能合理而均匀地分流到不同的稻田中,以满足水稻生长和耕作的需要。"南木多"的制作系将竹筒剖为两半,除顶端外将竹筒内其余竹节仔细挖去,修整光滑,再将两半竹筒合拢于顶端竹节中央画出所要挖的孔径位置,然后分别在两半竹筒的顶端竹节上按所画出的位置各挖半孔,边挖边合拢用"根多"相应的量级配试,直至得到标准的孔径为止。孔径挖好后,把两片竹筒合拢用竹篾捆牢,即制作完成。②

在西双版纳傣族完整水利灌溉管理制度中,如何检验和修筑高标准的灌渠,也是水利管理的关键和核心。一般而言,每到傣历五六月间旱季时节,负责管理水利的官员,要动员各寨农民修理沟渠。沟渠修理完工后,择日祭水神,举行"开水"仪式,并放"试水筏子"对各村寨所

① 马曜:《傣族水稻栽培和水利灌溉在宗族公社向农村公社过渡和国家起源中的作用》,《贵州民族研究》1983 年第 3 期。
② 详见诸锡斌《分水器与傣族稻作灌溉技术——西双版纳农业史研究》,载李迪主编《中国少数民族科技史研究》第二辑,内蒙古人民出版社 1988 年版,第 168—181 页。

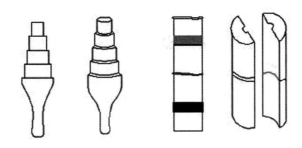

图 3 - 7　傣族分水器简图（左图为"根多"，右图为"南木多"）

修水渠的质量进行检验。通常的做法是，砍粗而壁薄的 5—6 棵竹子，捆扎成宽度约为 1 米、长度为 2—2.5 米的竹筏，上面铺着黄布，从水头寨放下，筏子检查人员敲着铓锣随筏子顺流而下，若在哪一寨所修沟渠处筏子搁浅或漂流不畅，则令该寨另行修好。这种检验水沟质量的方法，表面上看并没有什么特别的地方，但经有关学者研究认为，它对渠底、渠宽、水渠弯曲率、渠堤沿岸空间都能进行有效的检验。如对渠底的检验而言，使用分水器，埋置涵管，均匀、合理地分配灌溉用水，是以沟渠底面为基准的。如果渠底不平或渠底面与渠流水面不平行，将不利于水量的分配。竹筏检验沟渠，它要求渠底平滑且渠底与渠流水面保持平行。因为竹筏顺流而下时，如渠底面不断升高，则水流落差相对减小，导致渠流水速减慢，竹筏有可能搁浅或浮而不行；反之，如渠底面不断降低与渠流水面不平，竹筏有可能漂流过快且颠簸大。这样，问题自然就暴露出来了。[①]

二　哈尼族的水利灌溉与用水管理制度

傣族所从事的坝区稻作，利用的是江河湖塘平坝水源系统，只需开沟引水，即可获灌溉之利。而在山区或半山区从事梯田稻作农业的哈尼

---

①　详见诸锡斌《试析傣族传统灌渠质量的检验技术》，载李迪主编《中国少数民族科技史研究》第四辑，内蒙古人民出版社 1989 年版，第 123—127 页。

族，其水利灌溉基于山区特定的自然生态和梯田农业的特点，在长期的梯田垦殖中，积累总结并形成了一套有别于坝区水利灌溉制度。

水利是梯田农业的命脉，无水渠无以谈灌溉，梯田也就不成其为梯田，所以水渠的修建是梯田必不可少的重要配套设施。水渠的修建是仅次于修造梯田的大型工程，一片梯田与之相配套的常常有数条主渠和若干条分渠，纵横交错的若干主渠和支渠构成一片或数片梯田完整的灌溉系统。修水渠时，事先需要探测水源、策划、测量水沟的走向，然后再组织实施。由于有的大沟渠，翻山越岭，跨州连县，长达数十公里，常常会遇到各种复杂的地形条件，需要具备相当高的技术和经验方能完成。具有良好的修水渠传统的哈尼族，他们在开凿沟渠时利用地势发明了特殊的"流水开沟法"，即开沟时以目测沟线，边开沟边放水，若施工中遇到大石头难以绕开，就用木材把石头烧红，然后泼水其上，致使石头炸裂。

哈尼族有着修水渠的良好传统。据史载，明洪武十八年（1385），今绿春县牛孔乡的托格、欧且两村哈尼族的先民联合修筑干洪水渠，长约 6 公里，流量 0.08 平方米/秒。明弘治十八年（1505），今绿春县三猛乡的桐株村兴修"倮咀吓洞"水渠，长 1.5 公里，灌溉梯田 70 亩。同年，欧黑村新挖"欧黑"水渠，长 3 公里，灌溉梯田 90 亩。明万历三十一年（1603），今绿春县戈奎乡俄浦村兴修"明冬"水渠，长 2 公里，灌溉梯田 30 亩。[①] 又据有关部门统计，截至 1949 年，三江流域的红河、元阳、绿春、金平四县境内共修建水沟 12350 条，灌溉梯田面积 30 余万亩。1951 年，国家实行统一规划，各级政府组织实施建设，加之现代工具的运用，水沟建设有了一定的规模和质量。至 1985 年，上述四县共修建扩建水沟 24745 条，灌溉梯田面积近 60 万亩，其中流量在 0.3 平方米/秒以上的骨干沟渠有 125 条。[②] 就个别村寨来看，也是水渠密布。如元阳县洞铺村，仅有梯田 950 亩，而盘山而下的水沟就有 22 条，其中大沟 5 条，

① 云南省绿春县志编纂委员会编：《绿春县志》，云南人民出版社 1992 年版，第 261 页。
② 黄绍文：《论哈尼族梯田的可持续发展》，载李期博主编《哈尼族梯田文化论集》，云南民族出版社 2000 年版。

中沟 4 条，小沟 13 条。从高山顺流而来的水，由上而下注入最高层的梯田，高层梯田水满后，流入下一块梯田，再满再往下流，直至汇入河谷江河。这样，每块梯田都是沟渠，构成自上而下的灌溉网络。山间泉水都是长年不断的活水，不仅便于灌溉，而且便于排水、冲肥，使灌溉与排水有机地统一起来。①

历史上哈尼族的水渠，有的是土司派百姓开凿的，沟权属于土司；有的是百姓集资开凿的，沟权属于村民；有的是私人自己开挖的小水沟，沟权属于私人所有。在各种不同形式的水渠修建中，从探水源、挖水沟、护水沟以及灌溉用水的分配，讲究的同一沟渠灌溉区内各村寨之间的协商与合作，即村寨之间的合议、集资与投劳是普通的修水渠的组织方式。如"清康熙五十二年（1713），龙克、糯咱、绞缅三寨合议，决定在壁甫河源头（今元阳县境内）开挖水沟，灌溉良田。三寨出银 160 两，米 48 石，盐 160 斤，投工近千个，结果沟渠未修通。嘉庆十一年（1806），三寨再议修沟，并决定每'口'水（'口'即当地放水计量）出稻谷 150 斤，银 180 两，米 20 石，盐 100 斤重修。经两年多的努力，终于将沟修通。但是清嘉庆二十二年（1817）由于社会动乱，水沟年久失修，未显现效益。清道光九年（1829），三寨又出银 52 两，重修水沟，并定下规约，立下石牌，凡不按规定参与整修，违约放水者一律处以重罚，致使沟渠长期受益于人民"②。历史上哈尼族的聚居区，虽然水渠由各自所有者管理，并无统一的管理机构，但在沟渠的维护方面，几乎每条水渠都有专人负责维护，以保证渠水畅通。若遇大的塌方，水渠受益者就会自动组织起来，共同出力修复。平时村民也非常爱护水渠，不仅不会有意破坏，当看到水渠堵塞、渗漏、溢水时，还会主动处理或通知管水员。

梯田灌溉用水，主要来源于高山森林孕育的溪流潭水。在长期的梯田稻作实践中，"雕塑"大山的哈尼族，先是于高层梯田处，修凿拦断山腰的干渠水沟，把高山之巅"绿色水库"森林中流泻而出的龙潭、溪泉和四季之雨水引入水沟，然后再盘山而下，修建密如蛛网的分支水渠。

---

① 雷兵：《哈尼族文化史》，云南民族出版社 2002 年版，第 101 页。
② 红河县志编纂委员会编：《红河县志》，贵州民族出版社 1990 年版，第 150—151 页。

灌溉之时，高山之水沿着干渠和分支水渠，由上而下，流入村寨，注入梯田，梯田相连，水沟纵横，泉水顺着块块梯田层层顺序向下灌溉，长流不息，最后汇入谷底的江河湖泊，又蒸发升空，化为云雾阴雨，贮于高山森林。这样便形成了一种独特的"活水"灌溉流程，水以奇特的方式贯穿于农业生态循环系统当中。

　　在千百年的梯田农业实践中，哈尼族形成了一种不成文的行之有效的管水方法——木刻分水。具体是根据一条沟渠所能灌溉的水田面积的多少，经众田主协商，规定每份田应得水的多少，按沟渠流经的先后顺序，在田与沟的分界处设置一横木，并在横木上面将那份田应得的水量刻定，让沟水通过木刻凹口自行流进田里，确保合理用水。一般来说，木刻凹口宽窄与所灌溉的梯田面积有关，凹口宽 60 厘米刻口所流经的水灌溉梯田面积 52.5 亩，收取 150 斤谷子作为沟头报酬。凹口宽 30 厘米刻口所流经的水灌溉梯田面积 26.25 亩，收取 75 公斤谷子作为沟头报酬。在制定木刻口的大小时，没有固定模式，各地大小不一，但都很注重木刻凹口的宽窄，一般不注重凹口的深浅。[1] 如遇到水渠灌溉面积大，恰逢枯水季节或插秧用水高峰期，渠水流量无法将所有的梯田同时灌溉之时，一个村子或数个村子共同利用一条沟渠水灌溉的田主就会主动协商，采取按时按田划块划片分期轮流或按天数轮流灌溉的办法。协商一旦确定，人们会很好地遵守，绝不会去抢水。这种约定俗成的水规维护着梯田农耕系统、村落关系、人际关系的和谐和稳定，受到哈尼族世代遵守。

　　在哈尼族各村寨的用水管理中，赶沟人制度是较具民族特色的一种制度。一般的哈尼族村寨的全体村民都会参与一年一度水沟管理全体会议，讨论如何加强和解决一年来水沟管理和用水过程中出现的新问题，讨论水沟维修和管理的新规则，共同选举产生赶沟人。赶沟人一般由责任心强、有一定的组织能力且自家也用此水沟水的人担任，主要负责巡察看护各条水沟，保障水沟的水流通畅，及时修复水沟漏水。如果赶沟

---

　　① 黄绍文:《论哈尼族梯田的可持续发展》，载李期博主编《哈尼族梯田文化论集》，云南民族出版社 2000 年版。

人一人之力，不能解决水沟出现的问题，要及时报告村长，再由村长组织村民去修理水沟。赶沟人如果称职可以连任，如果不称职则在下一年度的全体用户组成的赶沟人大会上重新选举更换。其报酬习惯上是用粮食来支付，报酬的多少根据每家水口和水量大小而定。水口大小由用水户根据自己家的田亩数量申报。水口大的一般多交一点，水口小的就少交一点。到了打谷子的季节，赶沟人就会到各家的田里收谷子。哈尼族乡村社会运行有效的这套水利管理制度，之所以能够得到村民广泛的认可和遵循，是因为它体现了如下三个重要的原则：一是民主。村民共同选举"赶沟人"，这位"赶沟人"承担着重要的责任。二是公平。"赶沟人"的报酬是由全村人共同协商的，而且是根据水口与水量的大小而定。三是权责分明。每个村民都有权利去参与管沟和用水规则的制定，但是也有责任去遵循它，一旦违反，处罚将会相当严重。[①]

第三节　乡村社会中的祈雨仪式与祈雨类型

在乡村农耕社会，无水不成农，水是超过其他任何自然物异常重要的东西，人们对水有极强的依赖性。尤其是在生产力较为低下的年代，人们对水的控制和利用并不是那么自如和轻松，在干旱和洪涝灾害面前常常显得一筹莫展、无所适从，当面对这种不可抗拒的"天"力时，人们只得拾起那超自然信仰的法宝，极为虔诚地举行各种各样的祭祀祈雨活动，以求天降甘霖，滋润大地。

源于对雨神崇拜的祈雨民俗，最初属于祈求巫术之一种，与巫术关系密切。西南地区的祈雨之俗历史较悠久，早在青铜时代的青铜器物上，我们就能看到大量的象征土地、暗含水神的蛇崇拜的图案，表明当时与水神相关的蛇的信仰已是民间普遍的信仰。随着历史的发展，各民族的民间在抗洪排涝、兴修水利灌溉设施的同时，渐渐地传承下来一系列具有某种巫术性质的祈雨仪式。这些祈雨仪式往往作为一个部落或一个村

---

① 详见潘戎戎《哈尼族水文化传播分析——以云南元阳丫多哈尼族为例》，硕士学位论文，浙江大学，2010年。

寨的共同活动,它已经不是个人的行为,而是共同地域利害相关的问题,强调的是共同的心理愿望,每一次的祈雨活动都在一个部落或村落这个命运共同体之间,创造一种真正的命运休戚与共的机会。

千百年来,西南各民族民间以雨神、雷神为主要祭祀对象而形成的祈雨民俗活动,无论是在祭拜的对象、规模,还是在祭祀的时间、场所、祭品上,均呈现出多样化的发展趋势。下面我们以祈雨方法为主,分类介绍之。

一　向司水之神祷告祈雨

祭祀祷告祈雨,是西南民间最为普通的一种祈雨方式。一般是当久旱不雨或农作物栽插完毕急需雨水时,一个村寨或一个地区的人们便会自动组织起来,带上猪、牛、羊等祭品,前往固定的地点烧香跪拜、杀牲供献,冀希以虔诚的行动来打动与水相关的各种神灵,祈求快降甘霖,护佑庄稼生长。如在昆明西山区谷律一带的彝族村寨,凡立夏前不下雨,村民便要出钱买一对鸡和两只羊,去泉水旺盛的地方祭水。祭祀之法是先把烧红的木炭放入冷水中,以蒸腾的热气驱除鸡羊身上的邪秽,而后宰杀,并煮熟供在水边。同时,砍三杈形的松枝一根,蘸点鸡血,捆一撮鸡毛、羊毛,插在水边,供以酒饭,点香磕头,求水神降雨。①

向神灵倾吐内心的愿望,祈求降雨,久而久之便产生了相应的"祷告表文"。各种不同形式的祈雨诗文歌词,"大都包含了向天地山川诸多水神诉说旱情严峻、庄稼枯焦、危及民众生存,并祈请神灵怜悯天下苍生、及时降雨等内容,充满悲天悯人的人文精神和对水神诚惶诚恐、虔敬信仰的情绪"②。西南各民族民间在祈雨时诵读的"祈雨表文""请龙调"等,内容丰富。典型的如下。

——主要从事山地农耕的瑶族,过去主要"靠天吃饭",一年中雨水均匀收成就好,反之则可能绝收或歉收,因此他们对雨水怀有特殊的感情,认为冥冥之中有一种特殊的力量——龙神、雷神在主导降雨,不时

---

① 何耀华:《彝族的自然崇拜及其特点》,《思想战线》1982 年第 6 期。

② 向柏松:《中国水崇拜》,上海三联书店 1999 年版,"导论"第 2 页。

要对之进行祭拜。在瑶族民间流传有不少的"求雨疏""求雨移"。兹抄录《求雨疏》一份。

> 奉神祈求云雨，急救五谷青苗，保安众等子孙。正月各人修整地土，二月各人补种五谷，三四五月，五龙付水，黄茅铺岭，百草丛木齐生，天子扶犁，玉女当春，鱼龙相会，五六月龙仓农夫，各人修整地草，七八月眼见天庭，苦无雨水，去散九州，龙归四海，天红眼照，各处畬土，禾苗旱焦枯干，恐怕一年有种无收。众等子孙，若不甘心，今得会首头人，有说话起，百口齐心，结义得缘会□人，前去青天在祠堂处备，几供之仪，诣向今年□月□日吉良，虔备请师命带圣来到祠堂，安途落马，请圣光临，献神几供酒净祠堂，具疏备办雨状细餐，仰差四值功曹，急奏天府，发在天府门下，云庭圣众，地府发在地府门下，王庭圣众。阳间发在阳间门下，请庙侯王位下，水府发下水府门下，龙庭圣众。限刻发雨水至□日□时到坛，急救五谷青苗，养生众等性命。守在雨水祠堂，答谢神恩，银钱交纳众圣礼兵，至日雨水到坛，众等子孙社堂启建盛筵。奉高真上圣，奉真雨水表一函，伏望众圣开波放浪雨水，急押乌云，闭暗青天，四方押起云雾，急发雨水，急救五谷青苗养命百姓。又叩鸿恩托赖圣真，速差四值功曹，前去水府，天子五海龙王，急告开波放雨，再押起云雾侵（播）雨水，救生五谷，百姓欢心。①

—— 傣族在一年一度的放水犁田插秧时，都要举行放水仪式，祭祀水神，祈求风调雨顺、稻谷丰收，祭祀时要准备丰盛的祭品，诵读祭文，然后从每条大水沟的水头寨放下一个挂黄布的竹筏，漂到沟尾后，再把黄布拿到放水处祭祀。除了由各条水沟和各村社分别祭祀外，还要由水利总管"召龙帕萨"主持对各条水沟和沟渠的总祭祀。兹录一份《杀鸡祭水神祷词》，以见一斑：

---

① 李绍明等主编：《中国各民族原始宗教资料集成（土家族、瑶族、壮族、黎族）》，中国社会科学出版社1998年版，第339—340页。

今年是吉祥的年份，本官奉议事庭和内外官员之总首领松迪翁帕丙召（召片领）之命令，赐为各大小水渠沟洫之总管。我带来鸡、筷、酒、槟榔、花束和蜡条，供献于井边渠道四周之男女神祇，请尊贵的神灵用膳。用膳之后，敬请神明在上保佑并护卫各条水沟渠道，勿使崩溃和漏水，要让水均匀地流下来，并祈望雨水调顺，好使各地庄稼繁茂壮实，不要让害虫咬噬，不要使作物受损。让地气熏得粮食饱满，保各方粮食丰收。请接受我的请求吧！①

同是傣族的祷告祈雨，在勐海有一种叫"贺先"的求雨仪式。"贺先"为求雨地点，在今勐海乡曼兴村所曼先自然村，距寨子两公里许的南先河中巨石。关于此中巨石是什么，民间说法不一。一般在祭祀勐神后，至傣历八月下旬还不下雨，为了抗旱保秧苗，召勐海即要确定日期，主持"贺先"求雨仪式。当头戴斗笠、身披蓑衣、肩扛锄头的队伍到达求雨地点后，大家摘下斗笠，蹲在巨石前，由头人代表念求雨祷告词：

今天是傣历×年×月×日，有"么南扳龙"大水利监×××为首，代表召勐海及官民百姓，前来曼先河头求雨，由于长期天旱不雨，地方百姓不能按节令耕田种地，恳请管理南揉南先河源之底瓦拉石诸神、底瓦拉山林保护神及勐海境内的底瓦拉诸神灵，以召色勐龙（传说最早开辟勐海之傣族首领）为首，还有召真悍发罕……等十二路诸神来保护，共同请求天神、雨神，赐降甘露，风调雨顺，雨水充沛，使我方庶民百姓，得以按节令耕田种地，种子破土发芽，禾苗苗壮生长，五谷丰登，六畜兴旺。我们敬备鲜花蜡条、金烛银烛各八对，另备槟榔烟草、酒肉饭菜，摆成宴席敬酒祷告，敬请勐海境内各路神灵前来享用，恳请各路诸神保佑勐海全体官民百姓吉祥安康。②

<hr>

① 参看张公瑾《傣族文化》，吉林教育出版社1986年版，第131—132页。
② 高立士：《西双版纳傣族传统灌溉与环保研究》，云南民族出版社1999年版，第119页。

—— 元江的彝族支系腊鲁颇人，多在农历二月属"牛"日祭龙，并有专门的"请龙调"：

> 戈期热（词头），东方发白门大开，迎接龙神进家来，左手开的金门板，右手开的银门板，尊贵龙神进家来，×氏门中发大财。
>
> 戈期热，早上开门金鸡叫，晚上关门凤凰鸣，挖地挖得碎金子，扫地扫得碎银子，尊贵龙神进家来，×氏门中发大财。
>
> 戈期热，早上起来烧香炉，晚上点起红蜡烛，生得儿子人俊俏，生得姑娘赛红桃，尊贵龙神进家来，×氏门中发大财。
>
> 戈期热，龙神在家金满堂，金色柱子银包梁，害人魔鬼唱出去，猪瘟牛瘟唱出去，鸡猪鸭鹅唱进来，金银财宝唱进来。①

—— 在哈尼族的神谱中，水神是一个巨大的群体，有管河水之神，管山泉水、水潭水、沟渠水的神，各村寨信仰的水神不计其数，且有男女之别。如思茅地区哈尼族阿木支系在祭水神时，主祭者要吟诵如下的祭词：

> 今日属龙，水神呵，
> 我们大家向你献祭，
> 一年一次，从不怠慢。
> 求你保佑大家健康，
> 牲畜兴旺，粮食丰收，
> 让我们有水吃，
> 有水喂牲口，有水灌庄稼。
> 人喝的水，
> 田里的水，
> 雨水要调匀。

---

① 宋自华：《元江彝族支系聂苏颇、腊鲁颇的"祭龙"》，载中国民间文艺研究会云南分会、云南省民间文学集成编辑办公室编《云南民俗集刊》第3集，第128—132页。

显然,水神在哈尼族的民俗信仰中占有很重要的地位,水神兼有守护神、农业神、财神等多种职能。[①]

—— 基诺族传统在求雨时,村落长老头戴草帽,身披蓑衣,跪地祈求道:

> 地神!
> 天神,云彩,雾中神!
> 基诺在地上,鬼在天上。
> 月亮出来的时候它的光朝我射,
> 太阳出来的时候它的光朝我射。
> 你如不下雨粮食长不出,
> 钱也找不到。
> 我们杀猪祭你,
> 求你快快下雨来。[②]

以上一篇篇饱含人间情感的意味深长的祷告词,在庄重肃穆和虔诚的求雨仪式中,向各种司雨之神传达的是人们共同的企盼——借助语言的"魔力",祈求神灵快降甘霖。

在向神灵祷告祭祀的过程中,除了烧香叩拜、诵读祭文、供献牺牲之外,人们为了实现企盼降雨的事态,常采取敲鼓、洒水的咒术,预先模仿、表演降雨和雷鸣的场景,认为神灵和精灵与此种行为相感应,会实现降雨的愿望。如旧时云南基诺族当久旱不雨时,一般是先修水塘,接着各家家长会聚在"周巴"(祭司或寨父)家门口,于门口处搭一祭台,栽下三根竹竿,中间挂一大溜,谓为"天梯"。继而在周巴家杀三头猪,把猪头挂在天梯上,祭台上摆放祭品。周巴跪拜于地,头戴草帽,身披百片树叶做成的蓑衣,象征下雨戴草帽和披雨衣状,口中向天神、

① 李子贤:《水——生命与文化之源——论红河流域哈尼族神话与梯田稻作文化》,载李子贤、李期博主编《首届哈尼族文化国际学术讨论会论文集》,云南民族出版社1996年版。
② 云南省编辑组编:《云南民族民俗和宗教调查》,云南人民出版社1985年版,第168页。

地神、云神祈求快快下雨。念完祷告词后，把供奉物品移到竹桌上，抬到水塘边放好，周巴跪在水塘前，再次祈祷做一些象征性的动作。本来水塘早已干涸，但周巴仍要做下水状，卷起高高的裤脚，下到水塘里并做在水中挖捞泥土状。然后，众人也卷裤挽袖，一拥而下，用锄头和撮箕把塘内泥土挖出，求雨仪式即告结束。

二　强制性的祭祀祈雨

强制性的祭祀祈雨指在祭祀过程中，采用一种蔑视、严厉的行为与态度，做出一些惩罚旱魃的象征性表演，故意冒犯、亵渎神圣不可侵犯的东西，或以犯忌的形式使神怒而雨。

我国古代，无论官府还是民间，当干旱发生，使用祈求、贿赂等手段祭祀祈雨都无济于事时，便要采取污龙王、晒龙王等强迫性的降雨仪式。所谓污龙王，就是把龙潭的水抽干，迫使龙王上天布雨，灌满龙潭，以便自己居住。晒龙王是将龙王从庙中抬至太阳底下暴晒，让其体验炎热之苦，求其降雨。与此相类似，在西南民间的祈雨仪式中，我们也能够看到多种多样的强制性的祭祀祈雨活动。其中，尤以白、彝、傈僳、壮、瑶等民族最为普遍。

一般而言，白族民间祈雨有两种主要的形式：一是到龙王庙敬香祈雨，二是耍龙柳。所谓耍龙柳，就是用柳枝扎成长长的柳龙，由壮年小伙在巷道里舞耍，各家各户往柳龙身上泼水，如舞耍几天还不下雨，大理一带的白族就要举行搅龙潭的仪式，具体是全村人到苍山半腰设案念经，并派人到龙潭边，一边呼喊"雨、雨"，另一边用树枝在水里不停地搅。如还不下雨，则举行摆龙牌的仪式。所谓摆龙牌，是挑选一个精明能干的男子，带上龙牌（铜制的圆板，上面雕刻着咒文），潜入潭底，将龙牌摆到"龙宫"里，据说龙王接到龙牌，不敢不遵圣行雨。另外，据王承权先生调查，云龙县宝丰乡的白族，当插秧前后无雨时，用两种方法求雨：一是在河流或水塘边，以一只母鸡作为祭品，点三炷香先敬龙王，然后将铜板或铁板烧红，浸入水中，意思是你龙王不下雨，我就用火来烫你。二是用绳套着一条狗，人从后面用柳条抽打，当狗向前奔跑时，往狗身上泼水，以此来激怒龙王。民建乡一带的白族，在水塘旁边杀一只羊祭祀后,向水塘里抛石头,谓之打龙王,龙王被打痛后就会下雨。有的村寨把有毒的苦果藤的浆汁,倒进河内,将鱼毒死,据说龙王忍受不了死鱼的臭味,只好下雨。关坪乡地处山区,求雨时是把铜锅盖烧红,放进水塘里烧龙王。有的是到高山上挖一种毒药藤,捣碎后丢在河里或水塘里,说这样可以迫使龙王出来行云布雨。洱源苴碧乡一带农村,在发生干旱或缺水插秧时,要耍用竹子制成的水龙求雨。①

巍山县山塔村彝族,如农历三月底四月初不下雨,全村群众要到东山龙潭村水塘或龙王庙求雨。届时,男不戴帽,女不包头,宰杀猪、鸡,把肉、酒、茶等物供在神案上,焚香叩首,敬诵"求雨表文"。祭仪前,村中精壮男子抬着用竹子、柳枝、天冬茎叶及妇女黑包头巾扎成的小龙,沿村子耍到龙潭边,然后下到水中"搅龙潭",以此祈求龙王降雨。②

怒江傈僳族为了解除旱灾,常要举行祈雨的仪式。他们认为,久旱不雨,是火烧灼了土壤的缘故,因而祈雨时用竹或木编搭成一个方块,涂上泥土,由属相为龙的人在上面烧起一堆火,然后把它放入池塘或江流中。如果烈火熄灭,便认为是天将降雨的征兆。另外,也有用毒药毒死江中的扁头鱼,认为这也能使天降雨。传说,古时还有一种祈雨仪式,人们以弩弓射入"龙潭",以触动"龙神"使之下雨。③ 此外,一些地区的傈僳族在强制性祭龙求雨时,还使用咒语巫术,念诵专门的《骂龙调》:④

　　咳——龙家!
　　请你竖起耳朵,
　　民间百姓派我来,

---

① 详见吕大吉、何耀华主编《中国各民族原始宗教资料集成》(白族卷),中国社会科学出版社 1996 年版,第 698 页。

② 参见吕大吉、何耀华主编《中国各民族原始宗教资料集成》(彝族卷),中国社会科学出版社 1996 年版,第 325 页。

③ 杨建和:《怒江傈僳族的宗教信仰》,载宋恩常编《中国少数民族宗教初编》,云南人民出版社 1985 年版,第 224 页。

④ 赵秉良采录,《山茶》1982 年第 2 期。

派我向你警告，
警告你不要再咬人，
警告你再不能把人伤。
……
可前天太阳刚出来的时候，
你又出来伤人了；
昨天太阳落山的时候，
你又出来咬人了。
你看，人家脚上在起泡，
你瞧，人家手上在生疮。
我请了七个尼扒，
我请了九个史扒，
尼扒都看见你在伤人，
史扒都看见你在咬人。
咳——龙家！
我就是个铜匠，
我就是个铁匠，
打一副铜牛架，
打一把铜犁头，
打一副铜牵筋，
打一对铜牛脖索，
左边架一条铜牛，
右边架一条铜牛，
把你住的水塘都犁翻，
把你住的水沟都填满。
……
咳——龙家！
请你仔细听着：
如果你还要伤人，
我就把你关在铜牢里，

把你捆在铜柱上,

用铜刀剁碎你的龙崽,

用铜牛填满你的龙潭,

从此绝掉龙种,

断了你龙家后代。

看你还敢不敢伤人,

瞧你还敢不敢咬人。

旧时一些土家族地区,每遇春夏伏旱便会组织求龙祈雨盛会。一般由"乡约"召集村民设坛,先请雷公电母神,再请龙王行雨神,然后将草编或竹编的黄龙抬到水势险恶的洞口去"打洞"求雨。届时,全寨人都头戴斗笠,身披蓑衣,敲锣打鼓,随同穿戴法衣法冠、披五色旗的土老师前往龙洞口设求雨牌位,求龙神行雨。举行此仪式时,左手摇师刀,右手执马鞭,口吹牛角,召兵督将,边唱边跳,人们随声附和,以助声威。经此作法,如仍不下雨,土老师则用法术将龙神拘留牛角内,意在强令其下雨。直至降雨后,乃让龙神归位。①

在广西的一些地区,每当天旱无雨之时,毛难族的村民便会聚集到龙王庙或深潭边,举行名叫"打龙潭"的祀龙祈雨活动。一般做法是,村民聚齐后,先由巫师念诵咒语,继而把猫狗各一只装入同一个笼子里,投入深潭,让它们与"龙"相斗,迫使龙王降雨。② 同是在广西,大瑶山区的山子瑶和环江壮族也有相类似的"打龙潭"祈雨仪式。

上面介绍的祭祀祈雨仪式,或以弓箭射龙潭,或把毒药藤、烧红的锅盖投入水塘,或把猫狗投入潭中,或念诵咒骂、威吓龙的巫咒词,意在通过各种过激的行为和语言,冒犯激怒神灵,让其快快降雨。

三 取悦慰劳神意祈雨

民间俗信认为,司水之神灵虽然具有"超人间"的神秘力量,但同

① 贵外省民族志编委会编:《民族志资料汇编·土家族卷》,1989年,第153页。
② 蓝树辉:《毛难族原始宗教初探》,《广西民族研究》1989年第4期。

人一样具有七情六欲，所以人比拟神，常用处理人间现实关系的方法来讨好、取悦、慰劳神意。取悦之法或是在祭祀时念诵"祈雨表文"，颂扬神的恩德，感谢其福佑，举行"谢龙"仪式，或是抬神像游乡以娱神，跳悦神祈雨舞蹈，可谓形式多样。

提到慰劳神意祈雨，我国古代有"河伯娶妻"之类的传说。与此类似的祭祀水神的传说与仪式，在西南民间并不鲜见。相传，云南哀牢山区的一些彝族若遇久旱不雨，便秘密地由九个赤裸身子的未婚女子在天亮之前在水潭边跳舞，取悦水神，求其赐水。大理云龙县一些地区求雨时，也是抬着一个赤裸少女到龙潭去取悦龙王。又白族历史上，曾以蛇、龙作为雨水的象征，并"建宇而栖焉"。据史载："唐时洱海有妖蛇名薄劫，兴大水淹城，蒙国王出示，有能灭灾者赏半官库，子孙世免差徭。部民有段赤城者，愿灭蛇，缚刃入水，蛇吞之，人与蛇皆死。水患息，王令人剖蛇腹，取赤城骨，葬之。"[1] 他们还流传着一种传说，在古代，某山"洞里藏着一个会变人形的大蟒蛇，每年一到三月初三，那条蟒蛇就向当地老百姓要一个男孩和女孩，要是不按期交到，这里的人就得遭殃"[2]。这些祈雨习俗的心理背景，明显是与性有关。

西南民间，每当遇到旱灾、水涝时或是逢年过节，一般都要到龙王庙等专门的祭祀场所举行相应的活动，仪式中最为大众化的悦神要算穿插在祭祀中的歌舞活动。如白族聚居的洱海边、剑湖旁、天池湖边都建有龙王庙，每年三月初，村民要到水神庙、龙王庙祭祀祈祷，祈求水神、龙王保佑春耕栽插时水源充足，能顺利栽插。到七八月间，人们还要到海边、龙潭边、箐沟边谢水神，祈求龙王不要让海水暴涨淹没了稻田和农舍。六月十三云龙天池村盛况空前的龙王会，村民相邀到天池湖畔祭祀龙王，祈求龙王保佑风调雨顺，栽插时水源充足，雨季洪水不泛滥。这是伴随着白族农耕稻作生产而产生的对水神、龙王的祭祀祈雨仪式。还有赛龙舟、耍龙舟等活动至今仍盛行着，人们通过娱神而祈盼稻谷

---

① 《南诏野史》上卷。
② 宋恩常：《白族本主崇拜刍议》，《云南社会科学》1982 年第 2 期。

丰收。①

又如旧时滇池东岸彝族支系撒尼人，每当插秧季节，如果干旱无雨，人们便要选择农历三月的第一个属龙日，共祭龙神。届时，先由主祭萨嫫带领几名老年妇女到龙潭边清扫祭坛，于祭坛上铺一层青松毛，松毛上放装满谷子的升斗，斗中供一个上书"本境龙神之位"的黄纸牌位，代表龙王神座。祭祀开始，萨嫫双脚跪地，右手抱鸡，左手抓起一把米从鸡头撒下，祈祷道："滇池龙王！本境龙王！四海龙王！五方龙王！今天，我们全村老幼在这里向你们献祭。请你们保佑风调雨顺，该插秧的时候就下雨，立夏不到就来一场；让塘子里的水不要干涸，让龙潭中的泉水四时长流，……"祝祷毕，12 个萨嫫在主祭萨嫫的带领下，开始跳娱神的巫舞。② 巍山彝族回族自治县城西南有一个叫"阿许地"的彝族村寨，寨中有地下热水涌出，人们在此建了一个龙王庙。每年农历二月初八，附近州县的彝族群众来此杀鸡祭龙，洗热水澡、打歌，人多时可达两千多人，这里也成为滇西著名的祭龙场所。③

祈雨祭祀活动中所穿插的歌舞活动，最初主要是以娱神祈雨为目的，但在漫长的历史发展过程中，"龙洞会""赶龙庙"之类的缘于祈雨的人群聚会，渐渐地失去了其最原本的庄严神圣的内容，从敬神到娱人，有的甚至演变为地区性的或民族性的节日，节日期间常要举行玩龙灯、赛龙舟等民间娱乐体育活动。

四　模拟性或象征性的生殖祈雨

根据民间传说中龙的形象，舞龙模拟降雨或以一些象征性动作来祈求降雨，是最为常见的一种做法。大理喜洲一带的白族村民，当久旱不雨无法插秧时，除了要到龙王庙敬香求雨外，惯常的是用柳枝扎成长长的柳龙，由数十个精壮的小伙子在巷道里耍来耍去。届时，家家户户要

---

① 杨国才：《中国大理白族与日本的农耕稻作祭祀比较》，《云南民族学院学报》2001 年第 1 期。

② 详见张福《彝族古代文化史》，云南教育出版社 1999 年版，第 530 页。

③ 详见吕大吉、何耀华主编《中国各民族原始宗教资料集成》（彝族卷），中国社会科学出版社 1996 年版，第 90—92 页。

往柳龙身上泼水，泼得耍龙的人浑身湿透，以示龙降雨。滇东南富宁地区的壮族每年农历四月初八耍龙祈雨十分有特色。具体做法是用柳枝和松枝扎成青龙一条，组织庞大的耍龙队伍，并由童男童女高喊"青龙头，白龙尾，摇摇摆摆涨大水"，"东门一条街，西门一条街，童男童女哭奶，观音老母问我哭哪样？我哭秧苗天旱不得栽"之类的歌谣在前开路，跟进的耍龙队伍被沿途的男女老少泼得浑身湿透。接着，由各家各户推选代表到城隍庙参加正式的祈雨仪式。仪式由麽公主持，摆动锣鼓，吟诵"天灵灵，地灵灵，张天师派我下凡尘；奉请诸神来显圣，拜请八仙显圣灵，勒令两神降甘露，普降神雨救众生"，"一请东王大圣，二请南海观音，三请西王圣母，四请北常圣君，保我风调雨顺"之类的经文咒语，祈求降雨。①

从某种意义上而言，各种不同类型的祈雨作为一种原始宗教行为，它在向超自然存在（灵的存在）恳求时，包含大量的以类感类的交感巫术的内容。如傣族先民以类比的方式，认为生殖器（精灵）能生雨降水，只要通过巫术祈祷，在"帕糯"山，由于妇女经常与石根接触，产生了"嫡皮河"水源（傣"嫡皮河"即月经水），"帕糯"石根底淌出一股股涓涓细流，是"嫡皮河"的源头。据传水的颜色、大小预示着来年雨水的好坏。于是，作为传统的农业祈雨仪式，勐腊县勐满区、勐捧区每年六七月份，遇到干旱之年，由景竜的土司主办，出告继续"祭生殖器求雨"仪式，全镇范围内祭祀。届时，人们带着生殖器模型，妇女集队往生殖器上泼水，祈雨半天。这是一种运用巫术模仿性行为的祈雨仪式。②

生活在西双版纳等地的克木人的祈雨，运用的是祖宗传下来的模拟交感巫术，形式多种多样。概而言之有游勐、借棺杠、敲树桩、烧枯苗等几个环节。其中，游勐是各寨用木头、柚子、乱头发做一个男根模型，由一个满脸抹黑、头戴"达辽"（用竹篾编成的一种可镇邪的法器）的男子挂于身前，在前开道，后跟男女乐队，串寨游勐。队伍所到之处，村

---

① 参见秦家华等编《云南少数民族生产习俗志》，云南民族出版社1990年版，第48、99—100页。

② 详见李子泉《傣族石崇拜及其传统与艺术表现》，载云南民族研究所编《民族调查研究》1988年第1—2期。

寨头人要出来敬酒，祈祷大雨降临，妇女则要向祈雨队伍泼水祝福吉祥，特别要把挂男根的领头人全身浇透。游寨结束后，人们把男根模型投在南腊河中，祈雨仪式结束。这当中，那个挂着一个极度夸张的男性生殖器的人，无疑是"雨神"的扮演者，他必须以游动的方式到各寨"施雨"，显然是运用交感巫术中模拟巫术的典型仪式。[①]

另外，白族大型的民俗活动——绕三灵，其起源有一种说法是为了祈雨。据说，每年农历四月，人们手敲金钱鼓，手舞霸王鞭，载歌载舞到三文笔御花园（那儿有桑树林）求雨，非常灵验，由此成俗。而事实上，绕三灵意为"绕桑林"，以桑林之舞或喧哗桑林祈雨，是古社祭之遗风。社祭选择桑林为场所及时间定在仲春，则带有明显的生殖崇拜痕迹。《淮南子·天文训》云："日出旸谷，浴于咸池，拂于扶桑。"《淮南子》高诱注称："桑林者，桑山之林，能兴云作雨也。"是故桑林本为淫戏、祈雨场所，桑林之木乃是生殖器的象征。[②]

第四节　"水神"信仰及祭祀仪式

西南民间俗信认为，水神、蛇神、龙王爷、雷神等神灵均主司降雨，故人们为求风调雨顺，常祀奉之，并形成相应的"水神"信仰体系。

一　水神崇拜

在西南各民族的神谱中，水神居于重要的地位，其实态或为水源、水井、水沟，或为田间的泉水，常要对之进行祭奉。

以经营梯田著称的哈尼族，从事的是"活水灌溉"农业，山间的各种溪流泉水以不同的方式注入层层梯田中，梯田农业对水有着很强的依赖性和需求，无水灌溉梯田则不成为梯田，为此，传统的哈尼族社会在控制、驾驭、利用水源的实践中，对分属各种不同神系的水神都要进行

---

① 详见张宁《克木人的农耕仪礼与禁忌——兼论交感巫术中的映射律》，《民族研究》1999 年第 6 期。

② 参见龚维英《原始崇拜纲要——中华图腾文化与生殖文化》，中国民间文艺出版社 1989 年版，第 285 页。

虔诚的祭拜。他们认为，在天神系统中，阿波管水，阿扎管沟；地神谱系中，第十一个神麦期麦斯，专管河水不冲人马牲口，第十二个神厄戚戚奴，管着万道清清的山泉，对这些神灵都要举行定期或不定期的祭祀。哈尼族对水神的祭祀分为公祭和私祭两种。公祭是指村社统一祭祀公用的水源、水井、河沟等，如在农事祭祀节日"苦扎扎"期间，由咪谷在泉井边杀一只白鸡，摆上松枝、米饭等祭品祭拜水神。祭寨神"昂玛突"时，有两项专门的祭水神仪式：一是在节日头天傍晚，由咪谷率一行长者在泉井旁杀公鸡母鸡各一只，摆上糯米饭、鸡蛋、茶水、盐巴和酒，祈求泉水长流不息，清澈甘美。二是节日第三天，到寨后深山老林中的水潭边，亦由咪谷宰杀鸡猪献祭，求水神管好山水，长流不息。另外，哈尼族的每个村寨于每年的三月、七月、十一月还要集体性地祭祀水神。三月是哈尼族放水泡田栽秧的季节，要在水沟处祭祀水神；七月是稻谷抽穗扬花的时节，此时田沟之水不可断流，要借助水力冲肥入田进行施肥，因而要祭祀水神；十一月农事结束，放水泡田，也要祭祀水神。① 私祭主要是各家各户不定期地对沟水、河水、田间泉水的祭祀，仪式较为简单，由户主主持，杀一对公鸡母鸡作为牺牲，念一些祈祷水神的词语，祝愿水神保护庄稼丰收。②

　　西双版纳等地的傣族，在每年的傣历四月十五日要赎水神，以求风调雨顺，喜获农业丰收。每隔三年就要祭一次水神"南坡"，由鲊板闷主持祭祀，祭时祝福道：三年到了，现杀猪献给你，请你保护水沟平安，水流畅通，庄稼获得丰收。③ 此外，在西双版纳的景洪坝子，每年备耕之前，板闷都要带领人员整修水渠，完工后要用鸡、猪、蜡条、饭团、槟榔、酒等祭水沟神，称为小祭。祭后，板闷用芭蕉秆或竹子编一小筏，上插黄布为神幡，意为水神乘筏巡视各地，检查各地修沟质量，板闷则

---

　　① 详见王清华《梯田文化论——哈尼族生态农业》，云南大学出版社 1999 年版，第 261—262 页。

　　② 参见车高学、卢朝贵《红河流域哈尼族的自然崇拜和祖先崇拜仪礼》，载中央民族大学哈尼学研究所编《中国哈尼学》第 1 辑，云南民族出版社 2000 年版。

　　③ "社会历史调查资料丛刊"修订编辑委：《西双版纳傣族社会综合调查》，云南民族出版社 1983 年版，第 35 页。

沿沟敲锣，意为为神开道。若神筏搁浅或遇阻拦，或水沟埂漏水，均命立即重修，并予罚款。每三年举行一次大祭，祭词大意为："今年，生产备耕的季节又已来到，我为管理水沟的奴辈，已经得到了最高首领召片领、最高议事庭的文书告知，要尽快护理，疏通水沟，以求谷子长得旺盛，获得丰收，我等奴辈恳求××水沟神及云雨神灵体恤苍生，降雨得水，保佑我水沟不塌不漏，从头至尾畅通，灌田浇地，护佑禾苗茂盛、庄稼丰收、谷子满仓。"[①]

以农业生产为主的水族，靠天吃饭，对水有很强的依赖性，民间谚语称："有收无收在于水，收多收少在于肥。"在水族的民间祭祀活动中，祭祀水神"拜霞"的仪式虔诚而又隆重。在水语中，"霞"是人形或猪首形的神石，是水神的化身。它不仅掌管风调雨顺、五谷丰收，而且还可以演变为送子神、聚财神、保护神、平安神等"万能神"。"拜霞"活动按照水书有关条款进行，在水书中专载有开霞的条目，详述十二地支年举行"祭霞"的吉利日辰。祭祀时段，都选择在水稻栽插结束之后的水历九十月，相当农历五六月。祭日选择多以水书《开霞》日及卯卜确定。[②]

从上举的哈尼、傣、水等民族对水神的祭祀情况可以看出，水神作为农耕民的守护神，是能够带来丰收的神，有着备受尊崇的地位。

二　蛇崇拜

生长在山林、沼泽、河川等温暖潮湿地带的蛇，作为原始初民自然环境中的伴生之物，每当天降大雨，江河之水暴涨，水中、陆地上到处都能见其频繁活动的身影，而当雨季过去，雨水稀少时，蛇潜伏地下，活动减少。目睹蛇这种随季节的更替循环、雨水的大小而改变活动方式的现象，原始初民无法做出科学的解释时，便认为蛇是一种具有玄妙的预知力并能产生恐惧神秘力量的神物，渐渐地赋予蛇某种神性，把蛇与

---

① 云南省编辑组编：《傣族社会历史调查》（西双版纳之九），云南民族出版社 1988 年版，第 248 页。

② 蒙爱军：《水族经济行为的文化解释》，人民出版社 2010 年版，第 107 页。

雨神、水神一类的神物等同起来，祀奉之，于是便产生了蛇崇拜的观念。

蛇崇拜的观念在中国起源甚早，考古学家早在母系氏族社会晚期的大汶口文化中就发现蛇纹。① 在文献追溯中，远古传说时代的许多"神人""英雄"多为"人首蛇身"，女娲、伏羲、黄帝等也多以蛇为本氏族之图腾。到了春秋战国时期，蛇崇拜的观念就很盛行，而且上升到与君权的继承、国家的存亡和国君的生死密切相关的一种信念。《淮南子》："为死事则蛇鸣君室。蛇无故斗于君室，后必争立。小死小不胜，大死大不胜，小大皆死皆不立也。"《汉书·五行志》："武帝太始四年七月，赵有蛇从郭外入，与邑中蛇斗孝文庙下，邑中蛇死。后二年秋，有卫太子事，事自赵人江充起。"《论衡》："卫献公太子至灵台，蛇绕左轮。御者曰：太子下拜。吾闻国君之子，蛇绕车轮左者速得国。"蛇通过水和农业发生联系，成为土地的象征，土地又与王权结合，便产生了以上的观念。

在中国南方广阔的地区，考古学、民族学材料中有不少关于蛇图腾的资料、民族志资料也甚为丰富。如仅就西南地区而言，考古学资料中，云南晋宁石寨山、江川李家山、昆明羊甫头、曲靖八塔台等东周至秦汉时期滇文化墓地出土的许多器物上和广西恭城秧家春秋尊上，均有大量的蛇图像。民族志资料中，侗族的蛇祖神话与蛇禁忌、苗族的蛇娘巫术与恶龙祭祀、壮族与岭南汉人的蛇母崇拜、傣族蛇形文身等，均是蛇图腾文化在民族社会生活中的表现。吴春明、王樱通过对上述两类材料的梳理分析，认为"史前、上古华南考古发现的大量近乎写实的蛇形象资料，充分反映了华南土著民族蛇图腾的历史，而民族志上华南各族大量存在的蛇祖、蛇神、蛇母、蛇娘、蛇仙、蛇王等崇拜以及被汉人'文化改造'的诸多蛇神话传说，充分反映土著蛇图腾文化的传承、积淀和复杂的变迁"②。虽然图腾文化史上的龙、蛇关系史，尚须进一步的探讨，但在如今一些西南民族的民间传说故事及信仰观念中，龙、蛇相互转换或龙蛇混称，还是一种不容忽视的现象。如白族的《小黄龙故事》《龙母》《龙女小三妹》等民间故事中，蛇、龙通常互相转化——蛇变成龙，

---

① 详见王震中《应该怎样研究上古的神话与历史》，《历史研究》1988 年第 2 期。

② 吴春明、王樱：《"南蛮蛇种"文化史》，《南方文物》2010 年第 2 期。

龙变成蛇。滇中彝文《祭龙经》中，有"小金龙"与蛇的情节。彝族叙事诗《赛玻嫫》，译成汉语就是蛇和人做夫妻之意思。[①]

居于水中的蛇，靠水实现了自己的升华，摇身一变便"腾越"起来，成了龙，所以在中国古代人们的观念信仰中，提到龙蛇便暗喻着水，对水的崇拜便转化为对龙的崇拜。

三　龙崇拜

在"水神"信仰体系中，对龙的崇拜与信仰是一种最为普遍的形式。"龙"并非生物学上真实存在的一个物种，它只是远古居民曾经信奉过的一种图腾。闻一多先生在《伏羲考》一文中，依据大量的古史典籍，从文字学、考古学和人类学的角度进行考证认为，龙的基调是蛇，以蛇为图腾的大部族在兼并其他小部族的过程中，在蛇身上添加兽类的角、马的头鬣和尾、鹿的角、狗的爪、鸟的羽、鱼的鳞和须，进而化合成为"龙"的形象。[②] 霍巍先生认为，我国史前时期的"龙"，形态并不固定，实际上是各个氏族、各个部落根据自己所信仰的神灵构想而成，而后世的龙是融合了各种动物并经过长期改造逐渐形成的，各个不同的地域，早期的龙在形象上差异很大，正说明不同的原始集团对这一神物有不同的理解。不过，在各种动物原型中，龙显然与蛇这种动物在形体上最为接近，所以它的基形为蛇的可能性最大。[③]

从蛇这种自然界现实的生物上升到神话般的想象物——龙，给人们提供了更为神秘的想象空间，所以在西南民族的神话传说中，龙既是司兴云降雨之神，又是司掌江河湖海以及各种井泉潭渊和其他水域之神，具有超自然的神权力量。龙的象征物，有的把村寨附近自然出水的水塘，视为龙居住的地方；有的把村寨附近的"龙树"视为龙神；有的地区则认为龙生活在某个山洞中，或专门修建龙王庙，视龙王为水神，定期或不定期对之进行祭祀。在长期的祭祀活动中，有些祭祀活动还演变为民

---

①　详见杨甫旺《蛇崇拜与生殖文化初探》，《贵州民族研究》1997年第1期。

②　闻一多：《伏羲考》，载《神话与诗》，华中师范大学出版社1997年版。

③　霍巍：《中国古代的蛇信仰与稻作文明——中日稻作文明比较研究之一》，载《西南考古与中华文明》，四川出版集团、巴蜀书社2011年版。

族节日。如哈尼族的"祭龙节"、基诺族的"条大龙节"、普米族的"祭龙潭节"、苗族的"春龙节"、瑶族的"龙头节"等。

在西南民族社会，以"祭龙""祈龙"为核心的祭祀仪式，无论在规模、时间、场所以及祭品的多寡等诸多方面均呈现出多样化的形态与内容。而尤以布依、彝、傣、德昂、普米等族的祭龙活动最为典型。

在布依族的民间信仰中，关乎村寨繁盛、农作丰产、人畜安泰的龙神，似乎是一种普遍的存在，人们在社会生活的许多节点上，均要举行"祭卧龙""祭朝门龙""祭寨龙"等各种不同形式的祭龙活动。祭祀一般由"布摩先生"主持，程序、祭词繁简不一，规模大小有别。有单家独户安坛祭祀，有全村或数村进行"唤龙、拉龙"活动的集体祭祀，有的还将"神竹"与"龙神"一同敬供。如在祭寨龙时，需由寨老出面组织，置办"山羊、雄鸡、猪头、酒、香烛"祭供。选择村边开阔地，祭坛由"布摩先生"砍来3棵金竹（竹尖需留竹叶）栽成品字形状，祭坛中捆一竹筒，中部吊一以纸剪成的"神物"。"布摩先生"和寨老带领全村男子抬着供品，"唤龙、拉龙归应"。届时"唤龙"队伍敲锣打鼓、吹着唢呐，不时发出"喝、喝……"的"唤龙"声，做些简单的动作，由寨左游至寨右，再将供品置于金竹神坛前祭祀，意为"龙归金竹神位"。①

在西南地区，彝族支系众多，分布广泛，各地民间普遍传承有祭龙的习俗。大理巍山等地彝族相信水系由龙神主宰，龙神之所在就是龙潭，彝族群众认为出水的地方有龙，水塘是龙踩下的脚窝，所以把村中、村前、村后凡供人饮用的水塘都称作龙潭，定期或不定期地进行祭祀。有的地区彝族对龙的崇拜还以节日的形式长期保留下来，如南涧彝族支系撒尼人，一年当中分别在农历四月间属龙或属蛇日、农历五月初五端阳节、农历六月二十五火把节三次祭龙。巍山歪角河东岸的彝族，一年当中，分别于农历五月十三和农历六月十三到龙王庙"祈龙"和"谢龙"。彝族过祭龙节并祭龙，就其目的来说绝大多数是祈求雨水，但也有的地方是祈求龙王不要让河水泛滥，淹没庄稼。出于这种目的的祭龙，称作祭"干龙"、赶"龙洞会"、祭"天干龙神"。鹤庆县"葛泼"支系彝族，

---

① 详见伍文义《简论布依族的祭龙仪式与龙崇拜观念》，《贵州民族研究》2000年第3期。

定于每年农历五月十三为赶龙洞会会期，届时，"葛泼"五大姓齐集到一个山洞旁，由德高望重者主持仪式。有些地区彝族的祭龙活动规模很大，如巍山彝族回族自治县城西南有一个叫"阿许地"的彝族村寨，寨中有地下热水涌出，人们在此建了一个龙王庙。每年农历二月初八，附近州县的彝族群众来此杀鸡祭龙，洗热水澡、打歌，人多时可达两千多人，这里也成为滇西著名的祭龙场所。① 又如弥勒西山的阿细人，以水塘和龙潭作为龙神的象征，逢农历三月全村杀肥猪祭祀。昆明西山谷律一带的彝族，称祭龙为"下铜牌"。每年农历五月下一次，由村中长老主祭，地点在泉水边。祭时全村老幼云集祭场，点三尺余长的高香，对水磕头烧纸祷告，并由主祭者将铜牌拴在一青年潜水者的颈上，令他潜入水底，将其放入出水口，铜牌有手掌大，上刻"恭请龙王降雨"诸字。若此祭祀后三五日降了大雨，村人需再至泉边烧香磕头，潜水者再将铜牌取回，用红布包起来供次年用。② 元江彝族支系聂苏颇人那里，奉"龙"为神灵。他们以村中高大古老的树作为"龙树"，每年选定属"牛"日，正月祭大龙，三月祭小龙。云南昆明彝族撒尼支系有"祭龙"和"祭竜"两种宗教仪式。前者包括祭祀"井泉龙王"、天旱"祈雨"、天涝"祈晴"三种仪式，一般在插秧前举行;后者包括"请龙""祭龙"和"迎龙"三个程序，一般在春耕播种之前举行。③ 红河县宝华乡座落村彝族，在每年春节过后第一个属牛日举行盛大、隆重而又神圣的祭龙活动。届时，除了妇女和有丧事之家庭不能参加外，每个家庭都必须派代表参加，属于全村性的祭祀活动。祭祀在经过严格挑选出来的"龙头"的主持下，于寨子头的一片茂密森林——"龙树林"里的祭龙台举行。当各家代表聚齐后，祭龙仪式正式开始。先是"龙头"登上祭龙台，在"龙树"前跪拜敬献茶酒，默念祭词，把宰杀好的整只鸡和猪头摆在祭台上，敬献给诸神，是为"领生"。待猪鸡肉煮熟后，再由龙头摆到祭台上敬献，是

---

　　① 详见吕大吉、何耀华主编《中国各民族原始宗教资料集成》（彝族卷），中国社会科学出版社 1996 年版，第 90—92 页。

　　② 何耀华:《彝族的自然崇拜及其特点》，《思想战线》1982 年第 6 期。

　　③ 详见吕大吉、何耀华主编《中国各民族原始宗教资料集成》（彝族卷），中国社会科学出版社 1996 年版，第 319—324 页。

为"回熟"。此时，参加祭祀的全体成员，必须跪在祭龙台下面的平地上，在龙头的带领下，不停地磕头，默默地顶礼膜拜，祈求风调雨顺、五谷丰登。膜拜结束后，还要举行一个驱赶由人装扮而成的"龙虎"（代表着灾难、不洁、恶魔等，因此要驱赶它）的仪式。最后是全体村民宴饮同庆，祭龙仪式圆满结束。①

云南保山潞江坝等地的德昂族，在夏历三月要由佛爷择吉日祭龙。是日，全寨老少集体前往寨外龙潭边，杀猪、鸡祭祀。佛爷要在一张白纸上画一条龙，待群众到齐，点香烛、诵经，并把画有龙的白纸漂放于水面上，群众随之叩拜，求龙王保佑天不旱，有水喝，风调雨顺，年成丰收。② 宁蒗县普米族对水潭怀有敬畏的感情，认为水潭有神灵，水潭神不仅主宰天气变化和旱涝灾情，而且人们的很多疾病都是因为触犯了水潭神而引起的。普米族祭祀水潭神分全氏族、全村寨共同举行的公祭和各家各户单独举行的私祭两种。村落公祭各地时间不一，有的在农历七月十五，有的在农历三月初五。祭祀之前，要用木棍和木板在龙潭附近搭一座高台，六座小台，作为祭台。祭台除祭祀用外，还是龙神的水晶宫殿的象征。祭祀仪式在清晨开始，先是把各种祭品置于祭台上供奉，请巫师登台念经，颂扬龙潭神的恩德，感谢其福佑，求其保佑风调雨顺，消灾免祸。入夜，人们在龙潭附近草坪上燃起篝火，欢聚对歌。家祭则是在自家水潭边进行，仪式较为简单。

从事坝区稻作的傣族，在民间传说中有很多关于龙的故事，最有名的是人与龙结合或人成为龙婿，有了这种亲戚关系以后，龙便给人间水，人间便风调雨顺。以这种观念为基础，在傣族社会生活中便产生了现代龙神的形象，佛寺中有龙，水井处有龙，计算水量以一条龙为单位。如九条龙的水量是洪水，三条龙的水量则表示干旱。在不信小乘佛教的金平傣族那里，祭龙是一年中的大祭，分别在栽秧和收割前后举行。到20世纪50年代，傣族在六月也还有祭龙的，傣语称为"干莫"，是专为迎

① 李明：《彝族祭龙仪式的文化内涵探析——以云南省红河县宝华乡座落村的调查为中心》，《毕节学院学报》2008年第2期。
② 参见蔡红燕、李梅《地上的水，天上的水——保山潞江坝大中寨德昂族水文化小议》，《保山师专学报》2008年第3期。

接栽种、祈求丰收而举行的。①

如上各民族民间繁复而多样的祭龙活动,从另外一个侧面折射出人与水的特殊关系。

四　与水神相关的其他诸神的信仰

内地汉族民间以为,玉皇、雷公、风伯、雨师等神灵均主司降雨,故人们为求风调雨顺,常祀奉之。与此相类似,西南各民族民间司水之神也是多种多样的,除了上面介绍的已经独立出来的水神和龙王、蛇神外,树神、雷神、山神等也常被作为司水之神而祭祀之。如云南楚雄州彝族认为,马桑树、勺拉则树、火丝达低树,都由抗拒七个太阳暴晒的超自然力在主宰。这种力量就是他们观念中的神,所以他们把这些树视为神树。直到现在,仍在干旱年头,向神树祷告和奉献米麦、荞子和牲肉。祷词说:"树神爷爷,快快降雨吧!快快给万物以续生之水!给人类以救命之水。"② 这里,祈雨与树神祭拜结合在一起。镇沅县拉祜族每年谷种栽种后的第一个属马日或者第一声春雷响时,举行祭祀雷神活动。届时,祭祀用羊、鸡、鸡蛋、谷子、盐、米、酒等作为祭品,祈求雷公保佑风调雨顺,庄稼获得丰收。武定、元谋一带的傈僳族,求雨或祈晴皆要入山林祭山神,祭以鸡、羊,并选用三棵各长出三个杈杈的松头,插在石缝中,作为山神灵位,边在松头上点鸡血,边念:"石蚌渴了;蝉的翅膀晒干了,嗓子哭哑了;麂子的四肢晒干了,蹄子也晒脱了;白鸡红鸡献给你,求你下雨。"若雨水过多,则要祈晴。祭日最好选在属龙日,属蛇日亦可,但其余日子不能祈祭。仪式与祈雨相同,祷告词如次:"大洪水遍地泛滥,石蚌的眼睛要被洪水泡瞎了;蝉的翅膀也塌下来发臭了;麂子的脚和蹄子也泡烂了,求你莫下雨了,保佑我们的五谷

---

① 王文光:《西双版纳傣族的糯米文化及其变迁》,载杜玉亭主编《传统与发展——云南少数民族现代化研究之二》,中国社会科学出版社 1990 年版。

② 吕大吉、何耀华主编:《中国各民族原始宗教资料集成》(彝族卷),中国社会科学出版社 1996 年版,第 24 页。

不霉烂，雀子不吃庄稼，五谷装满柜。"①这里，山神被认为是与降雨有关的神灵。

祭水仪式并不仅仅停留在对水井、水沟、水塘、龙潭等水利设施和水体的祭祀，而且还扩展到水源地、森林等多方面的祭祀。如云南元阳丫多哈尼族村寨，在如今每年栽秧之前的祭水仪式中，就包含三个主要的祭祀环节：第一个环节是到水源处祭祀龙潭。一般是村中最大家族的年长者和两位男性村民，携带鸡、鸭等祭品，到水源出口处，杀牲磕头祭拜。第二个环节是祭树。通常是在距水源处不远的茂密森林中，选择一棵粗大的树，作为神树，杀狗取出内脏与部分肉加上米饭作为祭品，磕头祭拜神树。第三个环节是同饮一口泉水的各族村寨均参与的祭祀，有强调各族各村寨和谐共处之深意。地点选在森林中较为开阔的平地，参与者有两个相邻的彝族和瑶族村寨的村民。仪式由丫多寨最德高望重的"摩匹"主持，以空地旁边一棵大树为对象，杀猪祭拜，他代表着丫多是非常诚恳地要和邻里处好关系，共同繁荣。仪式结束后，参加祭祀的各族群众，用芭蕉叶当桌子，树枝当筷子，竹筒盛酒，聚餐共饮，融洽感情。② 三个祭祀环节中，祭品由鸡鸭到狗再到猪，不断升格；祭祀人群由一村扩展到邻村，规模不断扩大；祭祀的内容从出水口到保护水源的"神树"，再到祈求同饮一口泉水的几个村寨和谐共处，共同保护水源地生态环境，可谓蕴含了村民朴素的生态意识——水滋润了树，树涵养了水，水哺育了周围生活的各族兄弟。

第五节　制度与仪式：强化村落关系的 一种重要形式

上面几个部分，我们围绕着水利灌溉制度、祈雨仪式和以"水神"为核心的祭祀仪式活动，较为全面地考察了在村落这个层面上与水相关

---

① 参见吕大吉、何耀华主编《中国各民族原始宗教资料集成》（傈僳族卷），中国社会科学出版社 2000 年版，第 749 页。

② 详见潘戎戎《哈尼族水文化传播分析——以云南元阳丫多哈尼族为例》，硕士学位论文，浙江大学，2010 年。

联的一系列关系问题。

在西南民族乡村社会，无论是以血缘关系还是以地缘关系组合而成的村落，它大多以居住地为中心，以耕作田地为范围，有自己较为稳定的空间范围，一条水渠、一口水井或者说一项水利设施，以参与修建的人群为主体，也有其辐射的相对封闭的空间。然而，围绕着水而展开的村落内外关系，从来就不是一种简单的单线条的关系。如仅就村落中的水井而论，同一个村落如果有几口水井，每口水井自然会围聚成各自不同、相对固定的用水空间。在区域内所有水井的水量较为丰沛的时段或年代，一般不会发生"跨界"汲水的现象。但是，当村寨中某个片区的水井水量不足以供给该片区人群的生产生活之需要时，该片区的人群就会到邻近的水井或其他村寨去取水，取水的原则以不影响该水井日常用水人群的使用为原则。在村落内部关系或村落之间关系比较和谐的情况下，这种突破"汲水空间"的"跨界"取水，它常常会把两个较为封闭的用水空间的人群联系起来，有利于相互间的交往和交流。还有一种情况是，由于一些村寨的水源点并不在村中，往往是在离村较远的山间或者潭坝，他们在通过水渠或管道把水引入村中之前，往往要经过其他村寨的山林田地，这实际上也是一种"跨界"取水。这种取水方式，在修建水渠或埋设管道的过程中，如果 A 村的取水水渠通过 B 村的村落空间，一般只要事先协商、告知，均会没有问题。但两个村寨之间，一旦发生矛盾和纠纷，并不能得到合理的解决，引水管渠可能就会上升为制衡与反制衡的一个重要砝码。近年来，在我们的田野考察中，还观察到这样一些现象，有些村寨由于缺乏统一的全寨性的用水规划与安排，农户为了解各自的生活用水，往往买点胶管，找个水源点，独户或几家联合，就把水引入村中。这时，因各种利益关系、血缘关系相互交织在一起的村民之间，也会因为水源点的争夺或水管的走向而发生纠纷，甚至会发生损毁他人水利设施的行为。

就村落社会基本的水利灌溉而言，无论是陂池水塘贮水灌溉、沟渠引水灌溉还是提水灌溉，几乎任何一种灌溉形式都有其所覆盖的空间范围。在同一沟渠灌区或者同一灌溉系统之内的村落关系，根据灌溉系统覆盖面之差异，小者可能只表现为同一村落内部的关系，大者则是数个村落之间的关系。如何协调、处理与水相关联的村落内外关系，各种不同层级的制度安排是一个基础性的环节。围绕着村落水环境而讨论与村落关系相关的制度，我们应该特别注意的是，它可能是在外部力量和权威的作用下，通过专门的设计而形成的一种村落秩序、村落组织体系，或者是在不同村落成员之间合作竞争中所形成的一种制衡状态，即契约形式的秩序。在这一点上，大量的与水文生态相关的习惯法、用水规约、水利碑刻等，其维护村落关系的作用是明显而容易察觉的。

在与水相关的村落内外关系中，一般的自然村落更多的可能是基于共同生产组织之上的"仪式共同体"——它们具有相同传统、信仰与道德、价值认同。展开来讲，基于共同地域或共同的生产单元而团聚在一起的村落，它要靠习惯规约、乡规民约之类的成文或不成文规则，来协调、规范农耕生产和现实生活中用水的诸多问题。同时，定期或不定期举行的各种不同的祈雨活动和祭祀仪式，它往往也是一种村落共同的行为，强调的是共同居住地域的共同观念和共同利益。所以，如果简单地把村落比作一个"祭祀圈""信仰圈"的话，那我们应该看到，村落内部各种不同的祭祀活动，其原初虽然是向超自然的各种神灵传达人们对它的祈求，但在举行仪式的过程中，仪式本身常常具有一种不自觉的力量支配着人们的行为，具有一种无形的威严调节和制约着人们的生活方式和生产方式，即基于共同的信奉而参加祭祀活动的成员，仪式强化了他们对社会文化的认同，表现出明显的社会性和群体性。西南民间各种不同的祭水仪式，或以家庭为单位举行，或以村寨为祭祀单位，或以长老代民众举行的祭祀，或地区性的祭祀，在某种程度上，都具有一定的全民性，是人们共同遵守的仪式规范。如在祈雨仪式中，一个村寨通常是一个祭祀单位，村社成员出人、出钱，自发或有组织地参加，强调的也同样是一种地缘组织关系、集团归属意识、凝固友好关系、村的自律性和凝聚性。

第 四 章

传统生态知识与村落水环境的保护

我国的西南地区，因多族群的历史传统和自然环境的复杂性，形成了其文化和生态多样并存的丰富形态。在各民族的传统生态知识体系中，传承着大量的与水文环境相关的传说、故事、民谣、谚语、格言、地名，蕴含着颇具生态智慧的地方性水知识。同时，在广义的民间法层面上，西南民族乡土传统中传承下来的各种习惯规范，包括以禁忌为代表的俗成民间习惯规范、以习惯法为主体的强制性规范和大量的乡规民约，作为前现代化社会进行社会调控一种重要手段，它蕴含着巨大的潜能，具有很强的权威性、强制性和规范性，对水源林地、水井、水塘、水体及水生鱼类资源的保护，对用水制度的规范与约定，对维护水文生态和次生的人文生态环境均发挥着非常重要的作用。

第一节　乡土知识中的多重生态与文化内涵

各民族在长期的生产生活实践中世代积累并传承下来的有关生存环境的知识和体系，有"传统技术知识""原住民技术知识""原住民环境知识""传统生态知识""部落人的知识""本土知识""土著知识""民间知识""传统知识""原住民知识""乡土知识""传统知识系统""原住民知识系统"等诸多提法和称谓。关于传统生态知识或者乡土知识的理解，国内外学者也有着各自不同的认识。在国外学者中，有人认为，传统生态知识是指"一个通过逐渐积累而形成、经适应性过程发展而来并因代与代之间的文化传承而延续的关于生物（包括人类）之间、生物与环境之间关系的知识、实践和信仰的复合体"①。也有学者定义为："原住民文化所拥有的关于其直接接触的环境的知识和建立在此知识之上的管理实践。"② 在我国学者当中，对传统生态知识颇有研究的罗康隆主张，传统生态知识"是指特定民族或社群对所处的自然与生态系统成功适应的知识总汇，是相关民族或社群在世代的经验积累过程中，健全起来的知识、技术与技能的体系。这样的体系在该民族所处的自然与生态环境中，具有很高的生态维护价值，担负着引导该民族或者是该社群成员生态行为的重任，使他们在正确利用自然与生物资源的同时，又能精心维护所处生态系统的安全"③。

如此诸多不同的提法和理解，反映了人们对传统生态知识不同侧面的关注，其实，无论人们对传统生态知识的理解存在着多大的歧义，传统生态知识所具有的核心价值，即认知的价值、应用的价值和组织机制的作用是人们在研究实践中都要有所体现的。④

从哲学层面而言，传统生态知识是各民族在长期的生产与生活实践中，围绕着与生境资源的关系而构建的一种比较完备的环境认知体系，其本身是一种关于人类与自然关系的认知论，是一种关于宇宙万物起源的宇宙观。在各民族的创世神话、风物传说、迁徙史诗、古歌民谣中，蕴藏着丰富的有关人类与环境相互关系的思想。不同地域、不同环境中的民族或群体，以他们特有的文化、世代传承的信仰赋予自然不同的意义，从而形成了他们特有的价值观和生态观。民族生态观作为民族地理环境观念的核心，它是一个与环境相关的知识体系。在这个知识体系中，包括对生境的信仰、生境的本土认识和生境的传统管理制度、知识与技术等。

---

① Berkes F，Colding J，Folke C. 2000. Rediscovery of traditional ecological knowledgeas adaptive management. *Ecological Applications*，10（5）：1251－1262.

② Ford J，Martinez D. 2000. Traditional ecological knowledge，ecosystem science，and environmental management. *Ecological Application*，10（5）：1249－1250.

③ 罗康隆：《对"传统生态知识"的系统理解》，中国山地民族文化网，http：//sdmz. jsu. edu. cn/llff/show. asp？id＝132，2012年9月5日。

④ 详见何丕坤、何俊、吴训锋主编《乡土知识的实践与发掘》，云南民族出版社2004年版，第3—8页。

从应用的价值而言，传统生态知识作为某个特定地理区域的人们所拥有的知识和技术的总称，它本身还是一种谋生知识、一种生存手段。这种谋生知识是一代代传承下来的，而且在世代传承过程中，每一代人为了适应环境的新变化都会在原知识的基础上增添新的内容，并把改编和增添后的整个知识体系又传授给下一代，为后代提供生存策略。① 凭借这种世代传承的知识，人们可以有效地从生境中获取生存资源。

传统生态知识作为一种生存策略，它大多是通过口头传承的方式或者实践活动的模仿和展演的传承方式，对人们的社会生活施加影响的。大量的民族学调查资料显示，在西南民族日常的生产与生活实践中，总是自觉或不自觉地利用本民族的传统知识与生态系统进行着物质和能量的交换。而许多民族社会的存续与发展，在很大程度上也有赖于其传承有序的、与环境相关的知识。如世代生活在云南省迪庆藏族自治州德钦县澜沧江流域河谷两岸的台地和山坡上的藏族居民，在长期的历史发展过程中，其社会形成了一套同时受到水系和山系影响的特殊的文化生态体系和传统知识。其传统知识以人对自然的敬畏、信仰和崇拜为基础，以人对自然本土认知为核心，以人对自然的适度利用为原则，以人与自然和谐相处的社会制度、习惯法、传统知识和机制为规范，在客观上保护了当地的生态环境，为当地村民的持续生存提供了物质基础。② 又比如在贵州岜沙苗族社会传统的生态伦理观念中，把人类和周围的生物物种视作平等的成员来看待，主张人与任何事物都有灵魂，都由共同的神灵所主宰，对神的敬畏与对具体生物的敬畏互为表里，在利用任何生物时都得与相关的神分享，从而抑制了因私念而将人的利益凌驾于生物之上。这一观念有效地保护了生物物种的多样性和该社区生物资源的持续发展。③

---

① 详见吴正彪《乡土知识中的"自然中心主义"——岜沙苗族的生态伦理观》，载孙振玉主编《人类生存与生态环境——人类学高级论坛2004卷》，黑龙江人民出版社2005年版，第176—177页。

② 尹仓：《藏族传统知识与生态环境的变迁——德钦佳碧村案例研究》，载〔日〕秋道智弥、尹绍亭主编《生态与历史——人类学的视角》，云南大学出版社2007年版。

③ 吴正彪：《乡土知识中的"自然中心主义"——岜沙苗族的生态伦理观》，载孙振玉主编《人类生存与生态环境——人类学高级论坛2004卷》，黑龙江人民出版社2005年版，第182页。

　　西南民族社会传承下来的与环境相关的传统生态知识，虽然大都没有严谨的理论体系，但对民族社会的影响是综合的、全面的，它涉及人们生产生活的一切领域，贯穿人们社会生活的方方面面，对民族地区的村落生态维护发挥着重要的作用。而这种影响除了对人们日常的观念和行为有所制约外，它主要是通过家族部落组织、村落组织、祭祀集团、宗教组织以及许多民族社会中特有的寨老制、长老制等不同形式的组织机构来协调人与自然、人与人、个人与群体、群体与群体之间的关系。如彝、苗、傣、侗等民族，常常在本民族的生境中划出神林、坟山林、风景林、水源林、护道林等诸多的林地，轮歇地加以保护，并制定出相应的保护措施，如果谁破坏了"保护区"的环境或者砍伐"保护区"的林木，就要按照本民族的习惯法来加以惩罚。

第二节　传统生态知识对水文环境的认识

　　西南民族社会传承下来的与环境相关的传统生态知识，虽然大多都没有严谨的理论体系，但对民族社会的影响却是综合的、全面的，它涉及人们生产生活的一切领域，贯穿到人们社会生活的方方面面，对民族地区的生态维护发挥着重要的作用。就具体的对水文环境的认识而言，以下几个方面可以说是比较明显的表现。

一　水与人类起源的传说

　　作为大自然母体资源之一的水，是人类和地球上其他生物的生命源泉。原始的生命起源于水，通过进化从水生到陆生，它们随时随地离不开水。

　　在西南各民族的民间文学中，有大量以水为主题或背景的创世神话、风物传说和民间故事。这些作品在流传和演变过程中，人从水中出可以说是一个永不消竭的主题。

　　在傣族的神话传说中，创世王、地球和人类都起源于水。相传，宇宙中原有7个太阳，把地球烤成一个万物均不能生存的火球，是在天神的帮助下引来雨水，才把熊熊大火浇灭，拯救了地球，也为万物的生长创造了条件。① 又在傣族创世史诗《巴塔麻嘎捧尚罗》讲到，人类的始祖神英叭和水中的主宰神鱼巴阿嫩均来自水中。英叭出世后，着手创造天、地和人类。他用身上的污垢掺上水，捏出了众多的天神，变出了神果园、神果树，"从此有了守门人，守门人是神变的，终身守果园，这是最初的人"②。此史诗中，天地由水而生，人类由水而来，水成了人类及世界万物之源。

在彝族的民间传说中，也有关于人从水出的说法。川、滇凉山彝族人类起源传说中讲到，"水公和水母到太空之上"，降下雪来生人类，第一个便叫"雪衍"。云南哀牢山地区彝族流传的创世史诗说："彝族祖先阿黑西尼摩生在金沙江里。"云南乌蒙山彝族典籍《六祖史诗》说："人祖来自水，我祖水中生。"③ 云南永胜彝族中的断树枝氏族传说，有一位姑娘到河边挑水，遇断树干，临水而孕，生下其祖先。④

基诺族神话《阿嫫腰白造天地》中记载，女神阿嫫腰白创造了天地万物和人，但是"所造的东西都是阿嫫腰白身上的污垢变成的，都带有灵气，都会说话。人去砍树，大树就哀求人不要砍它。老虎豹子饿了，就会呼唤人，人应声而来就被它们吃掉……"天地间人与万物的秩序很混乱，不能和谐共生，因而大神阿嫫腰白，就用发洪水的方式淹没人类，只留下麦黑与麦妞一对兄妹，造了一只大鼓，把他们藏在鼓内躲过灾难，漂流到一片叫作"司基作密"的地方繁衍后代。⑤

在纳西族的东巴经书中，《崇班图》《创世纪》《黑白之战》《迎请精如神》《东恩古模》《董埃术埃》《马的来历》等众多经书中均有天生万物的记载。其中的《崇班图》称，在出现万物之前，从上面产生了美妙的声音，从下面产生了美好的气息。声音和气息互相混合，产生了三滴白露。三滴白露作变化，变成了三个黄海，随着出现了恨时恨公、恨公

---

① 详见征鹏主编《西双版纳传说故事集》第 1 集，中国民族摄影艺术出版社 2005 年版，第 1—5、40 页。

② 岩温扁译：《巴塔麻嘎捧尚罗》，云南人民出版社 1989 年版，第 90—91 页。

③ 刘尧汉：《中国文明源头新探》，云南人民出版社 1985 年版，第 37 页。

④ 何星亮：《中国图腾文化》，中国社会科学出版社 1996 年版，第 53 页。

⑤ 余敏先：《中国洪水再生型神话的生态学意义》，《淮南师范学院学报》2011 年第 5 期。

美公、美公美忍、美忍初楚、初楚初余、初余初居、居生精、精生崇、崇仁利恩九代祖先。《董埃术埃》中说，董部族的首领美利董主的妻子是从美丽的神湖——"美利达吉海"中形成的。《马的来历》中说，先民们的马、神牛、天上飞的鸟、山上跑的兽、草上爬的虫、地下钻的鼠、水中游的鱼等世间万物皆产生于美利达吉海，美利达吉海是一切生命的摇篮。在关于水的神话中，一些作品称水之祖父为增戛纳路，水之祖母为纳路纳阿，水之父为吉负忍，水之母为吉库含。米利董主神将水吐于白崖上，产生了三滴白露，白露化生出三个大海，大海成为万水之源，冬雪所化之水为水之头，夏雨所降之水为水之尾。水可以说是有生命、有人性、有血缘关系的。①

主要聚居在湘、黔、桂三省交界的侗族，关于水与生命起源，有这样的追述："起初天地混沌，世上还没有人，遍野是树菀。树菀生白菌，白菌生蘑菇，蘑菇化成河水，河水里生虾子，虾子生额荣（一种浮游生物），额荣生七节（节肢动物），七节生松恩（人）。"这个有关人类起源的寓言中，侗族先民认为，人类祖先是由"树菀、蘑菇、虾子"等混沌原始生物衍化而来的，而混沌生物先化成"山林""河水"后，又进一步衍生出人类的男（松恩）女（松桑）始祖。显然，"山林""河水"俨然成了人类的"本源"和"母体"，和人类的先祖是一种亲缘关系。②

除了傣、彝、基诺、纳西、侗等民族外，在西南地区的苗、瑶等民族的民间，也流传着许多与水有关的神话故事。这些神话故事，无论情节、内容存在着多么大的差异，大体上都有一个相对稳定的叙事结构，即发洪水的起因—逃生—洪水遗民即兄妹二人—探测天意—兄妹婚—生怪胎—繁衍人类。③ 透过这些原水生型创世神话，我们这里要特别加以强调的是，人从水中出之类的古老观念，实际上是远古人类敬水、畏水的

---

① 杨杰红：《纳西族传统文化中的水文化意蕴》，载熊晶、郑晓云主编《水文化与水环境保护研究文集》，中国书籍出版社 2008 年版，第 87 页；白庚胜：《东巴神话研究》，社会科学文献出版社 1999 年版，第 125、141 页。

② 张泽忠：《蛮荒美与栖居地的诗意选择——侗族古歌神灵思维模式的现代性追问》，《苗侗文谭》2006 年第 4 期。

③ 余敏先：《中国洪水再生型神话的生态学意义》，《淮南师范学院学报》2011 年第 5 期。

一种集体表象，是民族记忆深处抹不去的对生命本身的崇拜，即使是今天，对于保护水生态依然具有警示的作用。

二 对水文气候的认识

在地球生物圈这个熙熙攘攘的生命大世界中，水文环境周期变化与生物周期活动之间存在着某种对应关系，大自然本身便是一本生动的教科书，各种不同的民族共同体在长期的生产生活实践中，通过对周边自然现象尤其是水文环境的观察，对水文气候与人类生产生活的关系都有一些颇具生态智慧的认识。例如，傣语称水为"喃木"，称雨水为"喃风"，称井水为"喃播"，称山箐水为"喃木慧"，称热水为"喃还"，称冷水为"喃嘎"，称洪水为"喃木老"，称下雨为"风多"……这些都表明，傣族对水有着很细致的观察和认知。傣语称风为"垄"，称气也为"垄"，认为风和气吹在人身上是凉的，是看不见的水，风和气会在空中慢慢变化，从看不见摸不着变为看得见摸得着，变成雾和雨，最终变成了水，成为人类生存须臾不可缺少的东西。[1] 在水与土的关系中，傣族称土地为"喃领"，其中"喃"为水，"领"为土，将水置于土之前，是因为傣族在长期的生产实践中认识到，无水之土，植物不能生长；有水之土，才有利用价值。[2]

在各民族的乡土知识体系中，最能反映各民族对水文气候认识的，莫过于各民族民间世代传诵的与水生态、水环境相关的民谣、谚语、格言。如有关森林与水、水田之关系，广西民间谚语称："近河不可枉费水，靠山不可乱烧柴。走到江边听水响，走到树林听鸟音。""山不转路转，河不弯水弯。山高有人走，水深有船行。山高流水长，老大精神旺。山高树也高，井深水更凉。山高一丈水冷三分。……山崩莫赖水推泥。""万丈高楼从地起，水方源头树有根。你若拦得滩头水，我去西边拦太阳。画水无鱼空作浪，绣花虽好不闻香。清水塘里好撒网，浑水塘里好

---

① 郭家骥：《西双版纳傣族的水文化：传统与变迁——景洪市勐罕镇曼远村案例研究》，《民族研究》2006 年第 2 期。

② 参见高立士《西双版纳傣族传统灌溉与环保研究》，云南民族出版社 1999 年版，第 12 页。

摸鱼。"① 侗族民谚云："大树巍巍，靠山靠水。"② "挖塘养鱼，造林养田。"③ 哈尼族格言云："有地有水才有人，有山有树才有水，有人有水才有谷，有谷有粮才有牲畜。"④ 傣族民谚称："山上林茂，坝子水富。"⑤ "树美需有叶，地肥需有水。"⑥ "林多水多""砍倒一棵树，失掉一股泉""寨子风水好，全靠林来保""森林是母亲，河流是父亲""山上多种树，等于修水库""种树种一片，砍树砍一线"。⑦ 贵州德江土家族谚语云："树木成林，雨水调匀""树大林稠，延年益寿""损林开荒，子孙遭殃""河里鱼儿靠水养，田中秧儿靠太阳，天空雀鸟靠树林"。⑧ 从江县侗族村落小黄村民谚语称："老树保村，老人管寨""山腰森林人要衣""山坡有绿树，江河有清水""千杉万童，子孙不穷"。⑨ 广西贺州地区瑶族谚语称："绿了荒山头，千沟水清流。"⑩ 楚雄彝族民谚云："森林稠密，细水长流""山头树砍光，山下水就干""山上有树，山下有水""山上多种树，胜过修水库""荒山不绿化，洪水冲田坝"⑪，等等。

在水沟、水塘与水田的关系上，傣族谚语说："先有水沟后有田"，"建寨要有林和箐，建勐要有河与沟。"⑫ 布依族谚语云："种地不修沟，

① 江波、刘锦祺等搜集选编：《广西民间谚语选》，漓江出版社 1988 年版，第 13、15、17 页。

② 中央民族学院少数民族语言研究所第五研究室编：《壮侗语族谚语》，中央民族学院出版社 1987 年版，第 73 页。

③ 同上书，第 10 页。

④ 何斯强：《少数民族村寨社区管理资源的利用与整合——以云南红河哈尼族村寨社区管理中二元结构形式为例》，《思想战线》2006 年第 6 期。西双版纳州民委编：《西双版纳民族谚语集成》，云南人民出版社 1992 年版，第 456 页。

⑤ 西双版纳州民委编：《西双版纳民族谚语集成》，云南人民出版社 1992 年版，第 456 页。

⑥ 高立士编译：《傣族谚语》，四川民族出版社 1990 年版，第 232 页。

⑦ 王渝光：《汉傣语言文化论》，云南教育出版社 1997 年版，第 40 页。

⑧ 德江县民族志编纂办公室编：《德江县民族志》，贵州民族出版社 1991 年版，第 88、107—108 页。

⑨ 刘珊等：《传统知识在民族地区森林资源保护中的作用——以贵州省从江县小黄村为例》，《资源科学》2011 年第 6 期。

⑩ 贺州市地方志编纂委员会编：《贺州市志》（上卷），广西人民出版社 2001 年版，第 973 页。

⑪ 耿正坤编：《楚雄谚语歇后语选》，云南民族出版社 1998 年版，第 17—18 页。

⑫ 高立士：《西双版纳傣族传统灌溉与环保研究》，云南民族出版社 1999 年版，第 28 页。

雨水冲下河。"① 苗族谚语说："山坡无树，沟谷无水。"② "修渠如修仓，积水如积粮；水利不修，有田也丢……吃鱼虾要下海，捉蟒蛇入深山；寻求幸福生活，必须兴修水利。"③

云南布朗山布朗族的古老神话说，"很早以前，世上没有水，人们的生活很困苦，于是就去求菩萨。菩萨去找天和地，天和地让其去求螃蟹帮忙，螃蟹答应了，它不畏艰险，翻山越岭，四处寻找，终于在一个山缝中找到了水，它把水带回，交给沙子和树木保管，于是水从树根处流出来，沙和土就保护树木"④。这则神话传说，反映了布朗族对水与森林、土地关系的纯朴认识。

反映干旱、水之金贵的民谣，贵州威宁龙街等地的苗族、彝族民谣："龙街缺水真可怜，吃口凉水也要钱，大碗腊肉招待你，不愿客人洗个脸。"⑤ 广西贺县瑶族民谣称："高山开塘无水应，无水塘中旱死鱼。哪得天分落下雨，宽度寒雨秋过秋。"⑥

这些寓意含蓄、语言精妙、极富生活哲理的民谣、谚语、格言，犹如一首首流淌在西南乡间民舍的"歌谣"，它反映了人们对水环境的深刻认识，体现了人们的水生态情节与生态价值观，即使是在今天，也不乏现代人与自然和谐发展的辩证思想。

三　村寨地名中隐性的地方性水知识

人类聚址的选择既是环境的选择，也是文化的选择。西南各民族在适应自然环境的过程中，出于生产与生活之需要，按照本民族特有的习

---

① 中央民族学院少数民族语言研究所第五研究室编：《壮侗语族谚语》，中央民族学院出版社1987年版，第23页。

② 黔东南州民族研究所编：《苗族谚语格言选》，贵州民族出版社1989年版，第87页。

③ 鄂嫩吉雅泰、陈铁红编：《中国少数民族谚语选辑》，广西人民出版社1981年版，第308—309页。

④ 张晓琼：《变迁与发展——云南布朗山布朗族社会研究》，民族出版社2005年版，第33页。

⑤ 贵州省编辑组：《黔西北苗族彝族社会历史综合调查》，贵州民族出版社1986年版，第141页。

⑥ 中国科学院民族研究所、广西少数民族社会历史调查组：《广西壮族自治区贺县新华、狮狭乡瑶族社会历史调查》，1964年，第53页。

惯，赋予居住地某种指代符号，即为村寨地名。西南各民族村寨命名的方式，因生存环境、经济活动方式、历史文化传统、信仰观念以及语言谱系之不同，存在着较大的差异。但总体上而言，大致可以分为两个类别：一是以地形地貌、山川水体、方位里程、动植物区系等自然地理环境特征为主的村名。二是以姓氏人名、历史人物、历史事件、屯田垦殖、生产组织、水利设施、特色产品等人文特征为主的村名。在这两类村寨地名中，均隐藏着大量的具有本源意义的自然与文化信息。

选择便于获取生产生活用水而自然环境条件又比较优越的地区居住，向来是人类一种带有普遍意义的居住模式。西南民族亦不例外，他们无论是山居还是坝居，水文因素始终是影响其村落发展的一个重要因素。相应地，在西南地区的村寨地名中，有不少是与居住地周围的江、河、湖、海、溪、泉、潭、塘、池、水库甚至是水体的颜色、流向、大小、深浅等水域环境相关的地名。如在广西地名中，以"冲"命名的村寨地名就随处可见。"冲"是当地方言土语，意指"小的溪河"。岭南山乡，溪流泉水遍布各地，丰沛的溪水既灌溉农田，养育村民，又与山川一道，把居民分割成许多个小的聚居单元，反映在村寨地名中，以"冲"冠名的村寨如同溪水一样，遍及各地。① 在鄂西地区的村寨命名中，相关学者依据同治《施南府志》卷4《建置志》和同治《宜昌府志》卷5《建置志》统计分析，其结果是在同治初年的314个村落中，直接以坪、坝、垭、坳、槽、田、湾、沟、水、河、溪等字眼命名的村落就达146个。② 位于贵州西部的福泉县，环江带水，乌江干流三岔河与珠江干流北盘江贯穿全境，40多条支流与众多溪河联成网络，水资源甚为丰富。在县内的苗族自然村寨命名中，诸如半坡井、干坝、羊昌河、龙洞、小坝、河坎、水井坡、白泥田、萱花井、塘坎、林塘、清塘、两眼塘、长塘、王家塘、水打田、水井田、石板井、水洞、老虾塘、干溪、井边、龙井湾、翁溪河、谷汪坝、泉飞、上奶塘、下奶塘、江边、冷溪、凉水井、新龙

① 参见刘祥学《自然地理作用下的广西地名》，《广西文史》2008年第3期。
② 朱圣钟、吴宏岐：《明清鄂西南民族地区聚落的发展演变及其影响因素》，《中国历史地理论丛》1999年第4期。

坝、水落洞、浪波河、河对门等，就系以村落水体特征而得名的村寨。与福泉县的苗族村寨地名相同，几乎在西南任何一个县市的村寨地名中，我们都能检索到数以千百计的水域体系村寨地名。这些大量的与水域相关的村寨名称的出现，它从另外一个侧面说明了人们近水而居的普遍性。

就某一个民族的村寨地名而言，映现水环境的村寨地名也颇耐人寻味。在西南地区，彝族是一个具有广阔分布面的山居或半山居民族，他们敬水、惜水，很多村寨的选址都与水有着密不可分的关系。在石林地区，有一个颇受民族学家关注的彝族村寨——糯黑村，撒尼语中"糯"指猴子，"黑"指水塘，"糯黑"即意为"猿猴吃水嬉戏的水塘"。相传糯黑村民的祖先就是跟随猴子找到这个水源的。月湖村之所以称为"月湖"，是因为村庄东北面一个形状像月亮的湖泊。"黑"在彝语中是"水塘"的意思，撒尼人村寨多以"黑"命名，例如西街口乡的"寨黑""威黑老寨""土瓜黑"，圭山乡的"敢布黑""尾乍黑"等。还有一些村寨虽然不是以"黑"命名，但也与水有着或多或少的关联，又如西街口乡的"雨布宜"，"雨布"即背水，"宜"即水，意为背水而居之地。还有维则乡的"所各邑""宜邑""舍色"等，圭山乡的"额冲衣""海宜"，亩竹箐乡的"矣维哨"等村寨都含有水的意思。① 又彝族其他地区的村寨名称中，弥勒县可邑村，彝语意思是"有水流的地方"。文山州丘北县普者黑景区内（"普者黑"，彝语，意思是盛产鱼虾的地方）的仙人洞村，村前是碧波荡漾的仙人湖，村以湖而得名。云南省宜良县草甸镇土官村，依山临甸，土沃水美，是个水资源丰沛的村寨。该村原名"八龙村"，村南有堰塘叫"八龙塘"，相传塘内出泉八穴，现在依然是该村主要的饮用水源。

贵州省黔西南布依族苗族自治州兴义市巴结村，是一个濒临南盘江的布依族聚居自然村。在布依话里，"巴结"就是"街口"之意。该村寨形成于明末清初。200 多年来，巴结就是贵州南下广西的重要渡口。据

---

① 王友富、王清清：《民族地区的地方性水知识与水资源可持续发展研究——以云南石林彝族自治县撒尼人为例》，《青海民族研究》2011 年第 2 期。

《兴义县志》记载，古镇巴结在县城南 37 公里，坐落在南盘江北岸的江堤上，海拔 650 米，地处低热河谷地区，与广西隆林县的革布、祥播隔江相望。清雍正五年（1727）置巴结、者安二亭于此，隶册亨州同。巴结古有船渡、码头，历为黔桂边商旅要津。① 这是一个与渡口兴衰相关联的村落，所以也是一个渡口村。在昆明市富民县东南部，有一个昆明市最大的苗寨——小水井村，村寨坐落在 2380 米的山顶，共有 160 户人家，村之四周绿树成荫。目前在村口的水潭边立着一块记载小水井村概况和来历的石碑，因其地形酷似水井的形状，故而得名"小水井"。②

如上这些与水相关的村寨名称，表面上看来可能是直白和简单的，其实对于缺乏文字记载的大多数村落社会而言，它实际上是以地名这种特有的形式，"记录"了村落与水相关的历史，蕴含着一些地方性水知识。

第三节　民间法层面上的习惯规范与水环境保护

在西南民族的乡土生态知识体系中，传承着大量的有关水环境保护的民间习惯规范，这些习惯规范作为前现代化社会进行社会调控一种重要手段，它蕴含着巨大的潜能，具有很强的权威性、强制性和规范性，对水源林地、水井、水塘、水体及水生鱼类资源的保护，对用水制度的规范与约定均发挥着非常重要的作用。

一　民间法层面上的习惯规范

从广义的民间法层面上而言，在西南民族社会与水环境相关联的习惯规范、规约，包括以禁忌为代表的俗成民间习惯规范、以习惯法为主体的强制性规范和大量的乡规民约。

---

① 罗用频：《民族学视野中的村落资源分析——以南盘江畔的巴结村为例》，《贵州民族研究》2005 年第 1 期。

② 马英：《云南民族文化生态村建设的实证研究——以富民县小水井村为例》，《昆明冶金高等专科学校学报》2010 年第 4 期。

（一）以禁忌为代表的俗成民间习惯规范

在习惯法、成文法产生以前，几乎任何一个民族社会，都存在着大量的对"神圣的"和"非凡的"超自然力量的敬畏心理，人们出于趋利避害的现实目的需要，在行为选择或行为范围中，禁止某种"危险的"或可能产生有害的行为发生，而一旦某种被"禁止的"和"危险的"行为发生，便会认为，将遭到相应的报应与惩罚。

在西南各民族村落社会中，对水的祭拜、敬奉是一种普遍的现象，许多民族都把水视为是吉祥、福禄的象征，倍加珍视和爱惜。为了表达对水的敬畏之情，人们不仅要对湖泊、河流、溪水、水塘、池潭等自然的水体和人工修建的水井、沟渠等定期或不定期进行祭拜，而且在日常的社会生活中，还产生了大量的与水相关联的禁忌。

生活在青藏高原的藏族，非常重视对自然环境的保护。在他们的文化传统中，湖泊、溪水等水源常常被认为是圣洁、神圣的地方，不仅要严加保护，而且还要不时祭拜。与对神湖的祭拜和爱惜水源的生态思想相关联，在人们的日常生活中，还形成了许多保护水资源的禁忌规范。如禁止向湖中投放不洁之物，诸如粪便、腐烂的动物肢体以及女性头发之类；不准翻动湖边草地，更不能挖渠排水；禁止捕捞、食用水生动物。这些反映藏族民众水生态责任意识的禁忌规则，是社会成员必须遵守奉行的"无上命令"，深深地影响着人们的观念和行为。[1]

主要生活在滇西地区的纳西族，对自然环境有着强烈的保护意识。在纳西族民间具有广泛群众基础的三大祭祀活动中，祭署的活动就是对自然万物之神——"署"表达敬畏之情的一种祭祀活动。每年举行"祭署"仪式，目的就在于安抚"署"，向它赎罪，偿还人类欠大自然的债。[2] 基于朴素的自然生态观念，民间俗信认为，水源处的动植物是神圣的，不能破坏水源和神山的树木，如果砍伐了水源地的树木，就会被自然之神"署"缠住，严重者会导致家人生病或死亡。如果向水里扔动

---

① 参见何峰主编《藏族生态文化》，中国藏学出版社 2006 年版，第 372 页。

② 参见杨福泉《纳西文明——神秘的象形文古国》，四川人民出版社 2002 年版，第 34—41 页。

物的尸体，水中的动物会尝到动物的血腥味，然后释放出一种瘟疫。水里也不能炸鱼，如果炸鱼会伤到署，受到署的惩罚。① 在纳西族的《东巴经》中，有禁止在河里洗尿布，禁止向河里扔废物或倒垃圾，禁止向河里吐口水，禁止堵塞水源等诸多的禁忌规范。② 另外，在永宁纳西族摩梭人社会，禁止在河里或水潭里洗女人的衣服和小孩的尿布，洗涤这类衣服的污水也不能倒进河、潭里，否则会亵渎水之神灵。家有亲人出远门，在家者当天不能将水泼到火塘的铁三脚架上，否则会给亲人路上带来不吉利，这大概是基于这样的迷信观念：把水泼在火塘中的铁三脚架上，烫伤了水灵，所以，水灵便会在外出者身上施行报复。摩梭人还笃信人常患疾病如化脓、腰疼、头痛腹泻、目赤流泪等都是触犯水灵所致。对水灵的触犯，往往表现为砍伐了水源周围的树木。或在泉水边野合、大小便，使清洁之水遭受了污染。这些禁忌与崇拜，渐渐转化为良好的社会习俗，起到保护环境和水资源的作用。③

以梯田稻作为主的哈尼族，民间有许多保护、爱惜水资源的民俗知识，也有不少关于水的禁忌。在西双版纳一些哈尼族村寨，平时还禁忌翻戴帽子，或把帽子翻过来托在手中，因为当地哈尼族杀牲求雨时就是把帽子翻过来托在手中的。若有人把帽子翻过来戴，就会招来大旱。在通海县坝丙寨的哈尼族，还禁止用毒药毒鱼，他们认为"毒死的鱼漂在水面，就像雨水多时谷穗漂在水面一样"，故谁用毒药毒鱼，会被认为将会招致大雨成灾。④ 在墨江县的哈尼族中，人们不能在村寨饮用水的水井边洗脚，更不能在水井周围大小便，狗不能在水井边洗澡，据说狗在水井边洗澡之后，水潭、水井会干枯，从此不会出水。在这些观念中，一

---

① 田松：《神灵世界的余韵——纳西族：一个古老民族的变迁》，上海交通大学出版社2008年版，第99页。

② 李戎戎、张锡禄：《云南少数民族传统社会人与自然和谐思想及其现代价值》，《大理学院学报》2007年第7期。

③ 祥贵编著：《崇拜心理学》，大众文艺出版社2001年版，第124页。

④ 卢勋：《哈尼族禁忌》，载《中国少数民族禁忌大观》，广西民族出版社1996年版，第106—107页。

方面表示了对水的敬畏，另一方面也折射出了不同社会中的文化观念。[1]

主要分布在云南的白族，大多滨水而居，村寨修建讲究与水环境的和谐共生。在一些白族聚居的村寨中，也传承诸多与水相关的民俗禁忌。他们为了保护水源不受污染，禁止在泉水边宰杀猪鸡，禁止在井泉边洗衣服，更不能向水中吐痰撒尿、倾倒垃圾污水。尤其龙潭等水源之地，被认为是龙的居所，神圣不可侵犯，格外重视保护龙潭及其周边的环境。他们严禁牲畜到龙潭中饮水；严禁小孩在龙潭中洗澡；严禁妇女在龙潭中洗涤衣物等，否则会冒犯龙神。严禁随意挖掘龙潭边、海边、河边及溪水边的泥土，否则龙神发怒，会导致洪水泛滥。严禁砍伐龙潭边、海边、河边及溪水边的树木，否则会遭雷劈。严禁在龙潭中、海中及溪水中乱扔污物，否则会生疮。如果有人生病，有些群众还认为是触犯了龙潭中的龙神，要杀羊、杀鸡，到龙潭边去祭献龙神。这些民间禁忌沿袭了世世代代，成为一种道德规范，约束着人们的行为举止，在一定程度上保护了水资源、水环境。

与白族龙潭信仰稍有不同，西盟佤族认为水里有鬼，且分为大河的、小河的和水塘里的三种。水塘是大多数佤族都很忌讳的场所，一般不会在水塘周边动刀割草，更不会耕种。如果碰到水塘里的鬼，要专门用白色的鸡做法事，法事毕，放生白鸡，意为水鬼已去。和西盟佤族一样，海东的佤族也有不能堵水的禁忌，如果砍树堵住了河水，砍树的人回家后就会生病，这要去重新疏通河道，清理干净，并说道歉的话。[2] 一些地区的布朗族也认为，水中隐匿着各种不同的水鬼，为了保证村寨的平安，他们忌讳"水鬼"，禁忌把水引入村寨。

禁忌污染水源，以便触怒水中的水神或者水鬼降祸于人，这是水禁忌的一个方面。水禁忌的另外一种表现是对水神的酬谢。侗族有酬水神的习俗，新年第一次挑水时，先给水神庙烧香化纸买水后，方可舀水。新生儿满月之晨，母亲抱婴儿到水井边，向水神报满月喜，以三牲米饭

①　郑晓云：《社会资本与农村发展——云南少数民族社会的实证研究》，中国社会科学出版社2009年版，第121页。

②　刘军、梁荔：《阿佤人·阿佤理：西盟佤族传统文化调查行记》，云南民族出版社2008年版，第152页。

供水神，再抱回外婆家出月，如不敬水神，便认为对婴儿一生不利。[①] 湖南江华瑶族群众对水十分崇拜，新娘出嫁如果在路上遇到了河流时，要在河边烧炷香、化刀纸，投两枚钱币酬谢水神，求水神保佑自己婚姻幸福美满。[②] 旧时在一些壮族村寨，流行着大年初一"买新水"的习俗。大年初一的夜里，人们听到了第一声鸡啼，便挑着水桶来到河边或井口，挑回新年的第一担水。有的地方在挑这一担新水时，还要放鞭炮、烧纸钱，所以称为"买新水"。挑水时，还有的人念祷词，或在河边唱山歌，或互祝新春好运。[③]

以上我们所列举的许多民族水禁忌习俗，大多是从自然崇拜中衍生出来的。这些禁忌作为各民族关于人与自然关系的一种朴素信念，它主要靠自然力或超自然力来保证实施，基本上是自觉自愿的，并没有要求群众遵守，而且有不少还夹杂着不科学、迷信的成分，但在大多数村民的观念信仰和内心深处，它是神圣的、有力量的、不可触犯和亵渎的，它像一种"无形法律"或消极防御手段，渗入人们生活的各个领域，在长期发挥作用的过程中，慢慢会内化为民众普遍认可的一种观念和行为，甚至上升为一种普遍的社会心理和道德习俗准则，规范和影响着民众的行为秩序、社会秩序和思想秩序，从而减少人们对环境的破坏，在一定程度上达成对水环境、水生态的保护。

（二）以习惯法为主体的强制性规范

如果说以禁忌为代表的民间俗成习惯规范，它并没有保障实施的社会组织和权威力量，那么，在西南民族社会中生长起来的庞杂多样的习惯法，则可以说是一种强制性的社会规范，在某种程度上具有与正式的成文法同等的效用。

20 世纪 50 年代以前，未完全纳入国家权力控制之下的西南民族村落社会，在民族内部的制度性调控中，更多地依赖于习惯、惯例、族规家

---

① 武文、武圣华主编：《民族记忆与地域情韵：中国西部原生态文化论稿》，中国人民大学出版社、山西教育出版社 2009 年版，第 276—277 页。

② 彭芸芸、卢玉：《试论湘南瑶族民间宗教的特色——以湖南永州江华瑶族自治县为例》，《新余高专学报》2010 年第 3 期。

③ 丘振声：《壮族水文化发微》，《民族艺术研究》1998 年第 4 期。

训、宗教教规等，像"榔规""苗例""理词""理诰""会款""款约""阿佤理""莫木萨木""乡条侗理""石牌""插牌"等就是西南民族社会比较具有代表性的习惯法规。下面我们择要介绍几种。

1. 苗族的"议榔"制度与"榔规"

"议榔"，是对苗语"勾夯"（ghed hlangb）或"构榔"即盟誓会议的意译。"构"即议、议定之意，"榔"即公约，"议榔"有议约组织和议榔会议两层意思。作为议约组织是指不同宗的家族组织汇成的地域性的村寨组织，即由许多鼓社集合而成的农村公社组织。作为集会是指苗族社会中一个村寨或若干个村寨联合集会，一同制定和宣布共同遵守的某种公约的议会组织形式。苗族"议榔"制组织，由于历史原因，各地叫法也不尽相同，大致有"勾夯""构榔""栽岩会议""埋岩会议""合款""春酒会""丛会""赫社会议"等。①

议榔组织在榔头或款首主持下，定期或不定期举行议事会，诵读历史上的"议榔词"，向群众宣布新的榔规。苗族过去无文字，历史上的议榔词主要通过民间口承系统保存下来。大约在民国年间，方出现汉文记载的立于路口或村边的榔碑、榔牌。榔款大小不等，有一个或数个村寨组成的小款，也有几十个或上百个村寨联合的大款，榔与榔、款与款之间无统属关系，可以根据需要临时联合组织。议榔议会以现实生活中的各种事象为题材进行议事定则，所形成的榔规，涉及社会生产生活、宗教信仰、婚姻家庭、社会治安等诸多方面，内容十分丰富。

2. 瑶族的"瑶老制"与"石牌制"

瑶老制是过去瑶族地区普遍存在的一种社会组织。"瑶老"是一个统称，一般指村寨内懂本民族历史，有丰富生产经验，办事公正且为群众所信赖的老人。这些负责村寨内、外事务的瑶老，他们并没有任何特权，和群众一样参加生产劳动，主要负责组织本村寨的生产劳动活动，主持宗教活动，规范村民行为，管理社会和公共事务，按习惯法调解群众纠纷和维护社会治安。在广东连南八排瑶地区，瑶老制由"天长公""头目公""管事头""掌庙公""烧香公"和"放田水公""放食水公"等组

---

① 龙庭生：《中国苗族民间制度文化》，湖南人民出版社2004年版，第56—57页。

成，职责分工甚为完备。其中的放田水公和放食水公，负责灌溉、饮用水供给。前者负责水田灌溉用水，他们不用选举，谁愿意做，就在"白露"那天日出之前到水圳破头处，把长得最长的茅草打一个结。谁先打上结，谁就是放田水公。后者是经过自荐、群众同意后即可当选。其职责是保证饮用水的供给。① 在"瑶老制"下，瑶族乡土社会中不成文的约定俗成，通过瑶老、家族长的讲解，世代相沿，成为维护村落社会秩序，规范村民行为的习惯规约，发挥着相当强的作用，村民一般轻易不敢触犯。

石牌制是过去广西大瑶山和部分贵州瑶族地区传统的社会组织。此种制度，以地缘关系为基础，既可包括瑶族不同支系的村民，也可以吸收散居的当地汉族参加，根据参与村落的多寡，有总石牌、大石牌和小石牌之别。石牌所设石牌头人，由村寨中的自然领袖担任，主要负责根据当地实际情况，拟定若干条款，作为村民共同遵守的石牌公约草案。同时，平时负责检查石牌条文的执行情况，惩处违反石牌法的人。石牌条文内容主要是保护农业生产，调解内部纠纷，维护社会秩序等。由石牌头人组织拟定的石牌条文，经全体成员商讨通过后，一般要刻在石板上或用木板书写，竖立在大家共同议事的地方。有的则是书写在纸上，分发参与议事的村寨张贴或收藏。石牌条文一旦在"会石牌"大会上通过，当众宣布后，具有相当的权威性，村民必须恪守不渝，民间有"石牌大过天"之说。

3. 侗族的"约法款"

款是侗族社会特有的一种社会组织形式，它以地缘联系为纽带，几个或十几个相邻的村寨组成一小款，几个小款联合成中款，几个中款联合成大款，甚至特大款。款无论范围大小，内部除了聚众合款、制定款约、发布款规、处理违款事件的议事款坪外，基本上没有常设的机构，由民间协商推举出来的款首组织讲款、开款和聚款，处理村寨内外的重大事务。每个款均有共同制定的款约、款规、款条。

____

① 参见广东少数民族社会历史调查组《连南瑶族自治县瑶族社会调查》，广东人民出版社1987年版，第64—66页。

侗族的款条，主要有两种表现形式：一是款碑条。款碑条作为早期款组织起款时竖立的特定石碑，大多立在款坪中，有成文和不成文两种。一般凡建有款组织的侗寨，均会立一个象征性的款碑，早期的款碑不刻文字，属于不成文的习惯法，款约也主要靠口头传诵，或者把款约刻在石碑上，出现了成文的习惯法。二是款词条。侗族的习惯法，大多以款词条的形式传世。最初的款词条较为简单，也没有固定的书写形式，主要由款首聚众相商，当众发布实施。在实施的过程中，为了便于款众记忆和流传，款首们常采用词话形式，把之编成便于传唱的歌词，由歌师日夜吟唱，世代相传。后来汉字记侗音兴起后，通晓汉文的侗族文人将各种约法款词用汉字记侗音的方法记录下来，给后人留下了大量的手抄文本，这些手抄本就成了侗族习惯法中的主要成文法。[①]

侗族的款约内容丰富，既有专门的法律条文，也包括侗族古代历史、风俗、语言等内容，涉及社会生产和社会生活的诸多方面。如在对水塘田水的利用上，《侗款》云："田塘用水，也要合情合理，共源的水，同路的水，公有公用，大家都得利。大丘不许少分，小丘不能多给。引水浇傍田（梯田），灌冲田，上面先浇，下面后浇。不许谁人，挖断田塍，破坏田口，不许做蟒蛇拱上面，青蛇钻下边，捅洞偷水。田在上面的有饭吃，田在下面也该有谷米。绝不许在上富登天，在下穷到底。你想当富户，也不能弄得别人穷丁当，这是亏心事，大家切莫为。"对于偷盗破坏鱼塘的行为，光绪元年十一月立于广西三江马胖村的《马胖永定条规碑》规定，偷盗鱼塘（偷鱼），公罚钱八千八百文；偷水鱼塘（偷水），公罚钱四千二百文；偷盗田禾（偷粮），公罚钱四千四百文；乱捞鱼塘（偷鱼），公罚钱一千二百文。[②]

4. 佤族的"阿佤理"

在 20 世纪 50 年代以前，佤族社会尚处于原始社会末期，其基本的政治结构及运行方式，主要通过"窝朗""头人""魔巴""朗巧"和"博

---

① 参见吴大华《论民族习惯法的渊源、价值与传承——以苗族、侗族习惯法为例》，《民族研究》2005 年第 6 期。

② 参见吴大华《民族法律文化散论》，民族出版社 2004 年版，第 128—129 页。

巴"的完全世俗而大众化的权威，来保证社会的运行、调整村寨内外关系。"阿佤理"即阿佤人的道理、说法和习惯性规范。由于佤族历史上没有文字，过去靠刻木记事，实物传递消息，更没有成文的习惯性规范，在佤族社会中，阿佤理实际上起着约束成员行为的作用。人们的生老病死、结婚离婚、纠纷处理、崇尚禁忌、年节礼仪等均要按照阿佤理来行事，否则要受到惩处或舆论的谴责。阿佤理主要由"窝朗"、头人和"巴猜"来掌握，既具有依靠组织来监督实施的制度文化的特点，也有依靠个人内心自觉遵循来实行的道德，兼具法律惩罚力和道德约束力。阿佤理全面渗入西盟佤族社会族群内部和部落之间人们关系的各个方面，并调整和处理着这些关系。从这个意义上讲，我们也可以把阿佤理称为西盟佤族的原始法规范。

上面我们介绍的这些习惯法，大多是在村民的社会生产生活以及乡土社会的政治实践中，根据经验、传统习惯或惯例演变而成的一种社会习惯规范，它的形成基本上是建立在广泛的群众基础之上的，许多具有法律效用的规范性条文，大多是在村民共同商议下制定出来的，很容易得到村民的认可，极具乡土性、群体性和亲和力。同时，根植于各民族社会的习惯法，作为前现代化社会进行社会调控一种主要手段，它蕴含着巨大的潜能，具有很强的权威性、强制性和规范性，对于调整人们的社会关系，维系公序良俗，规范、协调村落社会秩序，发挥着"准法律"的效用。

（三）乡规民约：乡村层次上"约"的存在形态

在西南民族村落社会传统的约束机制中，村规民约作为民间法的一种重要形式，也是一种普遍存在的现象。

从历史文献的记载来看，在西南的一些地方史志或相关的碑刻文献中，我们不难看到以"某某约""禁约""乡约"等名称出现的规约。这些规约，有很多是和前一部分我们所论及的习惯法混杂在一起，并没有单独独立出来。自20世纪50年代尤其是80年代以来，中国各民族社会在国家的现代化进程中，乡村社会分化的力度、速度、深度和广度发生了前所未有的巨变，传统的民俗习惯规范和习惯规约很难适应深刻社会变迁之需要，在不断地消解、隐退。为了满足村民新的利益诉求，解决日益突出的现实问题，于是在乡村这个层面上产生了一些新的"禁约"，即我们所要讨论的乡规民约。

近几十年来，西南民族地区不断涌现的乡规民约，大体上有三种主要的类型：一是在乡这个层面上，由乡政府主导、各行政村参与制定的乡规民约。这类民约并不具有普遍性，大多数乡镇均没有，即使有，也多是形式大于内容，村民并不一定知晓。二是行政村层面上的村规民约。这类民约往往要经过村民大会或者村民代表大会讨论通过，对全体村民的行为有一定的约束力。三是自然村寨村民小组制定的专款村规民约。这类民约的制定，以能充分体现参与者的自发性、自主性和广泛的民主性为前提，有很强的针对性，内容具体，可操作性强，由于参与者多是"情愿入约"，执行起来也较容易。从乡规民约的内容来看，有涉及乡村社会各个方面的综合性的民约，也有水利灌溉、用水分配等专门性的村规民约。在制定主体上，有村民主动制定的村规民约，也有的是借用其他村寨现成的村规民约。

各种成文的或不成文的村规民约，无论存在形式和产生的基础如何，也不论其对传统做法承袭或规避的多寡，它大体上涵盖了社会治安、公益事业、婚姻家庭、伦理道德、财产继承等诸多方面，它实际上填补了国家法在乡村社会中的某种缺位和不足，为村民参与公共事务和行使民主权利提供了更加多元的渠道，是村民实现互助合作、相互监督、自我管理、自我约束的一种模式，对于促进乡村社会的发展与繁荣有一定的作用。

二　民间法对水环境、水资源的规范与保护

在西南民族社会，禁忌习俗规范、习惯规范和乡规民约三个层面的民间法，几乎都有大量的关于水环境、水资源、用水制度等方面的具体规定和相应的惩罚措施。

（一）对水源林地的保护

在村落生态系统中，水源林地是村落生态稳定而良性循环之关键，向来受到地方政府和村民的关注。在各个历史时期修撰的地方志文献中，几乎都有保护水源林地的内容。如《灵川县志》载：

　　按森林一顷，东西各国至为注重。其主体则有国家、地方、私人之别，其用益则有经济、风致、保安之分。而保安一门尤为重要。吾国森林政策尚未发达，惟关于保安之一部，如各处水源乡里尚知注意，盖以森林能系属水分以时蓄泄故。山林森茂之处，甚雨无冲田决堤之虞，久旱有潜潜滋默润之功，且可以吸炭气而吐养气，关系民生，实为至巨。……蔡岗界……产松杉杂树……惟杉树公禁伐取，以培水源。①

　　文中阐明森林对各个利益阶层之重要性，指出我国历史上虽没有完善的森林政策，但各地的乡民均有保护水源林之意识。

　　又《罗城县志》载凤山区和武阳区乡村禁约规定：

　　各村山场多是田水发源地点，不论何人不准入山乱行砍伐，偷取林木，如有违犯，罚金三十元以下。……凡我村之水源山内所有树木森林，只许取伐干柴生柴，则不准遍山砍倒留干，只准肩挑，不准放大帮柴火由河放下发卖。如有违背，公议私自砍伐者，处以十元以下之罚金，归我村内并谢证人花红三元六角。②

　　上举《灵川县志》和《罗城县志》有关水源林保护的内容及乡村禁约条款，仅是浩如烟海的地方志中的冰山一角，如果仔细搜索翻检，在大多数的府、州、县等志书中，几乎都能看到相似的内容。

　　如果说历史上编修的府、州、县等志书主要是在官方层面上编撰的，并不能完全照顾到成千上万的村落小社会的实情，那么，大量散落在民间的碑刻，则可以作为一种微观性的验证资料，从中我们可以看到许多有关保护水源林地的内容。下面我们有选择地抄录一些，以便展开分析。

---

　　①　李繁兹纂：《灵川县志》卷2，台北成文出版社1975年版，第102—103、128—129页。
　　②　江碧秋修、潘实纂纂：《罗城县志》卷3，台北成文出版社1975年版，第114—117、130—133页。

《禁示龙塘碑》

窃为木有本则不绝，水有源则不站（枯）。三江龙挖瓮口冲山场，乃九村水源，源流田禾之山，上应国课数十余石，下养生命万有余丁。前罗国泰六（大）肆伐山地，曾经呈控于前任沐、瑞二州主在案。今有不法地棍，复行砍伐树木，断绝水源。九村不已，禀恳龙州主出示永禁，刊碑于圩，以朽（永垂）不朽。

告示——保护水源，以资灌溉也。查州属大河，上通雒容，下至来宾，有自然水利，其余环绕港全资山，水源流注。而山水须藉树木荫庇保存，须滴源灌溉田禾，是树木即属蓄水之本，岂可任意砍伐致碍水源，且系中难容私占。兹闻地棍，但图目前之利，行招租批佃，或自行开垦，椠伐树木，放火烧山，栽种杂粮，日久据为己有，公然告争，以致水源顿绝，田禾没涸，大为民害。其余官荒树木，概不许私佃自垦，伐树烧山，以蓄水源。如还（犯），依律重究。

义路村、古陈村、大泽村、六龙村、花罩村、凤凰村、花芦村、厄树村、浦保村。

嘉庆十八年十月初一日九村刊立①

此石碑于 1813 年立于今广西金秀瑶族自治县大樟乡，是一通非常典型的保护水源林的单行性石碑律令。碑文突出内容强调在区域性的生态环境中，森林、水源、河流是一个彼此依存循环的系统，河流区域内各个不同的村寨，利益是互相关联、不可分割的，均有协同保护水生态、水资源的义务。

《保护山林石碑》

窃思天地之钟灵，诞生贤哲；山川之毓秀，代产英豪。是以维岳降

---

① 黄钰辑点：《瑶族石刻录》第一卷，云南民族出版社 1993 年版，第 49—50 页。

神，赖此朴械之气所郁结而成也。然山深必因乎水茂，而人杰必赖乎地灵。以此之故，众寨公议，近因寨后丙山牧放牲畜，草木因之濯濯，掀开石厂，巍石遂成嶙峋，举目四顾，不甚叹息！于是齐聚与岑姓面议，办钱十千，枑与众人，永为世代，于后龙培植树木，禁止开挖，庶几龙脉丰满，人物咸兴。倘有不遵，开山破石罚钱一千二百文，牧牛割柴罚钱六百文。勿谓言之不先矣！

咸丰五年冬月二十五日①

此石碑于 1855 年立于今贵州兴义顶效镇绿荫村布依族村寨，也是一通保护村寨水源林地的专门碑刻。碑文循循善诱，简述保护水源林木与本地风水、人才培育之关系，而村寨后山上生态破坏严重，为恢复生态，村民以集资方式，封山育林，禁止开挖林木，以保风水。

《邓家禁碑》

尝文（闻）朝廷有律法，山中有禁条，□□世居山中，此山各树木风□□□□□□禁此山源，□邓家□风□□山后龙山、水源山，并及松杉□□□□曲□□林业，往四方亲朋人□，不得乱砍。如有乱砍者，公罚钱三千六百文，捉手给赏钱百文。若然有不遵者，送官究徇，决不容情。应立禁于后，谨闻禁约人邓粮，子龙才、龙金。

道光己亥十九年（公元 1839 年）八月初五日，文禁人邓龙富②

此石碑原存广东乳源瑶族自治县游溪区中心洞子背的村背山坳（现桂头至游溪之公路 12 公里处），碑为该地邓姓瑶族人为了保护邓姓风水林、水源林而立。

像《禁示龙塘碑》《保护山林石碑》《邓家禁碑》这样专门为保护水

---

① 黔西南布依族苗族自治州史志办公室编：《黔西南布依族清代乡规民约碑文选》，册亨县印刷厂，1986 年，第 59—60 页。

② 黄钰辑点：《瑶族石刻录》第一卷，云南民族出版社 1993 年版，第 71 页。

域生态、水源林地的碑刻，在我们检索到的西南地区的各种碑刻文献中，并不是很普遍。然而，在大多数的冠之以"封山育林""禁伐森林""护林""封树""禁树"等字样的告示碑、告白碑、封禁碑等森林碑刻中，在强调对村寨周边的林地、林木资源保护的同时，有些碑刻把森林保护与村落风水、村落环境，或者从森林与水源的关系，把要强调的内容凸显出来。

在水源林地与村寨风水、风脉的认识上，西南民间许多碑刻中均有清晰的表述。清乾隆五十一年（1786）所立，现存于云南楚雄苍岭区西营乡的《摆拉十三湾封山碑记》云："名山大川，实赖树木以培植风水。"① 清道光四年（1824）所立，现存于云南广南县旧莫乡底基村的《护林碑〈告白〉》中认为："尝闻育人材者，莫先于培风风水；培风水者亦莫先于禁山林。夫山林关系风水，而风水亦关乎人材也。"故要求全体村民，"仍照古规，培根固木，将寨中前后左右山场树木尽封"②。乾隆四十六年（1781），楚雄鹿城西紫溪的《封山护林碑》云："所以保水之兴旺不竭者，则在林木之荫翳，树木之茂盛，然后龙脉旺相，泉水汪洋，近因砍伐不时，挖掘罔恤，以至树木残伤，龙水细涸矣。"③ 清咸丰十年（1860），贵州省仁怀县鲁班区薛家岩《邑贤侯官印绍赘黄老大爷德政碑》云："薛家岩一带，山势崔巍，林深菁密，洵属一隅，钟毓之秀，实为士民风水攸关，理应护蓄栽培，以期萃荟。近有无知之徒，私图渔利，在于该处披荆伐棘，任意延烧，则于生机有碍，即于地脉有伤。"④ 清乾隆四十五年（1780），云南大理护松碑载："从来地灵者人杰，理然也。以余村居赤浦，虽曰倚麓山而封玉案，尚惜主山有缺陷，宜用人力以补之。而所以补其缺陷者，贵乎林木之荫翳。因上宪劝民种植，合村众志一举，

① 李荣高：《摆拉十三湾封山碑记》，载李荣高等编《云南林业文化碑刻》，德宏民族出版社 2005 年版，第 185 页。
② 李荣高：《护林碑〈告白〉》，载李荣高等编《云南林业文化碑刻》，德宏民族出版社 2005 年版，第 285 页。
③ 楚雄市林业局编：《楚雄市林业志》，德宏民族出版社 1996 年版，第 307—308 页。
④ 仁怀县志编纂委员会编：《仁怀县志》，贵州人民出版社 1991 年版，第 1245 页。

于乾隆三十八年备然种松。由是青葱蔚秀。"① 清道光十八年（1838），广西毛南族公议的《坡山乡协众约款正俗保持风水碑》规定："上林连坡一带，不许挖土打石。损伤龙脉。犯者，罚三十六牲安龙。川原发自天一生水洞来，流过石崇沟，到孟郎潭，泂星宿池。湾包至下相泉，遂曲屈达下林太泽，正是奇观。况显有三级浪，可嘉尧岩龙门。第一级合水口，第二级大贲，第三级鱼登，三级乃变。则此潭实化龙之潭，朝宗之泽也，而可不宝重乎？故特示禁以培厚风水云，外禁一切悖理坏俗，指明声罪重轻，如不遵者，众公禀官究治，以正风化。"② 嘉庆二十五年（1820），贵州省锦屏县九南乡九南村的《水口山植树护林碑》载："益闻德不在（大），亦不在小，《书》云'作善降之百祥'。由能于远而忽于近乎。我境水口，放荡无阻，古木凋残，财爻有缺。于是合乎人心捐买地界，复种树木。故栽者培之郁乎苍苍。"③

在森林与涵养水源的关系上，立于清嘉庆四年（1799），现存于云南省石屏县秀山寺内的《封山护林碑记》碑文载："原宝秀一坝，周围皆崇山峻岭，只是山中浸水，引取灌溉粮田。在昔，树木深，丛山浸水，栽插甚易。今时山光水小，苦于栽种。弊因各处无知之徒，放火山林，连挖树根，接踵种地，以致山崩水涸，及雨水发时，沙石冲滞田亩，所得者小，所失者大，数年来受害莫甚于此……"因此乡民立碑，"禁止放火烧林，挖树根种地，并禁砍伐松柏、沙松和株木等树……倘敢故违，许尔乡保头人，扭禀赴州，以凭从重究治，决不姑贷。各宜凛遵勿违，原有各山所种之树，系有山者管业，众人不得争竞。"④ 从碑文中可以看出，乡民从毁林开荒导致水土流失的惨痛教训中认识到，森林对于涵养水源的极端重要性。立于清乾隆四十六年（1781），现存于楚雄市紫溪山的《鹿城西紫溪封山护持龙泉碑》认为："大龙箐水所从出，属在田亩，无

---

① 凤仪县志编纂委员会编：《凤仪县志》，云南大学出版社 1996 年版，第 562 页。
② 广西壮族自治区地方志编纂委员会编：《广西通志·民俗志》，广西人民出版社 1992 年版，第 186 页。
③ 黔东南苗族侗族自治州地方志编纂委员会编：《黔东南苗族侗族自治州志·文物志》，贵州民族出版社 1992 年版，第 112 页。
④ 红河州文化局编：《红河州文物志》，云南人民出版社 2007 年版，第 127 页。

不有资于灌溉。是所需者在水，而所以快水之兴旺而不竭者，则也林木之阴翳，树木之茂盛，然后龙脉旺相，泉水汪洋。近因砍伐不时，挖掘罔恤，以致树木残伤，龙水细涸矣。"① 清嘉庆四年（1799），立于云南省石屏县秀山寺的《封山护林碑记》载："原宝秀一坝，周围皆崇山峻岭，只是山中浸水，引取灌溉粮田。在昔，树木深，丛川浸水，栽插甚易。今时山光水小，苦于栽种。弊因各处无知之徒，放火山林，连挖树根，接踵种地，以致山崩水涸，及雨水发时，沙石冲滞田亩，所得者小，所失者大，数年来受害莫甚于此……"故而规定"禁止放火烧林，挖树根种地，并禁砍伐松柏、沙松和株木等树"②。清嘉庆十三年（1808），立于云内省禄丰县川街乡阿纳村土主庙的《封山育林乡规民约碑》云："水虽为要，树为之根。"③ 1951 年、1953 年分别制定的《大瑶山团结公约》和《大瑶山团结公约补充规定》中，专门有保护水源林地的条文，"经各乡各村划定界之水源、水坝、祖坟、牛场不准垦殖，防旱防水之树木不准砍伐"；"水源发源地，由政府领导通过各族代表划定水源范围内之林木不应砍伐，以免损坏水源，不利灌溉，除此之外不得乱扩大水源范围，限制开荒。"④

由于水源林地对村落风水与涵养水源之重要性，在大多数的乡规民约中，均有专门的保护条款，若有违背，将受到相应的处罚。立于乾隆四十八年（1783），现存于云南大理剑川金华山麓岩场口古财神殿的《保护公山碑记》规定："禁岩场出水源头处砍伐活树。"⑤ 嘉庆二十三年（1818），立于云南楚雄市富民区吉乐乡磨刀菁村的《禁砍树木合同碑记》规定："立保护山场禁砍树木合同碑记，有祖遗上下各村□□山场，田地钱粮巨大，国赋攸关，若不急为保护，则山林渐空，田地日以干寡，钱

① 李荣高：《鹿城西紫溪封山护持龙泉碑》，载李荣高等编《云南林业文化碑刻》，德宏民族出版社 2005 年版，第 157 页。
② 李荣高：《封山护林碑记》，载李荣高等编《云南林业文化碑刻》，德宏民族出版社 2005 年版，第 216 页。
③ 李荣高：《封山育林乡规民约碑》，载李荣高等编《云南林业文化碑刻》，德宏民族出版社 2005 年版，第 240—242 页。
④ 详见黄钰辑点《瑶族石刻录》第一卷，云南民族出版社 1993 年版，第 273—277 页。
⑤ 云南省编辑组：《白族社会历史调查》（四），云南人民出版社 1991 年版，第 100 页。

粮何由上纳？今兄弟叔侄同佃产公同酌议，齐心儆戒，保护东接蒲性地界，以大尖山分山倒水为界；南自石丫口山顶，分山倒水为界；西自北丫口利摩蚱山顶分山倒水为界；北自母澳郎冲山顶所、李姓山场之内一切树木自封山之后，不得混行砍伐，倘有盗砍盗伐者，博齐公同理论，照规处罚，不得隐恶。若见而不报者，亦照规处罚，倘不遵条规者，执约鸣官，加倍处罚。自此各宜敬戒保护，恐后无凭，立此合同碑记，永垂不朽。一盗砍青松壹棵者罚银壹两伍钱；一巡山不力者罚松种伍升；一盗砍沙松壹棵者罚银伍钱；一见而不报者罚银伍钱；一盗砍明子歪□者罚松种伍升；一盗砍杂木一枝者罚松种伍升。嘉庆二十三年十二月初九黄姓同佃户公同立石。"① 这个碑记，对保护林木的意义、封禁山林的四至范围、禁止事项和有关护毁森林的奖惩均有具体的规定。云南保山市太保山清道光五年（1825）碑载："郡有南北二河环城而下者数十里，久为沙债所苦，横流四溢，贻田庐害，岁发民夫修浚，动以万计，群力竭矣！迄无成功，盖未治其本，而徒齐其未也。二河之源来自老鼠等山，积雨水之际，滴洪澎湃，赖以聚泄诸箐之水者也。先是山多材木，根盘上固，得以为谷为岸，藉资捍卫。今则斧斤之余，山之木濯濯然矣。而石工渔利，穿五丁之技于山根，堤溃沙崩所由致也。然而为固本计，禁采山石，而外种树其可缓哉。"② 这段表述中，对于治山与治水的关系有深刻的认识。

（二）对水井的保护

水井虽然只是一种微型的水利设施，但它在建构村落社会秩序、营造公共空间、影响村际关系等方面却发挥着重要的作用。西南各民族村寨都非常重视对水井的保护，许多村寨的水井修建有井台、井栏、井盖（罩）、井塔、井亭、房屋和排水沟等专门的保护措施，指定专门的水井管理者和负责人，制定较为完备的保护措施。

在水井的保护措施中，水井碑刻在某种意义上可以算是民间法层面

---

① 楚雄市林业局编：《楚雄市林业志》，德宏民族出版社1996年版，第309页。

② 云南省林业志编辑办公室编：《林政法规选》第1卷，四川科技大学出版社1993年版，第821—822页。

上的一种保护措施。在西南地区的水井碑刻中，立于宣统三年（1911），现存于贵州清水江下游三门塘寨的《重修井碑记》是较具代表性的一通。其碑文云：

> 稽井，由来久矣。唐尧凿井，兆民饮德，周王画井，数口无槛。古时徙处。同井白第，以井为利用饮泉之区，而以为出入相友、守望相助、患难相扶、持相亲睦之地。迄今年代虽远，典章犹传，溯共现凤，令人景仰，如在目前。想我村大兴团，自始祖由黔徙处于斯，前后左右，山水环抱；房屋上下，稻田围绕。田坎行径湾中，涌出清泉，仿之廉泉让水，不足过之。吾先公昔年多伟人，屡钟贤士，井坎行径，约族人砌石修补，以便往来。自昔及今，历年久远，井石毁坏，泥土浸入，每逢春夏暴雨绵落，井泉清洁翻成混泥。族中妇女睹斯，同心动念，踊跃捐资，乐为造化，较先公之修凿，更加完善。井中踏石板，不使泥从中出，井外石板竖四方，俾免污流外浸，由此以后，泉流清洁，人生秀灵。缅先公至兹族居处，并无异姓，因以募化捐资，祇我一族，并不募及别人。非为度量狭隘，思维绳祖武，重本根也。重本者，如木有本，如水有源。吾村井泉，讵是悬空降流而本可溯乎？觉易系辞曰山上有水，又曰山下有水，则山上之水即为吾山下井泉之源，不可踩问而知。孟子尝曰：居之安，则资之深，取之不尽，用之不竭。易所云改邑不改井，而井养无穷，信有然矣。余故代以为序。①

三门塘是一个典型的侗寨，村中有十余口由石板铺砌的水井，其中有两口全由妇女捐修。② 上引的《重修井碑记》，碑文不到 500 字，以上古唐尧凿井、周王画井作比，缅怀其先民开村辟寨筚路蓝缕之功绩，追

---

① 蔡家成：《西部旅游开发理论与实务——黔东南旅游开发与发展实证研究》，中国旅游出版社 2004 年版，第 190—191 页。
② 为何由妇女捐修水井，坊间有一个解释称，当时族中的男子忙于做木材生意，无暇顾及挑水、洗涮之类的事务，于是王门 19 位妇女自动捐资，重修水井。其实，水井与妇女日常的劳作密切相关，由村中女性集体捐资修建，本身也是村落社会中女性力量的一种彰显。

溯迁居定居之时，人们"凿井而饮""耕田而食"、围井而聚，相友、相助、相扶、相亲，生息繁衍下来。这里，山水、水井是生态关系，也是人文历史。

在云南建水的东井旁有一通"重修东井记"碑，其碑文云："东井创自建城之初，载在郡志，名口礼井，俗名水井殿。重修于嘉靖十四年，客民捐修，有人争占，具呈立蒙委、捕厅勘讯，示谕：井外禁止摆铺遮拦，阴滞汲水道路，井四至，除香火铺外山墙，理合遵谕，勒石以垂永久。"该碑立于清乾隆十六年（1751），经民间公议，为了保护东井水质不受污染，明确"禁止摆铺遮拦，阴滞汲水道路"①。

修建水井之时，于井旁刻石勒碑而竖立的井碑，上面大多要刻记修井年代、缘由、宗旨、捐资情况以及保护水井建筑及保护水质卫生的条文，用以警醒后人要饮水思源，珍惜水资源，保护水环境。如立于乾隆五十一年（1786），现存于云南红河元阳县马街乡红土寨的《红土寨水井碑》②，就是为了纪念修建水井捐资者而立的。贵州天柱县三门塘的《修井路碑记》云："尝民非水火不生活，是水之于人，刻不容缓。此地有清泉一湍，水由地中行，先人因以水资生者，迄今十有余世矣……因语我族妇女，慷慨捐资，裂石新修，方成井样。则向之源源而来者，不亦混混而出，盈科而进。放之四海，取之不尽，用之不竭，此吾村之大幸也。"③碑文强调水井对村寨之重要性。贵州锦屏县河口乡美蒙村有一通立于嘉庆年间的井碑，其碑文云："水为古今之命脉，不可不禁亦不可不修也……自修以后，担水之也，勿得洗衣菜者污坏。如有不禁忌者，见之，务必明察罚银……"④碑文反映了侗家人200年前爱护水源的环保事实。

又明正德十四年（1519），大理御史杨南金在洱源邓川玉泉乡立《洗

---

① 参见何俊杰《建水碑刻文化研究》，《红河学院学报》2008年第4期。

② 国家文物局编：《中国文物地图·云南分册》，云南科技出版社2001年版，第168页。

③ 徐晓光：《贵州苗族水火利用与灾害预防习惯规范调查研究》，《广西民族大学学报》2006年第6期。

④ 杨文斌：《锦屏侗寨发现200年前清代环保石碑》，黔东南信息港，http：//www.qdn.cn/html/2009/whly_0825/42415.shtml。

心泉诫》的乡规民约碑，碑之横额刻有"洗心泉"三个字，碑名为"洗心泉诫"。其碑文中有这样的话语："古人云，泉水为上，井水次之，河水又次之。凡我同乡饮此水者，当知掘地溯源，三百余丈之远；导流砌石，一千余工之多。非特供饮济渴而已，必也涤去旧污，滋长新善。为父正，为母慈，为兄爱，为弟恭，为夫义，为妇顺，为子孝，为女洁；为士廉，为友信，为仆勤，为婢实，为富仁，为贫忍；为长者以身教，为幼者以心学。善者众共尊之，恶者众共除之。邻保相助，患难相恤。过失相劝，德业相成……"① 立碑之用意在于教化乡民，亦有规劝乡民饮水不忘挖井人之意思。清道光二十四年（1844）立于贵州贵定的《抱管龙井乡规碑》，楷书阴刻："第一塘汲水，第二塘洗菜，第三塘洗布、洗衣，第四塘洗秽物等件。每年淘井四次，每次合家，周而复始，如违公罚。"咸丰二年（1852）立于贵州贵定的《菜苗护井碑》，竖向楷书阴刻："妇人背水，随到随背。不准于井内洗衣裙。若有不依者，罚钱一两二钱。"② 立于贵州松桃周公泉碑，是为纪念周炜为解决清朝设在苗区的军事据点正大营饮水，带领军民修建水井，定名"周公泉"而立的石碑。建水六大名井中的"东井"（醴泉），最初建于元代，清康熙、乾隆、嘉庆、道光年间又重修，并在井旁立有四块重修碑记。

（三）对水体及水生鱼类的保护

在西南地区的村落社会中，保护河流、溪水、湖泊、潭泉等水体不受污染，几乎是所有的与水相关的习惯规范都要强调的内容。重庆忠县拔山镇石联村，村民生活用水多赖"蟠龙洞"之泉水。据洞旁石刻记载，自洪武年间，其先民入籍四川，落业该地，历数百年的发展，多仰仗泉水养育。因此，光绪三十年（1904）"四邻协议，设有污秽此水者，罚责不恕；挈获者重赏；若见而不言者，亦当议罚责"③。嘉庆八年（1803）立于广西武平乡立录村的《乡规民约》碑记规定："潭口食水不得浣洗，

---

① 洱源县志编纂委员会编纂：《洱源县志》，云南人民出版社1996年版，第657—658页。
② 凤冈县旅游事业局编：《玛瑙山官田寨》，贵州人民出版社2008年版，第99—100页。
③ 刘志伟：《重庆市忠县拔山镇石联村蟠龙洞考察记》，《中国人文田野》（第4辑），巴蜀书社2010年版。

田间水界不得相争。犯者罚钱三千，米口十，酒壶口口。"① 清咸丰九年
（1859）立于贵州安龙县阿能寨的《谨白碑》规定："权寨芩、韦二姓秉
心公议，将鸡、猪崽、口水，在此井边合息禁止：凡不细菜、布、衣，
污秽水井。"② 民国广西《思恩县志》所记有关毛南族规约——"隆款"
中规定："一拿获放鸭污众汲水之处，或见证确实者，罚钱二千文，其余
与首条同。"③ 在当代订立的乡规民约中，贵州修文县高仓苗族村《人畜
饮水与灌溉用水民约》第6条规定："禁止修房、修牛圈、修厕所破坏污
染水井。"④ 雷山县丹江镇南屏村《村规民约》第5条规定："不论是谁
都不许在本村范围内的任何一个水井边洗衣服、鞋袜等，洗菜的必须用
水桶将水打出到距离水井一丈以外的地方洗。违者，捉住洗衣服的一次
罚款拾元；洗菜的一次罚款拾元。"⑤

　　对水中鱼类资源的保护，也是保护水环境、水生态的一个重要方面。
在清水江流域许多苗族村寨，每到农历三月，按照古规，要欢度"杀鱼
节"。为了规定苗寨村民杀鱼范围，避免越界杀鱼而引发事端，在黔东南
福泉市王卡乡岩寨村两岔河之清水江畔，有一块立于民国二十五年
（1936）的《杀鱼地界碑》，该碑由新寨和岩寨共同协商制定乡规民约，
规定两寨杀鱼的范围，并刻碑勒石以便世代遵守。贵州黔南布依族苗族
自治州贵定县的一块桃花寨护河碑上刻着："上至林家坝，下至闻江寺河
段不准水老鸦下河，不许用网、用毒等手段打鱼，只许执竿垂钓，如有
违反，扭送报官重罚白银四两。"⑥ 四川泸州合江县锁口乡的《禁止放药
捕鱼摩崖石刻》中规定严禁投毒药鱼；宜宾市屏山县大乘镇的《大乘护

　　① 广西壮族自治区编辑组编：《广西少数民族地区碑刻、契约资料集》，广西民族出版社
1987年版，第225页。
　　② 贵州省黔西南自治州史志征集编纂委员会编：《黔西南布依族苗族自治州·文物志》，
贵州民族出版社1987年版，第103页。
　　③ 参见梁构修、吴瑜等纂《思恩县志》第3编，台北成文出版社1975年版，第145—147
页。
　　④ 徐晓光等：《苗族习惯法研究》，华夏文化艺术出版社2000年版，第196页。
　　⑤ 邵泽春：《贵州少数民族习惯法研究》，知识产权出版社2007年版，第403页。
　　⑥ 李伟、马传松：《乌江流域少数民族的生态伦理观》，《重庆社会科学》2007年第3期。

鱼碑》中则严禁捕杀鱼苗。① 湘西苗族地区，忌在鱼源丰富的水潭里打鱼
超过三网。在某处打鱼，无论得鱼与否，不能超过三网，否则就会招来
毒蛇、骷髅……年长月久，渐渐成习，形成了保护鱼源的一种禁忌规
约。② 广西永福县汉族习惯法规定：不准在水源头和井里、码头毒鱼、炸
鱼，如有违背者，轻则受众人指责，重则由族长、长辈或群众集体处罚。
毛南族中华人民共和国成立前的禁约规定：川泽不许私将药毒鱼虾、开
坑泄水打网。犯者罚三十六牲安龙，绝不姑贷。③ 贵州黎平黄岗村在1997
年订立的《村规民约》中第25、26款中，禁止在川、塘、水库内电鱼、
毒鱼、炸鱼、钓鱼，以保证水源的洁净和水产品的主权。④

（四）对用水制度的规范与约定

为协调村落关系、保障水资源的合理利用，在西南地区的乡规民约
中有很多民间或官方所刊立的碑刻与约定。我们先看几通碑刻和规约。

太平土州《以顺水道碑》

世袭太平州正堂、加五级、纪录五次、纪大功一次李为奉

口宪谕，勒石以垂久事，据贺村覃经文、梁廷玉，科渡村梁兴隆、
梁金龙、黄生辉两村民等：田亩皆居漆岈水沟之尾，取水灌田，恒苦不
足，易至干裂。于光绪甲申年，两村首事农邦宁、梁世珍、梁旨堂、马
肖襄等，邀求坝主敬德堂，前往查看无讹，曾向钟鹅村廖启安买得在漆
堂水沟桥上之水车坝一个。水□□不复准立，以顺水路。价钱二十千文，
立有契据。嗣后把该村韦安国与廖启安买获此田。今年复立水车，阻碍
水路，以致两村田亩，多半拆裂，恳请查勘，饬令韦安国拆去水车，以
顺水道。俾民田亩获资灌注。再此漆岈水沟各村田亩分碛取水，各有度

① 国家文物局：《中国文物地图集·四川分册》，文物出版社2008年版，第215、806页。
② 石建华、伍贤佑：《湘西苗族百年实录》（上），方志出版社2006年版，第356页。
③ 广西壮族自治区地方志编纂委员会编：《广西通志·民俗志》，广西人民出版社1992年版，第186页。
④ 陆永刚：《论侗族对水资源的利用及其生态价值——以贵州黎平黄岗村为例》，《贵州民族学院学报》2008年第4期。

数，并恳谕知各村民，此后须照章，毋得肆行妄开等情，前来本州即前往查勘，见弄贺、科渡丙村田亩，多半干裂，确是韦安国所立之水车，阻碍水路以致之，并查阅甲申年，该两村与车主廖启安所买水车坝契据，确凿不讳，况韦安国所立之水车，只管得几片田亩，弄贺、科渡共有田百数十占，不宜以少碍多。当谕韦安国将水车拆去，永远不准复立，连田归与两村，拨耕拨买，以承国课。又于清光绪三十二年内，据武生梁金龙、民梁延玉、闲学周暨阁七村民等，联名禀称：民业一带水田，向赖自制，恩城排村漆峡、下教水坝，灌溉田亩，颇称膏腴，不料光绪二十九年，适匪四起，屡迫拜台，不敢轻从，特匪怀恨，遂将漆峡水坝，毁坏石条，洩于别处，变坏古口，以致田干禾枯，则膏腴之田，变为瘦瘠之地，将见民无托业，祷望聊生，且碍国计，伏乞作主等情。据此，本州轻骑亲诣，逐一勘验，随将各情禀奉上宪，拟饬遵行修整，以重国赋民生外，并将古制乡禁，因时制宜，逐一列后，勒石以垂不朽云：

一、修水坝所用瓦泥者。

一、路就近挖取，不得坏人田亩，若整大坝取石泥，酌给钱文。

一、年中修崩补洩，修整沟边，凡有田者，每家一名，照右例定，倘有违抗，禀堂治罪。

一、年中修整水道，每家出牛一只，犁耙各备。

一、沟边所有之大木小木，不论何人刊伐，枝叶连根收拾上堤，不准丢放沟中，以致雍塞水道。倘有不遵，查出罚钱七千六百文。

一、私行通碴溲取田水，与扎拦碴取水，以灌己田者，查出罚钱三百六十文。

一、妄自倒碴偷取水灌，被人撞见，指证或被查出者，罚钱七千二百文。

一、擅自放鸭下田，践伤禾苗及啮害青苗者，查出罚钱三百六十文。

一、私自扎拦碴水网捕鱼，或放鸭群崽者，查出罚钱七千二百文。

一、首初播禾（未）到二十日者，不准鸭群下田，倘若查出，罚钱七百二十文。

一、开碴咄入那关一口，横二十、直五分，共田三占二十己地。

二、开碴咄分人那担一口，横七分、直五分，共田一占二十己。

三、开磴呲分入那诸一口，横直二十五分，方孔，共田十八占二十五己。

四、开磴呲分入那诺一口，横六分，直五分，共田九十己。

五、开磴那磨三丈七寸，分入那磨二尺六十五分，余下会另立横磴一条，分入李俊秀之田，其磴长二寸。

六、开平磴吞钟，长二丈二尺九寸，分入吞钟二尺四寸五分，余下大合。

七、开那渠磴呲一口，分入那格婆横一十五分，直一寸。

八、开那渠桥下磴呲一口，横二寸，直一寸。

九、开平磴那渠长五尺八寸，分入那恨五尺八寸，卧寻六尺八寸，潭泌四尺。

（以下字迹不清，从略）

上宪批准，古腾录，凡有田者，必有磴口，若无磴口之田，而其田近于水沟，且卑于水沟，如妄造取水者，即将其人拉到堂，案报照章治罪，以田归公。凡磴界俱定章程，各有额数，总入多寨。各宜守旧制，毋得借私婪取数外。凡磴界之下，沟口相连，不得以此沟多下之地，而凿开取水沟之水。此坝自于排村前面流至科波村，并无人抢（撑）水车者，若有何人妄立人抢（撑）水车以利己至损人者，先砍破其水车，后弃捉拿治罪，各宜遵章管照，毋违条例。

　　　　宣统二年（1910）十二月初八日给那弄贺村、科波村民刻碑①

　　这通碑刻于1910年，立于今桂西南的大新县太平镇科渡屯。立碑缘由是位于漆峎水沟之尾的弄贺和科波两村，因为上游村寨有村民设置水车，阻碍水路，致使两村无法取水灌溉，田亩拆裂，引发用水纠纷。主管地方官在现地查勘，拆除水车解决纠纷后，将古制乡禁，逐一勒石刊布，以备遵守。碑上所刻十九条惯例古规，内容涉及水沟的修理维护、水源保护、沟水的分配与使用等内容。石碑虽为官方主导下刻立，但因

———————

① 广西壮族自治区编辑组编：《广西少数民族地区碑刻、契约资料集》，广西民族出版社1987年版，第5页。

该地民间灌溉用水"向赖自制""各有度数",已形成了通行有效的用水习惯规范,所以在官方出面调解矛盾、化解纠纷后,依旧要求群众按古制和自定章程使用管理水资源,民间法实际上得到了官方的尊重、吸纳和认可。

云南宜良《响水沟碑》

……有响水沟一道,灌溉路南、陆凉、宜良三属田亩,源流有三十余里。自乾隆三十二年(1767)工竣至今,田亩受利甚著,但未经请示勒石立定章程,恐将来沟道遇有坍塌,彼此推诿,是以本来七月内叙情,分禀陆凉、路南二州主,俱蒙给示勒石。仰垦天星亦给明示,以便勒石遵守,并请赏给沟首水利匾二,以示鼓励等情。据此,除批示外合行给示,为此示仰蔡家营等村沟首水利,以及得济士民人等知悉:嗣后凡有沟道坍塌,多需按照得济田亩多寡,共同出夫修筑,勿得观望延挨,彼此推诿。倘有特符特强不行出夫修筑者,许该管沟首水利查勘具禀,以凭提究,各宜凛遵毋违。特示给响水沟沟首水利人等永远遵守

乾隆四十六年(1781)十二月日示

告示

今将响水沟上下七村公议修筑沟坝长短丈尺数目开后。

计开:

——车田分得龙口第一截,上自龙口起,下至小龙潭上;又一截自桥房过枧下起,至大村界限止;

——大村分得龙口第二截,上自小龙潭起,下至钱娃麦地止;又一截自大村界限起,至蔡家营涵洞止;

——蔡家营分得龙口第三截,上自钱胜麦地起,下至小沙枧石咀止;又一截至蔡家营涵洞起,至蔡恒生田头止;

——中村分得龙口第四截,上自小沙枧石咀起,下至摆夷村界限止;又一截自蔡恒生田头起,至本村石岩头止;

——摆衣村分得龙口第五截,上自摆衣村界限起,下至新村界限止;又一截自中村石岩头起,至新村界限止;

——新村分得龙口第六截，上自新村界限起，下至杨贵田止；又一截自新村界限起，至前所界限止；

——前所分揭龙口第七截，上自杨房田起，下至桥房过枧止；又一截自前所界限起，至李晁大田止；——上前所军田未曾分沟。

以上七村，上自沟口，下至沟尾，每村均分二截。上七截每田一工，分沟四尺六寸；下七截每田一工，分沟六尺四寸，俱系按田多寡量定尺寸，立清界限，不得更移。至于响水大坝、蔡宗营小坝、地枧、石洪冲过枧、王音洞石岸、羊捲洞过枧、中村石岸、小里沟过枧，系七村公办，不得推诿。至于七村水利，务需上下不时巡查，恐有坍塌淤阻，即按田亩派夫修筑。如有推诿不前，因循怠玩者，沟首禀官究治；如有人夫抗拗者，水利亦指名赴官。

——车田水利　王尧侯　王希尧　龚淳　王谈

——大村水利　李茂　蔡琼　蔡全　何显堂

——蔡家营水利　罗士珍　蔡胜朝　蔡允中　蔡荣祖

——中村水利　白天贵　方发科　周起

——摆夷村水利　用阳甫　李有先　舒发甲　蔡显祖

——新村水利　李沛　张焕　李槐

——前所水利　李伯才　杨槐　赵莲升

公议监管大坝、龙口水利李希颜、仕家麒

公议上下巡查沟道、催收上前所军田水租水利龙云淳、李伯才、王琰、蔡全、何显堂、蔡允中、蔡荣祖、舒发甲。以上八人务宜尽心协办，勿得怠惰偷安，如违，赴官惩处。

龙飞乾隆四十七年（1782）岁次壬寅季冬月　吉旦

八村沟首水利田户人等暨石工阮全立①

上面抄录的碑记，为现存云南省宜良县北古城镇蔡营村土主寺响水沟碑记之一种。立于乾隆年间的响水沟碑记共有一套三通，其中的两通详细记载开沟工程始末、保养维修、任务分配、经费筹集分摊、用水规

---

① 周恩福主编：《宜良碑刻》，云南民族出版社 2006 年版，第 31—33 页。

章、管理制度、管理组织等，一通则对自乾隆十七年（1752）兴工至乾隆五十五年（1790）共 38 年间所有银两费用作一总的结算公布，并将所有开沟底册、文券、单账、簿子当众焚化销毁等翔实记载。响水沟又称七村大沟，位于北古城镇东北部，为宜良明清时期仅次于文公河（西河）水利工程的一项重大水利设施，由车田、大村、蔡营、中村、摆夷村、新村、前所（分上下前所，故碑记中亦称八村）七村举 3000 余人之力，历时 15 年建成，至今仍然发挥着较好的工程效益。[①] 在我们所收集到的有关西南水利设施的碑刻资料中，响水沟碑记是较为典型的。立碑缘由在于响水沟建成以来，沟渠流域田亩受利甚著，但怕将来沟道塌方堵塞，各村互相推诿，难以保障正常的灌溉。于是，在地方政府的主导下，勒石立定章程，明晰各村负责保养维修护的沟段及相关的责任人，从而保障了七个村寨有序的水利灌溉。

《水排塘碑》

盖闻筑池（塘防）旱，积谷防饥。倘有塘而不知修筑，焉知桑田不变为海乎？唯是吾等不忍坐视瀑流枯涸，约众谋议，依田凑敛钱文，鸠工筑砌，去工价钱一十四千七百文。然塘头之崩坏，皆由于牛马践踏，亦因强蛮之徒不许掘挖，致令一处亏缺者，百处随缺。底下之田，或遭旱槁，或（遭）淹没，其为害不少也。自此以后，众共立禁，倘有不遵者，□送官治。故立禁条子后，永远为志。

第一件禁，不许赶牛马往塘头践踏，如有违例者，罚钱修庙；

第二件（禁），不许强蛮（掘）挖塘头，查知者，罚钱修庙；

第三件禁，照依水路取水，不许横挖往田打沟，如违者，罚钱修庙；

第四件（禁），各人应照依水（势？）取水，不许依势乱筑。如违者，罚钱修庙；

第五件（禁），各人田基务要自筑厚实，好安水坪。若有不依水坪私偷水者，罚钱修庙。

---

① 周恩福主编：《宜良碑刻》，云南民族出版社 2006 年版，第 34 页。

计开各会首姓名列后……

时乾隆五十年岁次乙巳孟夏吉日立①

《水排塘碑》立于 1785 年，记录的是广西柳州白露乡小村一带村民在修建池塘以防旱灾时立下的石碑，碑文讲述了修建水排塘的缘由、工程费用及对池塘、水沟、用水的规定，对违规者，则是一律"罚钱修庙"，可见庙宇在当时人们心目中的地位。

类似《以顺水道碑》《响水沟碑》《水排塘碑》这样的水利碑刻，在西南地区的乡村社会并不少见。这样的水利碑刻，多立于水利设施旁边和村社寨旁，对乡村社会用水显然有很强的规范作用。

在西南民族村落社会中，以文书契据等纸质形式存留下来的乡规民约也占有一定的比例。如在哈尼族生活的云南省金平县马鹿塘，发现了一份光绪年间的水资源使用契约。全文如下：

具立沟单人户 合同

光绪二十七年苦竹林、马鹿塘、新寨、河头、保山寨众沟户议定开沟。坐落地为平河三家寨子脚大沟水一股，修×××××××，议定每个工三毫。偷水犯拿提花银一元，众议罚米一斗，猪肉十六斤，酒三十碗，盐一斤。又如倘有天番（翻）田崩，众沟户议定水口能可以下，倘有田不崩不许可能上能下，拟各照前处罚。

赵进朝水半口，李德受水二口，

盘金恩水半口，李成保水一口，

李玉德水一口，朱一苗水半口，

陈木腮水二口，李折壹水半口，

陈扯戛水二口，高折彩水一口，

李平才水二口，高朵梅水一口，

---

① 罗方贵：《白露小村〈水排塘碑〉——前清的生产性村规民约》，载政协柳州市柳北区委员会《柳北文史》编辑委员会编《柳北文史》第 14 辑，1999 年，第 253—254 页。

朱一告水二口，赵承明水一口，

盘有明水二口，曹一夏水二口，

赵才理水一口，邓进印水一口，

盘永县水一口，李陡折水一口，

赵金安水一口，李取扯水三口，

朱舍水一口半，牵取壹水半口。

立于民国三十三年

甲申岁朱文富买恩水一口来帮补沟底现金陆元正①

这份契约订立于 1901 年，系由苦竹林、马鹿塘、新寨、河头、保山寨等村寨的用水户在开沟之时议定的。契约明确规定了各户按用水量开沟口和缴纳费用，并对不按规定用水、偷水者给予一定的处罚，既公平合理，又有效地规范了用水秩序。

进入 20 世纪 50 年代以来，乡村社会被完全纳入国家的行政管理之中，国家层面或地方主导制定的法律法规中，均有相关的对水资源管理的内容。然而，民间的古规旧制，依然不同程度地发挥作用。同时，60 余年来，在地方的乡村社会实践中，也制定了一些新的乡规民约。下面让我们先分析《大瑶山团结公约》和《高昌村人畜饮水与灌溉用水规定》。

《大瑶山团结公约》

我大瑶山各族各阶层人民，自解放后，在中国共产党、毛主席领导教育下，大家认识到，过去各族及民族内部不团结的原因，是国民党反动派和极少数坏瑶头挑拨离间所造成的。因此，今后大家必须互相谅解，不计旧怨，共同在中国共产党、毛主席和人民政府领导下，亲密团结，并订立《团结公约》六条，共同遵守不渝：

（1）长毛瑶为表示团结，愿放弃过去各种特权，将以前号有公私荒

---

① 《民族问题五种丛书》云南省编辑委员会：《哈尼族族社会历史调查》，云南民族出版社1982 年版，第 47—48 页。

地，给原住瑶区各族自由开垦种植，谁种谁收；长毛瑶和汉人不再收租，过去种树还山者不退，未还者不还。

（2）荒山地权归开垦者所有，但荒芜一年以上，准由别人开垦。杉树山砍后，如隔一年不修种，则该山地可自由开垦，谁种谁收。水田荒芜五年以内者，经别人开垦后，三年不收租；荒芜五年以上者，可自由开垦，谁种谁收。

（3）老山原杉树、香菇、香草、竹、林等特产，仍归原主所有，不应偷取损害；但无长毛瑶培植特产之野生竹木地区，可自由栽培香菇、香草。

（4）经各乡各村划定界之水源、水坝、祖坟、牛场不准垦殖；防旱防水之树木，不准砍伐；凡放火烧山，事先各村约定日期，做（修）好火路，防止烧森林。

（5）除鸟盆（按：鸟盆为大森林中的捕鸟工具）附近外，山上可自由打鸟。各地河流，准自由钓鱼、放网，但若放麸闹鱼（按：放药毒鱼）应互相通知邻村集股作份，不作份者，只能在界外捡鱼。

（6）瑶族内部，原有水田的租佃关系可由双方协定，但不须超过主一佃二租额。除地主富农外，有力自耕者，可收回自耕，但不须换佃。

以上公约，如有违犯或纠纷，由各族各阶层人民选出代表成立各级协商委员会调处，并会同各级政府按情节轻重处理。凡住在我大瑶山人民（包括汉人），均须遵守。各乡各村可依本地情况另订具体公约，但不得与本约相违背。本公约修改权，属于大瑶山各族各界代表会议。

大瑶山各族代表会议订立

公元一九五一年八月廿八日①

在 20 世纪 50 年代以前，广西大瑶山瑶族社会几乎是一个与外界隔绝的社会，民间社会的运转主要靠民间法来维系。在瑶族的民间文献尤其是以汉文文书形式保存下来的各种不同形式的《过山榜》中，就有一些

---

① 黄钰辑点：《瑶族石刻录》第一卷，云南民族出版社 1993 年版，第 273—274 页。

关于水生态的内容。① 大约在近代以前，瑶山社会还保存着完整的石牌制度，"寨有铭刻，村有石牌"，石牌遍及各个村寨。在石牌制度下，有关农业生产、维护社会秩序的规范法则，往往被制成若干条文，刻在石牌或书写在木板上，让全体成员遵守。石牌制作为一种带有酋邦性质的社会整合机制，对维护瑶族社会正常运转起到非常重要之作用。20 世纪 50 年代初期，大瑶山剿匪胜利，推翻了国民党政权的统治，为解决大瑶山各民族内部之间、瑶族与外族之间的土地、山林、河流等纠纷，尽快恢复和发展生产，促进瑶族社会的全面进步，在进行社会改革的过程中，广西金秀瑶族自治地方政府，借鉴瑶族传统石牌制的影响力，以中国共产党的民族理论政策为依托，通过召开各族代表大会、进行民主协商的方式订立了《大瑶山团结公约》。这个公约订立之前，在瑶山已经有几个有别于传统习惯规约的小规约，如象县东北乡《民族团结六项决议》（1951 年 3 月 26 日）、修仁县《瑶区团结公约》（1951 年 6 月 16 日）等。在这几个小公约中，《民族团结六项决议》第三条规定："河水以村为单位管辖，捞鱼、钓鱼自由，不再收租。"《瑶区团结公约》第五条规定："山冲水源、田边水坝、牛场、山林，不应该砍伐和垦殖，以免影响禾田与牲畜。"② 这些小公约在某种意义上，可以视为《大瑶山团结公约》形成的蓝本。《大瑶山团结公约》的六个条款中，第四、五条对水源环境有明确的规定。《大瑶山团结公约》制定后，根据在推行过程中遇到的新情况，1953 年 2 月 24 日，又制定了一个《团结公约补充规定》，其中第二条"关于山权问题"中规定："水源发源地，由政府领导通过各族代表划定水源范围内之林木不应砍伐，以免损坏水源，不利灌溉，除此之外不得乱扩大水源范围，限制开荒。"③

---

① 参见《中国少数民族社会历史调查资料丛刊》修订编辑委员会《瑶族〈过山榜〉选编》，民族出版社 2009 年版。
② 韦杨：《〈大瑶山团结公约〉研究》，硕士学位论文，广西民族大学，2005 年。
③ 黄钰辑点：《瑶族石刻录》第一卷，云南民族出版社 1993 年版，第 276 页。

《高昌村人畜饮水与灌溉用水规定》

1. 我村自然灌溉的水与沟，应大家管理，大家维修和大家使用；

2. 开挖沟渠，应大家共同投资、投劳，没有投资、投劳者，一律不准使用；

3. 禁止因开荒、修路、建房和其他原因破坏水渠和新修水沟；

4. 我村自然水渠与新修水沟，如需改变，要经村组与村民研究决定方能改变；

5. 我村人用水井，禁止放牧进饮，禁止私自开放水井灌溉田和破水开井的行为；

6. 禁止修房、修牛圈、修厕所破坏污染水井；

7. 公用公管水井，禁止私自霸占；

8. 灌溉用水，在水紧张的季节，用户需排上用水班次，以免争水闹事；

9. 以上各条望村民遵守执行，如有违者按情节轻重作罚款处理。①

1984年，贵阳市修文县高昌村村党支部和村委会共同订立的这个专门性的人畜饮水与灌溉用水规定，共有9条，涉及灌溉用水和人畜饮水两大方面，规定主要在村寨共享水资源层面上，强调在公用水沟、水井的管理中，共同投资、投劳，共同修护、管理，禁止破坏水沟、污染水井等各种行为的发生。表面上看来，内容较为全面，但仔细分析我们发现，灌溉水沟有自然灌溉的水渠和新修水沟两种，其中自然灌溉水渠实际上是一种已经存在的水利灌溉设施，属全体村民共享，属于原沟取水的范畴，关键是如何指定专门的人负责平时的维护，但规定中没有这方面的内容，管理操作中有困难。新修水沟可以根据参与修建的情况而限定使用的人群，有一定的现实操作性。另在违规的处罚上，仅以"按情

---

① 徐晓光：《贵州苗族水火利用与灾害预防习惯规范调查研究》，《广西民族大学学报》2006年第6期。

节轻重作罚款处理",空泛而不具体,带有很大的伸缩性。所以,从总体上而言,这个规定给人一种形式大于内容的感觉,在实际操作中如果不借助其他的手段,可能很难真正发挥效用。

除了像《高昌村人畜饮水与灌溉用水规定》这样专门性的规约外,在一些综合性的乡规民约中,与水资源、水环境相关的内容也是非常重要的部分。典型如下:

《营上村村规民约》第四项

第一条:水利是农业的命脉。我村的水利设施,各条渠道的管理和受益,历年来已形成议规,应按原议规进行管理和用水。任何重新开水源、渠道不得截断原沟渠水源,不得损害他人利益。凡不依规约强行在他人水源头开沟接引水的,应受到村委强行制止。违反人应承担一切责任后果,并罚款壹佰元。

第二条:严禁在水源头山上开荒种地,在沟的里坎和外坎挖石挖泥、挖柴桩。因挖掘引起塌方壅沟垮沟,除勒令违反人予以修复恢复原状,不漏不浸外,罚款伍拾元,报口钱参拾元。

第三条:偷接别人班水,罚款伍拾元,报口钱伍拾元。

第四条:严禁到水井边洗任何东西,用自己的盆桶等也不行,违犯者罚款壹佰伍拾元,报口钱伍拾元。如有红白喜事,到水井边洗菜等,原则上可以照顾,但喜事完成后,总管要安排人淘、扫水井。

第五条:干旱年月,饮用水困难,如用任何方式、方法弄井水去灌田、养田的罚款壹佰伍拾元,报口钱壹佰伍拾元。不服者由村委挖其田坎。

第六条:故意把水井弄脏,倾倒脏物、垃圾破坏水井卫生的,在水井内用鱼篓等物养鱼的,罚款参佰元,报口钱伍拾元。放牛到水井边吃水(包括用盆桶打水喂牛)、洗牛的,罚款伍拾元,报口钱伍拾元。

第七条:建设我村的人畜饮水工程、消防工程,是造福现在和子孙后代的大好事,全体村民、各家各户都应该积极支持。人饮、消防工程需用土地的,村委和户主合理协商解决,户主不得提出不合理和过高的要求习难；安埋水管所过之处，各户主不得以任何借口阻止、刁难。如果损坏现有农作物的，可双方协商合理给予一定补偿。

第八条：任何时候、任何季节、任何人都不得开水闸，开水龙头放水打干田、灌田、养田，如果违反了，引起全村消防安全受到威胁，应从严追究各种责任外，罚款伍佰元，报口钱壹佰元。

第九条：为了有资金管理和维护我们的人饮工程、消防工程保持完好，发挥功能，各用水户应按村委规定的条约按时交纳水费，各户不得以任何理由拖欠或耍赖。①

这是贵州雷山县西江镇营上村 2002 年订立的村规民约中第四项有关"水利、水井、自来水部分"的内容，全部规定共有 9 条，涉及社会生产生活中的诸多用水环节，内容完备而周详，具有很强的针对性，尤其是在具体的违约罚款上，几乎每一个环节都有不同的处罚额度。文中所出现的"刁难""耍赖""报口"等字眼，也颇具乡村生活特色。

《多依村村规民约》中的"水资源管理"与"自来水管理"

第二条"水资源管理"，其内容如下：

一、水资源属国家和集体所有，严禁任何人以各种借口或手段侵占河流、水库、水沟、坝塘等。水资源属全民所有，村社等集体经济组织所有的河流、水库、水沟、坝塘的水属集体所有。

二、禁止在多依河流域炸鱼、毒鱼，违者除按有关规定处理外，每次罚款 20—30 元。

三、禁止在多依河沿岸开挖采石、砍伐风景树，违者按风景区管理规定处罚，每砍一棵树栽十棵成活，情节严重的由公安机关追究刑事责任。

四、水资源属集体，用于牲畜打泥、饮水用等，私人不得侵占，如

---

① 徐晓光：《贵州苗族水火利用与灾害预防习惯规范调查研究》，《广西民族大学学报》2006 年第 6 期。

需用水养殖或其他经济开发的，必须通过全村人民的许可，并缴集体水资源费每年300元，一旦国家集体建设需要，必须退回，只补适当的养殖受损费。

五、禁止在多依河风景区沿岸堆放垃圾，各种污染物及其他的杂物，违者按风景区管理相关规定处罚外，并由村罚款10—20元。

六、禁止在沟渠上下开控种植，不得毁沟挪埂，如因此造成塌方等经济损失由违者自负，并罚款30—40元。

七、老街—他同的水沟，在二面光水沟未修前，每亩每年缴护水员25斤干粮，护水员必须保持沟渠水满，否则受益户有权指交拒水粮，沟渠保持水满，受益户不得以任何借口拒交护水粮，违者罚款2—3倍，无专人护水的水沟，各户应处理好用水调节，应分段包干，合理利用，不得以任何理由阻止沟水畅通，因此造成的损失由违者赔偿。

第六条"自来水管理"，其内容如下：

一、我村自来水的接通使用，给全村人民带来生产、生活饮水的方便，提高全村人民生产、生活水平，节省了更多的劳力，为了维护好这来之不易的受益，水管员必须履行职责，经常检查维修，全村必须服从水管员的管理，不得私自乱扭、乱接甚至毁坏，若有发现一次罚款10—20元。

二、全村应积极交纳水费，水费延期不得超过二个月，如延期不交者，水管员有权停止供水至交清为止。

三、各户的水管、水表受损坏时，必须当日汇报水管员，并采取措施阻止漏水，否则按上月的用水总数加倍计收。

四、主水管受损坏的由全村负责维修，进入各户的水管从水表受损由各户自己保护维修。

多依村民委员会

一九九九年八月二十五日①

---

① 高发元主编：《云南民族村寨调查·布依族：罗平鲁布革乡多依村》，云南大学出版社2001年版，第147—150页。

在《多依村村规民约》中，第二条"水资源管理"明确规定，村域范围内的所有河流、水库、水沟、坝塘的水属于国家或集体所有，全体村民均有责任保护村落水环境、水生态，严禁个人侵占、破坏，尤其是对村寨灌溉用沟渠的规定更为具体。在第六条"自来水管理"中，对全村自来水管的维修、维护及水费的缴纳作了初步的规定，但总体上来看，还不是很具体。实际上，在一些村组制定的水资源管理规定中，有的比全村性的村规民约更具体，更具有操作性。如云南富源县古敢水族乡补掌村公所下辖的都章村，二社下排14户联合集资安装自来水后，这14户就制定了《治水条约》共同管理属于他们的这份联合资产。《治水条约》共有六条：

第一条说明这项工程各户投资的资金额以及资金总额，"在我们这一小项工程，各户投资壹佰壹拾伍元贰角，其中有一户投资肆拾捌元，总投资壹仟伍佰肆拾伍元陆角。"

第二条规定各户要有责任心保护好、管理好自来水管。

第三条是对破坏水管的人的惩罚规定，规定说："发现任何人破坏水管，按总投资额赔偿一半。在我们这14户之内，破坏水管、水池，要按原物修理为准。"这条规定对内外的处罚标准不一。之所以对不属于这14户人家的人破坏水管惩罚要重，是因为外户可能因各种原因如报复、嫉妒等而破坏水管。因此所规定的惩罚标准主要有一种经济上的威慑作用，使外户因故意破坏水管的经济成本过大而无心实施破坏行为。而内部14户是投资者，一般不会故意破坏水管。出于无意或意外情况下而损坏水管，所以惩罚要轻些，修复损坏的地方即可。

第四条规定在十年之后，搬到比水位高的地方去住的用水户，需要其余几户返回集资财产无效。在十年之内，搬到比水位高的地方去住的用水户，每年按20%的折旧费退回。这条规定主要是为了防止现用水户因搬迁而不能用水导致财产纠纷的预防规定，同时在规定期限内也保障现用水户因搬迁而不能用水的投资利益。

第五条规定："从1月到5月不能用水。除了1月至5月之外，要看水大小，水大可以平时用水。"这条规定说明了用水的方式，告诫用水户在枯水季要节约用水的方式，不能浪费水。

第六条规定从即日起治水条约有效，各用户不得有违反，若违反者，每次罚款 10—20 元。不管任何人发现破坏水管、水池者，从罚款中提出 50% 作为奖金。此条规定了各用水户违反《治水条约》的惩罚经济标准，同时用经济奖励办法鼓励无论是用水户，还是非用水户揭露破坏水管、水池者，共同维护好属于他们的公共财产。①

上面我们以个案为例，有选择地介绍和分析了西南村落社会与水相关的一些规约。这些以"某某碑记""某某规定""某某约"等名称出现的规约，有的是在地方政府主导下制定的，有的则是民族村寨内部自然地形成的，它作为维护社会秩序的一种力量，由于很好地吸收了民族社会自然生长起来的传统知识，在制定过程中又有村民广泛地参与，村民的认同度高，针对性强，所以在具体的推行过程中，具有可操作性，对于调整村落水资源的分配与使用、保护村落水环境起到了非常重要的作用。

第四节　水资源的分配与用水习惯

在尚未从事定居农耕之前，人类迁徙不定，对处于自然状态的水只是被动地利用。当人类开始从事农耕，有了相对固定的居所的时候，围绕着水与土地之间的关系，村域范围内的人群，为协调相互间的生产生活用水，处理各种与水相关的公共关系，必然会形成一定的习俗惯制和用水规范。

在西南地区的村落社会，村域水资源的使用与管理习惯，各民族各地区之间虽然存在着一定的差异，但在总体上，本着互助互利的利泽均衡原则，合理地分配水资源，可以说是村落社会中在处理相邻用水关系

---

① 高发元主编：《云南民族村寨调查·水族卷：富源古敢乡都章村》，云南大学出版社 2001 年版，第 142—143 页。

时，较为通行的一种做法。如侗族侗款《六面阳规》五层五部规定：

> 讲到塘水田水，我们按公时的理款来办，按父时的条规来断。水共渠道，田共水源，上层是上层，下层是下层。有水从上减下，无水从下旱上。水尾难收稻谷，水头莫想吃鱼。莫要让谁人，偷山塘、挖田埂、偷水坎，在上面的阻下，在下面的阻外。做黄鳝拱田基，做泥鳅拱沟泥，引水翻坡，牵水翻坳；同上边争吵，同下边对骂。这个扛手臂粗的木头，那个抓碗口大的石头，互相捶打断梳子，互相推打破头壳，这个遍体鳞伤，那个鲜血淋漓，喊声哇哇，骂爹骂娘，捞手捞脚，塞水平基，我们要他水往下流，我们要他理顺尽量，要他父赔共，要他母赔钱。①

龙胜地区《侗族议事款》十一层十一部规定：

> 讲到池塘田水，水流共源，大坵不得少分，小坵不得多给。上田先灌，下田后浇，不许谁人挖断田基，挖坏吉口（出入水口）；不许做蛇钻暗洞，青蛇钻田边（偷水）。你上块田想吃饭，下田想吃鱼，使得别人田裂塘干。你富登天，别人穷到底。你成大户，别人穷苦。此等事必依"款约"处罚。②

这些极富哲理性的侗款，采用生动幽默的语言，从民族社会长期形成的行之有效的古规讲起，凸显了村域用水中水地相连、共同享有用水原则，强调沟渠的上下游之间合理有序地使用以及处理纠纷的方式，虽然是民间的习惯，即使是在今天，依然符合现代民法的精神与理念。

类似侗款的用水讲古规的习惯规范，在西南地方志文献、水文碑刻、谱牒家谱、文书契据以及苗族的榔规、瑶族的石牌令中，我们都能够见到。这些文献材料在讲到用水规则时，大都会提"旧制""古规""祖

---

① 龙胜县志编纂委员会编：《龙胜县志》，汉语大词典出版社1992年版，第525页。
② 同上。

制""从前旧章""照古取水"等。这说明在西南的乡村社会，村落与村落之间、各村寨内部在协调水资源的过程中，已经形成了许多习惯规范。诸多的保障农耕社会正常运转的习惯规范，我们不可能逐一展开讨论。不过，在具体的操作层面上，计亩分水、轮流放水和同工同劳享用水资源是较为通行的做法。

一 计亩开分水口、定分水量

在农耕社会，从河流上游来的水或者某一条沟渠的水，如何合理地分配给沿河、沿渠各地，需要很好地调节、控制、管理和配给，在分配方法之中，计亩开分水口、定分水量可以是西南民族社会较为常见的一种方法。

一般而言，分水口设在主渠与支渠接口处，由木质、石质等分水闸、分水器控制分水量，也有的是在沟渠与田地的接口处开挖小口，埋置一个简易的分水器，让沟渠之水自然分流到水田中。在用水的分配中，基本的原则是首先满足沟渠上游或者是先开凿的支渠所灌溉的田地用水，然后再满足下游支渠或后开凿支渠的田地用水需要。

在西南地区，计亩开分水口、定分水量并形成完整的制度，以傣族、哈尼族和壮族的稻作农业最为典型。关于傣族和哈尼族的分水制度，我们在相关的章节有专门的讨论，这里重点介绍壮、侗、彝等民族的分水制度。

讲到壮族的稻作农业，大家都可能会联想到龙脊梯田文化景观。实际上，广西龙脊梯田文化景观，作为南国山区非常典型的集壮美与秀丽于一体的稻作文化景观，它由龙脊梯田、大寨梯田、小寨梯田、龙脊古壮寨梯田、金竹壮寨梯田、黄洛瑶寨梯田等多处梯田组成，这些梯田最初开垦于元代，经明迄于清渐成规模。整体而言，广西龙脊梯田一般分布在海拔 300—1100 米，灌溉用水主要是来自山顶山涧水，人们开辟沟渠，把山涧水引入梯田，为灌溉所用。这里壮、瑶等民族，在长期的稻作农业实践中，不仅总结出了极具生态内涵的灌溉制度，而且在用水的分配上也有许多行之有效的方法。如在广西龙脊壮寨，当很多梯田都在共同使用一条水渠的时候，人们便在分水的地方安置分水门。分水门有木质和石质两种，具体做法是，在用于分水的木块或石块上，凿下一个至三个缺口，使之成"凹""凹凹""凹凹凹"状。一般石质的分水门，用很沉的青麻石料制成，深深地埋于地下，很难拔出来。分水门上缺口的多少和大小，严格按照所灌溉田亩的多少而定。有了这种极为实用的分水门，可以在一定程度上保障梯田灌溉用水的公平性，减少水田用水纠纷。假如有人故意弄坏分水门，或者用泥土把水门堵上，使水渠流向自己田里的水量增大。这种举动被视为盗水行为，不仅要受到舆论的谴责，而且还要请吃饭，接受数额不等的罚款。①

　　同是在广西地区，宜山县的壮族群众在筑石坝引水灌溉的实践中，传统做法是把石头凿成凹形，按照田亩的多少来凿刻凹的宽窄，置于分水处分配水流，称为"石锭"分水。② 环江县水龙乡壮族常在沟渠的分流处，按照支渠灌溉田亩的多少，设置一个带石齿的水门，合理分配用水。在沟渠的维护与修缮中，根据修整沟渠所需劳力，按每户田的亩数均分，并登记在簿册，交由村中有威信的老人管理。③

　　主要分布在贵州、湖南和广西交界处的侗族，在长期的稻作农业实践中，也有较为完整的水利灌溉制度。一般而言，"侗族社区的整个水域、沼泽和湿地完全实施人工联网，所有的田、塘、泽、堰都有引水渠道与天然河湖相通。在分水口，都有分水闸实施高效控制，使得穿过侗族社区的流水尽可能平缓，水位控制的效率可以精确到以厘米计。"④ 居住在山区或半山区的彝族，历史上也非常重视对水资源的合理分配和使用。据云南省大哨村彝民区石碑记载："每年立夏后十日，各田户于石条水口，按户均匀分放"，保证栽插季节合理用水。碑中还提到"沟头""坝长"，可见该地还有专门管理水沟、水坝的人员，他们的责任应该是

---

　　① 参见韦贻春《广西龙脊廖家古壮寨梯田水利文化研究》，硕士学位论文，广西民族大学，2007 年。

　　② 广西壮族自治区编辑组：《广西壮族社会历史调查》（五），广西民族出版社 1986 年版，第 21 页。

　　③ 参见广西壮族自治区编辑组《广西壮族社会历史调查》（一），广西民族出版社 1986 年版，第 247—248 页。

　　④ 罗康隆：《侗族传统生计方式与生态安全的文化阐释》，《思想战线》2009 年第 2 期。

维护当地水规的实施。村民如有"私敢坏公规者",要追究当事人的责任。云南省大洗衣彝族村,村中有一通刻于清朝初年的石碑,碑文规定:"放注田水,听'水头'的安排,各按顺序,不得妄为。"①

二 轮流放水制度

对一个村域灌区或者以某一条沟渠为主而形成的乡镇灌区而言,如何保障灌区内处于不同渠段的农田均得到灌溉,向来是关乎农耕社会稳定的一个重要问题。在这方面,西南民族村落社会中较为通行的办法是轮流放水或轮班放水。轮流之法,或按天轮流,或按时段轮流,根据所需灌溉的田地而定。关于轮流放水制度,在西南乡村的一些碑刻中多有记载,典型的如下:

《弥勒甸惠渠修沟用水规约》

一、甸惠渠因修沟放水保护受益农田,维持各段永久水利特订本规约。

二、受益农田修沟及有关工程管理、水利行政等事项统由本渠水利协会全权处理指挥。

三、每年阳历四月二十(谷雨)至六月二十(夏至)两月期间定为本渠分三段轮流放水,渠首至土桥(23+000)一段计长二十三公里定为第一段引放用水,土桥以下圣普特(32+500)一段计长九公里五,定为第二段引放用水。普特以下至渠尾(37+200)一段计长四公里七定为第三段引放用水,每段放水时间为三日,照此轮流周而复始,若遇旱年经众协议提前或延长实施,其余月日受益农户自由使用,不加管制。

四、凡享受本渠水利各村寨,每年阳历四月二十日前每村寨各出壮丁一人,向竹园本渠协会报到组成放水巡护队,执行放水规约及巡护修理渠道等工作。

五、春耕用水前,享受本渠水利各村寨,应照前第三条规定分段举

---

① 陈金全:《彝族仫佬族毛南族习惯法研究》,贵州民族出版社 2008 年版,第 235 页。

行大挖一次，名曰岁修，定为常例；至雨水停止后施行清淤培堤，名曰小修，由各保甲长负责督导。受益农户清整本保护区域内渠道。渠首至二号桥（6+770）一段长七公里，每年岁修由全渠受益农户定期召集议定。

六、放水时间或雨季，遇有渠身淤阻，渠堤塌陷影响农田用水，由所属附近保甲受益农户抢修，并飞速报请本渠水利协会指导工作。

七、本渠沟身两旁无论何段均不得安放水碾及其他利用水力设备，也不得横筑沟心坝及私挖渠堤，违者无论公私，除责令修复原状外并应议处。

八、凡有破坏规约致影响水量及用水，由受害农民或管理人员报请本水利协会查究当事人送请司法机关责令赔偿损失，并以妨害水利处办。

九、本规约经享受水权之法门、竹园、朋普三个乡镇绅耆开会议定，公布全部受益农户认可，呈准云南省政府、云南建设厅暨弥勒县政府立案后刊碑刻石永资遵守。

十、本规约自三十七年起实行。

中华民国三十七年四月①

这是一个由乡镇绅耆主导下制定，并被受益农户广泛认可的用水规约。规约把对甸惠渠的修缮管理，明确划分为三段，各段受益村寨在每年春耕前和灌溉结束后，要按惯例对所负责的沟段进行两次整修，名为"岁修"和"小修"。在谷雨至夏至的灌溉期间，三个沟段实行分段放水制，每段放水时间为三日，循环轮流，共同遵守。

《水利碑记》

特授楚雄府楚雄县正堂加三级纪录六次何，为奉本府正堂瞿委讯给示，勒石以垂永久事。嘉庆九年十二月初八日，据镇南州生员周琳、周丕光、李如琳、赵世禄、周瑞、张会榀等禀称，缘生等具控石鼓沟叁夜

---

① 云南省地方志编纂委员会总编、云南省水利水电厅编：《云南省志·卷三十八·水利志》，云南人民出版社 1998 年版，第 647 页。

水例一案，今蒙讯断令生等仍照古规，自坝口起至龙树沟止，若至轮水，作三夜周转灌放，两造俱已允服，具结在案。俯祈赏给印示，将叁夜水规，自坝口至杨显吾口壹夜，杨显吾口至漆树口壹夜，漆树口至龙树口壹夜，逐一载明印示，以便两造勒石遵守等情。据此，除票批示存案外，合行给示，为此仰州县吕合、白土城、张官、石鼓等屯生民田户人等知悉。所有石鼓官沟灌溉田亩水浆，若遇忙种，轮水均照古例灌放。夜水叁夜，从坝口至杨显吾口壹夜，杨显吾口至漆树口壹夜，漆树至龙树口壹夜。自龙树以下，放日水五日，上旗贰昼，下旗叁日，周而复始，不得紊乱。其有沟工，凡现存田亩，不得隐匿，水冲沙淤田亩，不得科派，各宜遵守，慎毋藉端翻异，如违，一并究治不贷。特示遵右仰通知。

嘉庆九年十二月十一日示告示押发公所勒石晓谕①

　　这个水利碑记订立于 1804 年，碑刻现存于楚雄市吕合镇大天城村土主庙内，是关于石鼓官沟轮流放水的一个告示。告示缘起于放水纠纷，楚雄府楚雄县正堂官员查证审断后，参照古规，分段轮流放水，并勒石晓谕，望各沟段恪守公告。与《水例碑记》相类似，在云南通海胡家山冲天神庙内有一块立于光绪十三年（1887）的《轮流放水碑》。该碑详细记载了罗家营等十个自然村，历年因水规紊乱，长期互相扯皮，纠纷不息，讼牍充栋，后官府讯断，结合当地的民间习俗，以地支生肖制定出罗家营、佟家营、王家营、马家营、小马营、徐家营、汤家、杨家营、张家营等十个村寨的放水日期②，从而保障了各村寨合理用水，调解了用水纠纷。

　　如同上面几个比较典型的轮流放水碑记一样，在西南地区许多沟渠的用水分配，采取的也是轮流放水制度。如贵州郎岱渔塘乡九村玉黑大沟的灌溉及养护管理，20 世纪 50 年代前基本上以该村地主吴荣富为"沟头"，由他组织受益农户"包沟"管理放水，实行分段分班轮流放水，但

---

　　①　张方玉主编：《楚雄历代碑刻》，云南民族出版社 2005 年版，第 304 页。
　　②　中国人民政治协商会议通海县委员会文史资料委员会：《通海文史资料》第 4 辑，1989年，第 107 页。

当遇到干旱年份，轮流放水就往往难以推行，沟之下游的田地难以得到灌溉。1952 年 3 月，群众自发组织管理养护，受益户民主选出 1—3 人共 8 人组成管理用水小组，另公推一个大公无私、认真负责的专人管理放水，每年给予合理报酬，订立了合理管水制度。合理用水办法，采用"一把锄头放水"，根据五个寨划分五段，视各段面积大小及水口的远近规定不同的一天一夜、两天一夜、三天两夜的放水时间，分段分班轮流放水，旱象严重时实行"先干先放，后干后放，不干不放"，若两班或多班同时间干，根据现有水量调剂配放。① 位于贵州雷山县城东北的大沟渠道，为大沟乡的主要水利灌溉设施。该渠道始建于 1946 年，20 世纪 50 年代后又进行了多次整修，灌溉面积由最初的 100 余亩扩大到 1000 余亩，相应的管理措施也不断完善。20 世纪 90 年代，工程管理与灌溉管理主干渠 21 公里固定六人专管，分三段，每段两人，负责工程养护和配水用水。支渠由受益村管理。每个村各包一段渠道，规定垮塌用 10 个工以下，由专管人员负责，10 个工以上由村所属段负责。实行轮班用水，开觉村二天，控拜村二天，乌高村一天，掌乌村一天，互相照顾，天干先近后远，平时先远后近。② 这种轮班放水的习惯在贵州雷山县也利村 1987 年制定的村规民约中也有明确的规定："稻田严格按沟、渠、源取水，按既定的排班论次用水，不许偷开用或未征得同意取用水，枯水期间相互商量，丰水期间要合理排放；保证农业生产生活用水；凡偷开水田，发现查实一次罚款 100 元，偷饮水沟取水，每次罚款 10 元，故意开水冲坏路、田土等，除负责恢复好外，每次罚款 20 元；垃圾要定点处理，对乱倒垃圾，猪、牛粪水污染，环境不及时处理的，罚款 20 元。"③

另外，苗族在水利管理分配方面有一套传统的习惯规则，哪条沟渠灌溉哪几丘田是固定的，若地权转移，用水权也转移。栽秧分水时，可以相互协商，按受益田的面积及比例整天的轮流放水；或一天中分作若

① 六盘水市地方志编纂委员会编：《六盘水市志·水利志》，贵州人民出版社 1991 年版，第 196—197 页。
② 《雷山县水力志》编写组编：《雷山县水力志》，1990 年，第 78 页。
③ 徐晓光：《贵州苗族水火利用与灾害预防习惯规范调查研究》，《广西民族大学学报》2006 年第 6 期。

干时段，按受益田的面积比例轮流放水；在争着用水时，则用分水闸分水。分水闸是用木板按比例刻成宽窄不同而深度成水平的缺口，如甲占三股，则口宽三寸，乙占两股，则口开两寸，等等。把水分到支沟，再按这个办法分到田里。自己不去分水，则被认为弃权。天旱水小，分股后水流不到田时，则以时段进行分配。自己的田干了，也不能争别人的水。① 云南大理喜洲白族的灌溉放水之法，按古例是"上满下流"，即上边的田流满后才放给下边的田。各村在用水期间都有水班组织，每村2—4人，负责放水给各户。②

第五节　村域水权纠纷：习惯法与地方秩序

水资源作为村落社会一种具有广泛影响的"公共资源"，对它的调配、使用向来是村民共同关心的大事。任何一个村落社会秩序的建立，如何协调村民之间的生产、生活用水，可以说是一个十分关键的环节。以水为主导的水事关系，往往直接延伸到村落社会关系的诸多方面。同样，对于以村落为单位组成的地方基层社会而言，因为河流、沟渠走向的跨村落性和跨区域性，同饮一江（河）水、同饮一湖（潭）水和共同享用一个灌渠等唇齿相依的水资源关系，始终是村落之间无法改变的一种客观现实，这种现实关系往往成为掣肘乡村秩序的一个重要因素。

在西南民族村落社会缓慢的发展过程中，村寨内部以及各村寨之间，基于水地相连、利泽均衡、兴工用水等原则，形成了一些关于对水环境、水生态维护以及水资源的分配与使用的习俗惯制。这些习俗惯制，对调整村落社会秩序、规范村落民众用水行为起到非常重要的作用。但是，一个不容忽视的客观事实是，因为水资源在村落社会资源竞争中、在村落社会秩序构建中处于非常重要的地位，相关的矛盾和纠纷也比较突出，各种不同的水利纠纷中，无论是以家族与家族、村组与村组、村寨与村

① 向晓玲：《少数民族环境保护习惯法研究》，硕士学位论文，西南政法大学，2010年，第6页。

② 云南省编辑委员会编：《白族社会历史调查》，云南人民出版社1983年版，第26页。

寨之间的纠纷呈现，还是在更大范围内表现为乡镇与乡镇、县与县之间的纠纷，可以说都是事关村落社会稳定的大问题。事实上，我们上面相关部分所讨论的包括禁忌习俗在内的各种不同层面的民间法，作为乡土社会自然生长起来的一种知识体系，对于今天构建和谐的村落社会关系依然是一笔可以继承的遗产。这里，我们重点以"水环境—水生态碑刻"为例来展开分析。

　　在村落社会的研究中，村落碑刻资料是一个非常重要的类别，它具有其他文献资料无法替代之作用。从微观性的验证资料出发，考察村落发展史，我们发现在西南广阔的乡村社会，存在着大量的碑刻。碑刻的数量没有专门的统计，但如果从《中国文物地图集》的西南各省区分册《云南林业文化碑刻》《云南乡规民约碑刻大观》等相关著作的搜集来看，上千通大概没有问题。在上千通碑刻中，专门的水利、水井碑刻，对水环境的保护和利用的指向是非常明显的。在一些林业碑刻或综合性的乡规民约碑刻中，也有不少是关于水环境—水生态保护的内容。就专门的水利碑刻而言，我们翻检到的比较典型的有明代的《左州养利州奉断在太平筑坝灌田碑》《（峨山彝族自治县觉罗村）万古传留碑》《（禄丰县）前所军民与彻峨庄丁分水界碑》《（保山）孝感泉四村班水碑记》《大理府卫关里十八溪共三十五处军民分定水例碑文》（洪武宣德年间）、《洗心泉诚碑》[1]《石鼻里水利碑》[2] 等。清代的《（宜良县）小龙洞水永远碑记》《（宜良县）重镌玉龙村下伍营分放小龙洞水碑记》《（宜良县）响水沟碑》《（宜良县）永济塘碑》《（宜良县）文公河岁修水规章程碑》《（牟定县）庄子村水规记》《（牟定县新桥镇）迤西冲坝水规》《（祥云县）禾甸五村龙泉水利碑》《（大理市海东镇）名庄玉龙两村水例碑记》《羊龙潭水利碑》《（腾冲县樊家营）大沟水寸碑记》《（腾冲县阎家冲）龙王庙碑叙》、大梧村《孙主堂断祠记》龙岸下地栋村《给示勒碑》、太平土州（今大新县）《以顺水道碑》《水排塘碑》《小龙洞口放水石槽碑》《判决坝案碑记》《元阳县马街乡红土寨水井碑》《糯咱水沟碑记》《布衣

---

[1]　立于正德十四年，现存云南洱源县旧州村街心。

[2]　立于万历初年，原在云南昆明西郊车家壁（明代称石鼻里），现存马街小学。

透龙潭左山沟水碑记》《详准布衣透沟水碑记》《修西沟石枧碑记》《引水序碑》《老乌山分水诉讼碑》《吴营村水班碑记》《石缸序碑》《石缸乡规碑》《轮放大海水规碑记》①《鹿城西紫溪山封山护持龙泉碑序》②《水例碑记》③《论水碑记》④《修东河碑记》⑤《清浪争江案碑》⑥《重修龙箐水例碑记》⑦《本州批允水例碑记》⑧《龙泉池分水告示碑》⑨《抱管龙井乡规碑》《重修井碑记》《菜苗护井碑》《修井路碑记》《鹿城西紫溪封山护持龙泉碑》《禁示龙塘碑》等。民国以来的《（隆阳区板桥镇）光尊寺之山佃摆菜新寨等处灌溉田亩水规碑记》《清理郑营民水碑记》《郑营民水姓名碑》《新嘎娘水沟碑》《猛弄司兴修长源水碑记》⑩《值生水闸碑记》《杀鱼地界碑》《弥渡县第二区大横箐水利管理委员会用水公约》（1954年制定）、《饮水思源爱渠护渠碑》（1987年订立）等。

　　以上这些"水环境—水生态碑刻"，其建立之缘由大体上可以分为两种情况：一是在某条水渠或某眼水井修建完工之后，为了纪念水利工程、记录水利开发过程，根据投工投资等情况确定水利分配，建立水利管理制度而专门建立的碑刻。如立于乾隆五十一年（1736）的《红土寨水井碑》，主要是为了纪念修建水井捐资者而立的。立于道光六年（1826）的《糯咱水沟碑记》，是为纪念开通水渠而记录利用水渠的规则。立于嘉庆三年（1798）的《吴营村水班碑记》，记录的是水利分配的来历和水利分配的规定。这些碑刻有关水资源分配和使用的内容，大多是根据村落社会长期形成的用水习惯而制定的，可以兼顾相关各方的利益，也能够得

──────────

①　立于乾隆四十三年七月二十日，现存于云南保山市隆阳区。

②　立于乾隆四十六年四月二十四日，原在云南楚雄市紫溪山南麓紫溪村后山王庙路口，现存紫金村公所。

③　立于嘉庆九年十二月十一日，现存于云南楚雄市吕合镇大天城村土主庙。

④　立于嘉庆十年正月十三日，现存于云南保山市隆阳区葛家村。

⑤　立于道光七年六月，现存于云南保山市隆阳。

⑥　道光八年冬月立于贵州天柱县清浪村。

⑦　立于道光十四年八月十五日，现存于云南楚雄市紫溪镇丁家村土主庙。

⑧　立于康熙三十一年，现存于云南大理宾川县力角乡圆觉寺。

⑨　立于光绪十六年五月二十八日，现存于云南保山市隆阳区。

⑩　立于民国三十一年，现存于元阳攀枝花乡，内容包括纪念竣工水利设施和记录水利分配规定两大方面的内容。

到社会各方的认可。之所以要将之铭刻于碑，是想把碑刻的内容传之久远。而我们都知道，碑刻不易移动，且多立于公众视线所及之地，人们容易看到读到，其宣传教育、警示之作用非常明显。所以，存在于乡村社会的水文碑刻在某种意义上可以视为规范村落用水制度的另类"法律条例"，它对维护村落社会秩序的作用是不容忽视的。

随着村落社会的发展与变迁，长期在村域社会发生作用的用水习惯规范，它并不可能根据村落社会新的利益诉求，自动做出调整，也不可能完全解决新的用水纠纷与矛盾。于是，当村组与村组之间、村与村之间、乡镇与乡镇之间，甚至是县与县之间发生用水纠纷时，基于村域社会内部生长起来的用水习惯规范总是在被打破、重申与再建的过程中，在不断地调适与规范的过程中，持续地发挥作用的。当每一次在调整解决现实的用水纠纷与矛盾时，有可能在新的情况下，重新把古老的用水规范提出来，加以适当的变通，镌刻于石碑，让人们遵守。

在西南乡村社会的水文生态碑刻中，有大量的碑刻就是在解决用水纠纷后重新竖立的碑刻，较为典型的有：

现存于广西罗城仫佬族自治县龙岸乡上地栋村的《给示勒碑》（立于宣统二年，即1910年），记录的是上地栋村和下地栋村围绕着一个既可蓄水防旱又可以养鱼的水塘——"北京塘"而发生的所用权纠纷。两村寨之纠纷发生后，争讼到县府，县衙根据实际用水情况，做出裁断："惟念乡田同地之义，各有守望相助之责，而下地栋所耕田亩，率在该塘之下，一旦不许占水，田苗必致旱伤。上地栋村人既已给于前，不宜断之于后，断令该塘仍归上村管业，鱼归上村打取，外村不得争占。其塘内所蓄之水，仍准下村及向来占水之村照旧开放灌溉，上地栋村人不得抗阻，并不得将塘变卖。遇有培修挖筑之事，必于先三日鸣锣会议，方许兴工。所需经费劳作，十成摊派，上地栋及下地栋两村各占四成，其余二成，由向来有水分各村均匀摊派，而昭公允，以息争端。"①

广西大新县太平乡立于天启四年（1625）的《左州养利州奉断在太

① 《罗城仫佬族自治县志》编纂委员会编：《罗城仫佬族自治县志》，广西人民出版社1993年版，第583—584页。

平筑坝灌田碑》，反映的是左州和养利州共同在太平筑坝取水，以灌溉农田的情况。据碑文记载，两沟水源自龙英、养利经过恩城。"在恩城为无关委弃之水，在太平为急需应接之流。"为协调解决地处上下游的恩城、太平两地取水发生纠纷，当地官府联合办案，按照传统，判给太平"筑坝取水以灌民田"，并对堤坝的高低作了严格规定，"太平不得妄加拳石杯土，恩城不得妄减尺寸"，保证上游不受淹，下游又有灌溉之利。[①]

立于清光绪二十七年（1902）的《羊龙潭水利碑》，反映的是云南大理鹤庆的"松树曲、邑头村、文笔村与西甸村、文明村、象眠村同放羊龙潭水灌溉田亩。水由高处平流对绕，递文明村边过北，水往桥下过，复东流至西甸村背后，照例分水，立有石闸"。然而，由于西甸三村"凿挖水道，屡坏古规"，偷放羊龙潭水，以充碾磨之用，使松树曲三村沟田水竭，禾苗枯槁，无奈只得将西甸三村的碾磨打坏，引起争端。当地知府知悉各村争诉控告后，"两次委员踏勘"，"断令同照古规，修复石闸"，"照古灌溉"，平息争端。[②]

在广西恭城县莲花瑶族乡势江村势江街发现的《判决坝案碑记》（立于宣统元年，即 1909 年），反映的是原为瑶族群众修筑主要用于灌溉之用的沟坝，后被木材商侵占用于运转木排，于是发生了纠纷。为永息事端，以敦和好，当地官府勘查实情、了解情况后，尊重瑶族群众的灌溉习惯，断令"每年春分以后，霜降以前，正田禾急需蓄水之时，每月只准逢三开坝，一月口口放木排。头圳二圳两坝，限由七点钟起至一点钟止，龙岩坝准放至二点钟止，每次口口口口钱共三千文。春分以前，霜降以后，无须灌溉，随到随开，不得勒收坝工钱文"[③]。并勒石立碑，永远遵守。

另外，乾隆三十七年（1772）立于红河州蒙自县多法勒乡布衣透村的《布衣透龙潭左山沟水碑记》和《详准布衣透沟水碑记》，记载乾隆年间布衣透和东山两个村寨之间，发生水利纠纷，官方调解审判后，通知

[①] 详见广西民族研究所编《广西少数民族地区石刻碑文集》，广西民族出版社 1982 年版，第 9—10 页。

[②] 云南省编辑组：《白族社会历史调查》（四），云南人民出版社 1991 年版，第 97 页。

[③] 黄钰辑点：《瑶族石刻录》第一卷，云南民族出版社 1993 年版，第 136 页。

当地老百姓水利分配之事宜。立于民国二年（1914）、现存于红河州石屏县宝秀镇兰梓营村的《兰梓营分水禁规碑》，反映的是发生水利纠纷与调解纠纷的情况，重新开列水利古规让当地居民遵守。立于嘉庆、乾隆年间，现存于玉溪元江县东峨镇武山村的《引水序碑》和《老乌山分水诉讼碑》，讲述的是当地发生水利纠纷上诉官府，官方调解后重新确定用水的规则。立于民国十二年（1923）、现存于红河州石屏县宝秀镇兰梓营村的《清理郑营民水碑记》和《郑营民水姓名碑》，记录整顿当地用水混乱状况之后，刻录用水权利者之名单。

如上这些调解水利纠纷的碑刻，记录的是水利纠纷的经过、调解过程及重新规定水利分配原则。在碑文的内容中，几乎所有的碑刻都要追溯用水的习俗惯制，而地方政府在处理水利纠纷中，大都尊重并认可各民族村域社会传统的用水习惯，并将之作为处理新的水利纠纷的主要依据。从这种地方官府充分吸收村域社会中现成的"民间法"资源来调解村落社会秩序可以看出，广泛存在于乡村社会的水文碑刻，在某种程度上如同司法判决的文献一样，对规范村落社会秩序发挥着不可替代的作用。

结　　语

　　通过以上对水环境与西南民族村落关系的生态研究，结合我国生态文明建设现状，我们认为，以下九个方面值得关注。

　　第一，综上，我们从几个方面对西南民族乡土传统中的水文生态知识进行了简单的讨论，虽然基本上没有涉及与水相关的社会生态，其实对于传统的乡土社会而言，无水不成农，水、水利及水利管理实际上是关涉社会管理体系的大问题。在生态文明建设的大背景下，对于乡土社会的可持续发展，我们在区域性的经济规划、经济布局的过程中，水的问题可能是应该上升到生态决策、生态布局的高度来重点关注的问题。而且这种关注，一个最不应该忽视的环节是，面对着民族社会文化的急剧转型与变迁，各民族社会传承有序的水文生态知识，是仅仅当作民族文化遗产停留在的传承、保护等学理认识层面呢？还是把一切有利于环境保护的水文生态知识，有机地吸纳到地方具体的生态建设实践中，可以说是一个值得重点思考的环节。因为，大量的民族学调查资料告诉我们，任何一个民族有关居住地周围小环境的认知，是长久经由该民族群体累积而成且有效的一种集体经验，具有潜在的生态认识价值。当然，我们还应该指出的是，在某一个地方颇具价值的生态经验，大多只在本土的文化环境中发挥作用，一旦移植到其他地区，失去了其存在的文化环境，可能发挥不了真正的作用，切忌想当然地搬用。

　　第二，水资源作为村落社会一种具有广泛影响的"公共资源"，对它的调配、使用向来是村民共同关心的大事。任何一个村落社会秩序的构建，如何协调村民之间的生产、生活用水，可以说是一个十分关键的环节。以水为主导的水事关系，往往直接延伸到村落社会关系的诸多方面。同样，对于以村落为基本单元组成的地方基层社会而言，因为河流、沟渠走向的跨村落性或跨区域性，同饮一江（河）水、同饮一湖（潭）水和共同享用一个灌渠等唇齿相依的水资源关系，始终是村落之间无法改变的一种客观现实，这种现实关系往往成为掣肘乡村秩序的一个重要因素。

第三，对于传统的农耕社会而言，以水为主导的水事关系作为体现村落社会关系的一个重要方面，它往往影响村落社会秩序的稳定。为了调整这种关系，各民族乡土传统中生长起来的"民间法"，包括以禁忌为代表的俗成民间习惯规范、以习惯法为主体的强制性规范和大量的乡规民约，可以说起到非常重要的作用。本书重点考察的水文碑刻作为"民间法"资源中一个非常特殊的类别，对于乡土社会水文环境的规范与保护，在前现代社会的漫长史程中同样发挥着不可或缺的作用。但是一个客观的事实是，20世纪50年代尤其是80年代以来，伴随着国家的"现代化"进程，在社会转型、经济变迁和民族传统文化的"消解"和"再造"的过程中，类似水文碑刻之类的社会调控手段，其发挥作用的空间日渐狭小，尽管相关的内容在新时期各种不同层级的乡规民约中也有不同程度的体现，甚至在某些比较偏远闭塞的乡村，用水之古规古制依旧还在发挥作用。在当下的村落生态文明建设中，如何充分挖掘、整合各民族社会的乡土生态知识，可以说往昔人们关注程度不高的水文环境碑刻所蕴含的生态知识，是值得重视和加强研究的一个环节。

第四，中国的西南地区，因其复杂的地理环境和多族群传统，其所呈现出来的生物和文化的多样性，向来是人类学家、民族学家关注的一个焦点。但是，随着西南民族地区现代化进程的加深，在急剧的社会转型与文化变迁中，在过分追求经济增长和短期效益的挤压和侵蚀下，根植于各民族社会历史与文化传统中的神山森林文化正在发生前所未有的变化，许多民族村落传统中的神山已经不再那么神圣，缺失信仰和观念支撑的神山森林正在悄然消逝。在生态失衡日趋严峻的当下，为了地区和民族的可持续发展，许多有识之士和人类学家已深刻地认识到，在尊重自然、保护环境的基础上，充分挖掘乡土社会传承有序的生态知识，尊重各民族的"敬天"传统，建立长效有序的循环经济，应是推进"生态文明"建设中值得关注的一项内容。

第五，在诸多不同层面的思考与反思中，有学者以各种数据的数理分析和统计分析为主，从宏观层面全面审视西南水文生态的变迁，有学者则从局部、细部入手，对西南民族村落水环境进行微型的生态分析。事实上，生态学视野下的传统村落社会，是一个相对独立和封闭的系统，在其内部静态的水文生态环境中，水井、水塘、水口作为最为活跃的环境因子，在调节村落小气候、围聚村落空间、构建村落自然—社会—文化系统中发挥重要的作用。如果将村落及其外围的农业生态系统结合起来进行考察，我们认为，在长期适应和改造自然的过程中，西南各民族保护和传承下来的神山、森林等，蕴含多重宗教与社会文化内涵，具有重要的区域性生态价值，值得认真研究。

第六，与生态相关的文化传统在消失。位于云南石林县中部的阿着底是一个典型的彝族撒尼人村寨，其森林覆盖率高达78%，居全县人均之首。从区位而言，撒尼人阿着底村寨在整体上处于生态环境较为脆弱的喀斯特岩溶地貌地区，四周青山环绕，森林在维护区域性的生态稳定中显得十分重要。该村的农田生态系统，庭园树木、风水林、水源林、密枝神林、集体林共同参与循环，发挥着不同的功效，保护了当地农业生态系统的生物多样性，对于涵养水源、保持水土、调节气候、保护生物多样性等都有十分重要的作用。

"文化主要是靠代际交流来传承的，文化传承是指某种文化的代际传承强度，即下一代对上代文化传承的得分数（以30分为满分）。对石林县阿着底村81户村民密枝林保护传承度访谈的结果表明，传承度得分的平均值从高年龄组到低年龄组依次减少，而且从40—59岁年龄组到30—39岁年龄组得分差异显著增加。不同教育背景组的平均值差异也比较显著。这说明密枝神山森林文化传统正在随着社会的发展和教育的影响逐渐丢失。"[1] 类似情形在我国西南地区的民族村落中普遍存在。

---

[1] 周鸿、吕汇慧：《乡村旅游地生态文化传统与生态环境建设的互动效应——以云南石林县彝族阿着底村为例》，《生态学杂志》2006年第9期。

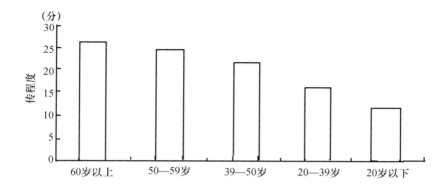

图1 不同年龄组的文化传承得分比较

第七，被称为"人类疲惫心灵的最后家园"的乡村，在某种意义上也是我国自然景观和人文景观最丰富的地方，在目前农村的生态文明建设实践中，如何充分挖掘乡土生态知识，在乡村生态环境建设与村落生态环境建设之间建立一种互动机制，探讨生态文化的新型传承手段与途径，是值得关注的一个思考点，或者说乡村生态研究的一个亮点。在社会转型和文化变迁过程中，探讨基层民众新的水文生态适应问题。

第八，村落水文生态环境的保护。探索实施新兴保护村落水文生态环境的方式。以傣族为例：以水文化、垄林文化为代表的傣族生态文化，传统的"森林—村寨—庭院—水田"农业生态系统及后来出现的各种生态经济模式体现了朴素的循环经济思想，对于生态环境保护具有积极促进作用。傣族园、各村寨应采取切实措施进行旅游业赖以生存的旅游资源与环境的保护，保护重点是"森林—村寨—庭院—水田"生态系统和景观格局、傣族文化遗产特别是非物质文化遗产。①

第九，由于社会变迁、经济开发、人口膨胀等诸多因素的影响，大的社会环境和人文环境的变化，伴随着村落社会生长起来并根植于民族

① 李庆雷、冯莹、明庆忠：《综合型旅游区循环经济实践模式初探——以西双版纳傣族园为例》，《西华大学学报》（哲学社会科学版）2010 年第 3 期。

社会生产生活传统中乡土知识（生态知识）在快速地消失，这也成为学界及社会各界的共识。以水文环境生态为主导的村落生态文明建设，如何对乡土生态知识进行充分的发掘、保护，可能更现实的做法要依靠民众，充分调动民众的积极性，让他们主动参与自身生态环境的保护和建设之中。

参考文献

一　主要参考书目（拼音排序）

艾菊红：《水之意蕴：傣族水文化研究》，中国社会科学出版社 2010 年版。

［英］安托尼·B. 坎宁安：《应用民族植物学：人与野生植物利用和保护》，裴盛基、淮虎银编译，云南科技出版社 2004 年版。

白庚胜：《东巴神话研究》，社会科学文献出版社 1999 年版。

北京图书馆金石组编：《北京图书馆藏中国历代石刻拓本汇编》，中州古籍出版社 1990 年版。

陈金全：《彝族仫佬族毛南族习惯法研究》，贵州民族出版社 2008 年版。

陈麟书：《宗教学原理》，四川大学出版社 1986 年版。

陈山、哈斯巴根主编：《蒙古高原民族植物学研究》，内蒙古教育出版社 2002 年版。

陈重明：《民族植物与文化》，东南大学出版社 2005 年版。

楚雄市林业局编：《楚雄市林业志》，德宏民族出版社 1996 年版。

答振益、安永权主编：《中国南方回族碑刻匾联选编》，宁夏人民出版社 1999 年版。

大理市文化丛书编辑委员会编：《大理古碑存文录》，云南民族出版社 1996 年版。

董欣宾、郑奇：《魔语——人类文化生态学导论》，文化艺术出版社 2001 年版。

窦贻俭、李春华编著：《环境科学原理》，南京大学出版社 2003 年版。

杜玉亭主编：《传统与发展——云南少数民族现代化研究之二》，中国社
　　会科学出版社 1990 年版。

［美］杜赞奇：《文化、权力与国家：1900—1942 年的华北农村》，王福
　　明译，江苏人民出版社 1996 年版。

段金录等主编：《大理历代名碑》，云南民族出版社 2000 年版。

方国瑜：《中国西南历史地理考释》，中华书局 1987 年版。

方精云等：《长江中游湿地生物多样性保护的生态学基础》，高等教育出
　　版社 2006 年版。

方李莉等：《陇戛寨人的生活变迁——梭戛生态博物馆研究》，学苑出版
　　社 2010 年版。

冯淑华：《传统村落文化生态空间演化论》，科学出版社 2011 年版。

高发元主编：《云南民族村寨调查》，云南大学出版社 2001 年版。

高立士：《西双版纳傣族传统灌溉与环保研究》，云南民族出版社 1999
　　年版。

高立士编译：《傣族谚语》，四川民族出版社 1990 年版。

高文等：《四川历代碑刻》，四川大学出版社 1990 年版。

龚维英：《原始崇拜纲要——中华图腾文化与生殖文化》，中国民间文艺
　　出版社 1989 年版。

广西民族研究所编：《广西少数民族地区石刻碑文集》，广西民族出版社
　　1982 年版。

广西壮族自治区编辑组：《广西壮族社会历史调查》（一——五），广西民族
　　出版社 1986 年版。

广西壮族自治区编辑组编：《广西少数民族地区碑刻、契约资料集》，广
　　西民族出版社 1987 年版。

郭家骥：《西双版纳傣族的稻作文化研究》，云南大学出版社 1998 年版。

国家文物局编：　《中国文物地图·云南分册》，云南科技出版社 2001
　　年版。

何峰主编：《藏族生态文化》，中国藏学出版社 2006 年版。

何明主编：《云南十村》，民族出版社 2009 年版。

何丕坤、何俊、吴训锋主编：《乡土知识的实践与发掘》，云南民族出版

社 2004 年版。

何丕坤、何俊：《热带社会林业》，云南科技出版社 2003 年版。

何丕坤等主编：《乡土知识的实践与发掘》，云南民族出版社 2004 年版。

何星亮：《中国图腾文化》，中国社会科学出版社 1996 年版。

淮虎银：《者米拉祜族药用民族植物学研究》，中国医药科技出版社 2005 年版。

黄彩文：《仪式、信仰与村落生活：邦协布朗族的民间信仰研究》，民族 出版社 2011 年版。

黄海：《瑶麓婚碑的变迁》，贵州民族出版社 1998 年版。

黄珺：《云南乡规民约大观》，云南出版集团公司、云南美术出版社 2010 年版。

黄钰辑点：《瑶族石刻录》（第一卷），云南民族出版社 1993 年版。

季富政：《中国羌族建筑》，西南交通大学出版社 2000 年版。

冀朝鼎：《中国历史上的基本经济区与水利事业的发展》，朱诗鳌译，中 国社会科学出版社 1981 年版。

江波、刘锦祺等搜集选编：《广西民间谚语选》，漓江出版社 1988 年版。

江帆：《生态民俗学》，黑龙江人民出版社 2003 年版。

江应樑：《摆夷的生活文化》，上海中华书局 1950 年版。

姜文来：《水资源价值论》，科学出版社 1998 年版。

金鉴明：《农村生态环境》，中国环境科学出版社 1985 年版。

金其铭：《农村聚落地理》，科学出版社 1988 年版。

［美］卡尔·A. 魏特夫：《东方专制主义：对于极权力量的比较研究》，徐式谷等译，中国社会科学出版社 1989 年版。

［美］克利福德·格尔兹：《尼加拉：十九世纪巴厘剧场国家》，赵丙祥 译，上海人民出版社 1999 年版。

雷兵：《哈尼族文化史》，云南民族出版社 2002 年版。

李楚荣主编：《宜州碑刻集》，广西美术出版社 2000 年版。

李迪主编：《中国少数民族科技史研究》（第二、四辑），内蒙古人民出版 社 1988、1989 年版。

李平凡、颜勇主编：《贵州"六山六水"民族调查资料选编·苗族卷》，贵州民族出版社 2008 年版。

李期博主编：《哈尼族梯田文化论集》，云南民族出版社 2000 年版。

李荣高等编：《云南林业文化碑刻》，德宏民族出版社 2005 年版。

李孝聪：《中国区域历史地理》，北京大学出版社 2004 年版。

李雪梅：《碑刻法律史料考》，社会科学文献出版社 2009 年版。

李雪松：《中国水资源制度研究》，武汉大学出版社 2006 年版。

李子贤、李期博主编：《首届哈尼族文化国际学术讨论会论文集》，云南
　　民族出版社 1996 年版。

林超民主编：《民族学评论》（第二辑），云南大学出版社 2005 年版。

刘军、梁荔：《阿佤人·阿佤理：西盟佤族传统文化调查行记》，云南民
　　族出版社 2008 年版。

刘沛林：《古村落：和谐的人聚空间》，上海三联书店 1998 年版。

刘邵权：《农村聚落生态研究——理论与实践》，中国环境科学出版社
　　2005 年版。

刘尧汉：《中国文明源头新探》，云南人民出版社 1985 年版。

龙春林主编：《民族地区自然资源的传统管理》，中国环境科学出版社
　　2009 年版。

龙庭生：《中国苗族民间制度文化》，湖南人民出版社 2004 年版。

吕大吉、何耀华主编：《中国各民族原始宗教资料集成》（白族、傈僳族、
　　彝族、苗族、壮族卷），中国社会科学出版社 1996 年版。

罗城仫佬族自治县志编纂委员会编：《罗城仫佬族自治县志》，广西人民
　　出版社 1993 年版。

罗康隆：《文化适应与文化制衡：基于人类文化生态的思考》，民族出版
　　社 2007 年版。

罗兴佐：《治水：国家介入与农民合作——荆门五村农田水利研究》，湖
　　北人民出版社 2006 年版。

骆世明等：《农业生态学》，湖南科学技术出版社 1987 年版。

蒙爱军：《水族经济行为的文化解释》，人民出版社 2010 年版。

米骞：《两汉四川陶俑鉴藏》，四川美术出版社 2007 年版。

闵叙：《粤述》，中华书局 1985 年版。

裴盛基、龙春林主编：《民族文化与生物多样性保护》，中国林业出版社2008年版。

裴盛基、龙春林主编：《应用民族植物学》，云南民族出版社1998年版。

彭一刚：《传统村镇聚落景观分析》，中国建筑工业出版社1994年版。

黔东南苗族侗族自治州地方志编纂委员会编：《黔东南苗族侗族自治州志·文物志》，贵州民族出版社1992年版。

黔西南布依族苗族自治州史志办公室编：《黔西南布依族清代乡规民约碑文选》，册亨县印刷厂，1986年。

［日］秋道智弥、市川光雄、大塚柳太郎等：《生态人类学的视野》，范广融、尹绍亭译，云南大学出版社2005年版。

［日］秋道智弥、尹绍亭主编：《生态与历史——人类学的视角》，云南大学出版社2007年版。

［日］秋道智弥等：《生态人类学》，范广融、尹绍亭译，云南大学出版社2006年版。

任国荣：《广西猺（瑶）山两月观察记》，台北南天书局1978年版。

任文伟、郑师章：《人类生态学》，中国环境科学出版社2004年版。

邵泽春：《贵州少数民族习惯法研究》，知识产权出版社2007年版。

斯心直：《西南民族建筑研究》，云南教育出版社1992年版。

宋恩常：《云南少数民族研究文集》，云南人民出版社1986年版。

孙琦、胡仕海：《西南边疆民族研究书系——民族文化生态村》（共6册），云南大学出版社2008年版。

孙太初：《云南古代石刻丛考》，文物出版社1983年版。

孙振玉主编：《人类生存与生态环境——人类学高级论坛2004卷》，黑龙江人民出版社2005年版。

田怀清、张锡禄：《大理白族古碑刻和墓志选辑》，云南人民出版社1991年版。

田松：《神灵世界的余韵——纳西族：一个古老民族的变迁》，上海交通大学出版社2008年版。

童恩正：《中国西南民族考古论文集》，文物出版社1990年版。

王兰州、阮红：《人文生态学》，国防工业出版社2006年版。

王清华：《梯田文化论——哈尼族生态农业》，云南大学出版社 1999年版。

王如松、周鸿：《人与生态学》，云南人民出版社 2004 年版。

王声跃等：《云南地理》，云南民族出版社 2002 年版。

吴大华：《民族法律文化散论》，民族出版社 2004 年版。

武文、武圣华主编：《民族记忆与地域情韵：中国西部原生态文化论稿》，中国人民大学出版社、山西教育出版社 2009 年版。

西双版纳州民委编：《西双版纳民族谚语集成》，云南人民出版社 1992年版。

祥贵编著：《崇拜心理学》，大众文艺出版社 2001 年版。

向柏松：《中国水崇拜》，上海三联书店 1999 年版。

熊晶、郑晓云主编：《水文化与水环境保护研究文集》，中国书籍出版社 2008 年版。

徐晓光等：《苗族习惯法研究》，华夏文化艺术出版社 2000 年版。

许建初主编：《民族植物学与植物资源可持续利用的研究》，云南科技出版社 2000 年版。

许再富、许又凯、刘宏茂：《热带雨林漫游与民族森林文化趣谈》，云南科技出版社 1998 年版。

薛达元主编：《民族地区保护与持续利用生物多样性的传统技术》，中国环境科学出版社 2009 年版。

薛达元主编：《民族地区传统文化与生物多样性保护》，中国环境科学出版社 2009 年版。

薛达元主编：《遗传资源、传统知识与知识产权》，中国环境科学出版社 2009 年版。

薛达元主编：《民族地区遗传资源获取与惠益分享案例研究》，中国环境科学出版社 2009 年版。

严立蛟等主编：《生态研究与探索》，中国环境科学出版社 1997 年版。

杨昌鸣：《东南亚与中国西南少数民族建筑文化探析》，天津大学出版社 2004 年版。

杨福泉：《纳西文明——神秘的象形文古国》，四川人民出版社 2002

年版。

杨世钰主编：《大理丛书·金石篇》，中国社会科学出版社 1993 年版。

杨庭硕、吕永峰：《人类的根基：生态人类学视野中的水土资源》，云南大学出版社 2004 年版。

杨庭硕、罗康隆：《西南与中原》，云南教育出版社 1992 年版。

杨庭硕、田红：《本土生态知识引论》，民族出版社 2010 年版。

杨庭硕：《生态人类学导论》，民族出版社 2007 年版。

尹绍亭：《民族文化生态村——云南试点报告》，云南民族出版社 2002 年版。

尹绍亭：《人与森林——生态人类学视野中的刀耕火种》，云南教育出版社 2000 年版。

尹绍亭：《一个充满争议的文化生态体系——云南刀耕火种研究》，云南人民出版社 1991 年版。

尹绍亭：《远去的山火——人类学视野中的刀耕火种》，云南人民出版社 2008 年版。

余压芳：《景观视野下的西南传统聚落保护——生态博物馆的探索》，同济大学出版社 2012 年版。

袁翔珠：《石缝中的生态法文明：中国西南亚热带岩溶地区少数民族生态保护习惯研究》，中国法制出版社 2010 年版。

云南省编辑组编：《云南民族民俗和宗教调查》，云南人民出版社 1985 年版。

张方玉主编：《楚雄历代碑刻》，云南民族出版社 2005 年版。

张福：《彝族古代文化史》，云南教育出版社 1999 年版。

张公瑾：《傣族文化》，吉林教育出版社 1986 年版。

张公瑾：《傣族文化研究》，云南民族出版社 1988 年版。

张浩良：《绿色史料札记——巴山林木碑碣文集》，云南大学出版社 1990 年版。

张金屯主编：《应用生态学》，科学出版社 2003 年版。

张跃、何斯强主编：《中国民族村寨文化》，云南大学出版社 2006 年版。

张跃主编：《中国民族村寨研究》，云南大学出版社 2004 年版。

郑晓云:《社会资本与农村发展——云南少数民族社会的实证研究》,中国社会科学出版社 2009 年版。

中国博物馆学会编:《2005 年贵州生态博物馆国际论坛论文集》,紫禁城出版社 2006 年版。

中国地质调查局、中国地质科学院岩溶地质研究所主编:《中国西南地区岩溶地下水资源开发与利用》,地质出版社 2006 年版。

中国科学院生物多样性委员会等:《生物多样性研究进展》,中国科学技术出版社 1995 年版。

中国历史博物馆考古部编:《当代考古学理论与方法》,三秦出版社 1991 年版。

中国人类学学会编:《人类学研究》,中国社会科学出版社 1984 年版。

中央民族学院少数民族语言研究所第五研究室编:《壮侗语族谚语》,中央民族学院出版社 1987 年版。

周恩福主编:《宜良碑刻》,云南民族出版社 2006 年版。

周鸿:《生态学的归宿——人类生态学》,安徽科学技术出版社 1989 年版。

周世中等:《西南少数民族民间法的变迁与现实作用》,法律出版社 2010 年版。

周星:《史前史与考古学》,陕西人民出版社 1997 年版。

二 主要参考论文（拼音排序）

艾菊红:《傣族水井及其文化意蕴浅探》,《内蒙古大学艺术学院学报》2005 年第 2 期。

白成元:《滇中南主要园林植物景观研究》,硕士学位论文,四川农业大学,2005 年。

白一凡:《云贵地区乡土民居建筑表皮的生态性研究》,硕士学位论文,上海交通大学,2011 年。

蔡红燕、李梅:《地上的水,天上的水——保山潞江坝大中寨德昂族水文化小议》,《保山师专学报》2008 年第 3 期。

柴玲:《水资源利用的权力、道德与秩序——对晋南农村一个扬水站的研究》，博士学位论文，中央民族大学，2010 年。

常青：《建筑人类学发凡》，《建筑学报》1992 年第 5 期。

钞晓鸿：《灌溉、环境与水利共同体——基于清代关中中部的分析》，《中国社会科学》2006 年第 4 期。

车玉华、赵莉、杨春好：《创新水文化的内涵》，《水科学与工程技术》2008 年第 1 期。

陈平：《中国最美的古村落：难忘肇兴，侗乡如歌》，《地图》2010 年第 5 期。

陈勇、陈国阶：《对乡村聚落生态研究中若干基本概念的认识》，《农村生态环境》2002 年第 1 期。

陈勇：《国内外乡村聚落生态研究》，《农村生态环境》2005 年第 3 期。

呈文：《东汉水田模型》，《云南文物》1977 年第 7 期。

大理州文物管理所：《云南大理大展屯二号汉墓》，《考古》1988 年第 5 期。

单海平、邓军：《我国西南地区岩溶水资源的基本特征及其和谐利用对策》，《中国岩溶》2006 年第 4 期。

段其武、许再富、刘宏茂：《西双版纳傣族缅寺庭院植物》，《林业与社会》1995 年第 1 期。

冯淑华：《古村落场理论及景观安全格局探讨》，《地理与地理信息科学》2006 年第 5 期。

付保红等：《云南省广南县者兔乡壮族农村聚落现状调查研究》，《云南地理环境研究》2001 年第 13 卷增刊。

郭家骥：《西双版纳傣族的水文化：传统与变迁——景洪市勐罕镇曼远村案例研究》，《民族研究》2006 年第 2 期。

郭康等：《风水理论对人文景观的影响》，《地理学与国土研究》1993 年第 2 期。

韩茂莉：《近代山陕地区地理环境与水权保障系统》，《近代史研究》2006 年第 1 期。

韩茂莉：《近代山陕地区基层水利管理体系探析》，《中国经济史研究》2006 年第 3 期。

韩荣培：《古代水族社会基层组织和土地、山林的管理方式》，《贵州民族研究》1999 年第 4 期。

何超雄：《祥云明代的水利工程——地龙》，《云南文物》1983 年第 14 期。

何念鹏、周道玮、孙刚等：《乡村生态学的研究体系与研究趋向探讨》，《东北师范大学学报》（自然科学版）2001 年第 6 期。

何斯强：《少数民族村寨社区管理资源的利用与整合——以云南红河哈尼族村寨社区管理中二元结构形式为例》，《思想战线》2006 年第 6 期。

何耀华：《彝族的自然崇拜及其特点》，《思想战线》1982 年第 6 期。

黄世典：《"庭园生态"初议》，《生态学杂志》1987 年第 1 期。

姜文来、王华东等：《水资源耦合价值研究》，《自然资源》1995 年第 2 期。

蒋俊杰：《我国农村灌溉管理的制度分析（1949—2005 年）：以安徽省泽史杭灌区为例》，博士学位论文，复旦大学，2005 年。

金珏：《侗族民居的生长现象试析》，《贵州民族研究》1993 年第 3 期。

李东、许铁铖：《空间、制度、文化与历史叙述——新人文视野下传统聚落与民居建筑研究》，《建筑师》2005 年第 3 期。

李锦：《聚落生态系统变迁对民族文化的影响——对泸沽湖周边聚落的研究》，《思想战线》2004 年第 2 期。

李君、陈长瑶：《生态位理论视角在乡村聚落发展中的应用》，《生态经济》2010 年第 5 期。

李明：《彝族祭龙仪式的文化内涵探析——以云南省红河县宝华乡座落村的调查为中心》，《毕节学院学报》2008 年第 2 期。

李戎戎、张锡禄：《云南少数民族传统社会人与自然和谐思想及其现代价值》，《大理学院学报》2007 年第 7 期。

李伟、马传松：《乌江流域少数民族的生态伦理观》，《重庆社会科学》2007 年第 3 期。

李志英：《黔东南南侗地区侗族村寨聚落形态研究》，硕士学位论文，昆明理工大学，2002 年。

廖静琳：《贵州苗族文化生态初探》，《安顺师专学报》2000 年第 2 期。

林萍、马建武、陈坚、张云：《云南主要少数民族园林植物特色及文化内涵》，《西南林学院学报》2002 年第 2 期。

刘爱忠、裴盛基、陈三阳：《云南楚雄彝族的"神树林"与生物多样性保护》，《应用生态学报》2000 年第 4 期。

刘滨谊：《人类聚居环境学引论》，《城市规划汇刊》1996 年第 4 期。

刘宏茂、许再富：《西双版纳傣族神山林和植物多样性保护》，《林业与社会》1994 年第 4 期。

刘俊浩：《农村社区农田水利建设组织动员机制研究》，博士学位论文，西南农业大学，2005 年。

刘珂林：《贵州喀斯特小流域水资源评价——以开磷集团 40 万吨/年合成氨工程供水项目为例》，硕士学位论文，贵州大学，2007 年。

刘婷：《浅论少数民族地区的传统文化和自然生态的保护及可持续发展——来自建设"民族文化生态村"彝族村寨的调查》，《楚雄师范学院学报》2002 年第 5 期。

刘再聪：《村的起源及"村"概念的泛化——立足于唐以前的考察》，《史学月刊》2006 年第 12 期。

刘仲桂：《保护古灵渠开发灵渠水文化——对灵渠保护与灵渠水文化开发的思考与建议》，《广西地方志》2009 年第 3 期。

龙运光、李明文等：《独特的侗家水井与侗民族文化发展及群体防病意识的探讨》，《中国民族医药杂志》2004 年第 1 期。

陆群、李美莲、焦丽锋、苏胜平：《湘西苗族"巴岱"信仰与生态维护——以禾库村水井的变迁为例》，《原生态民族文化学刊》2011 年第 2 期。

陆永刚：《论侗族对水资源的利用及其生态价值——以贵州黎平黄岗村为例》，《贵州民族学院学报》2008 年第 4 期。

吕德文：《水利社会的性质》，《开发研究》2007 年第 6 期。

罗德胤、孙娜、李婷：《哈尼族村寨"多寨神林对单磨秋场"的现象分析——以云南省红河州元阳县全福庄大寨为例》，《住区》2011 年第 3 期。

罗二虎：《中日古代稻作文化——以汉代和弥生时代为中心》，《农业考古》2001 年第 1 期。

罗康隆、麻春霞：《侗族空间聚落与资源配置的田野调查》，《怀化学院学报》2008 年第 3 期。

罗康隆、谭卫华：《多元文化视野中的地方性知识反思》，《吉首大学学报》2008 年第 1 期。

罗康隆：《地方性生态知识对区域生态资源维护与利用的价值》，《中南民族大学学报》2010 年第 3 期。

罗康隆：《侗族传统人工营林的生态智慧与技能》，《怀化学院学报》2008 年第 9 期。

罗康隆：《侗族传统人工营林业的社会组织运行分析》，《贵州民族研究》2001 年第 2 期。

罗康隆：《侗族传统生计方式与生态安全的文化阐释》，《思想战线》2009 年第 2 期。

罗康隆：《论侗族民间生态智慧对维护区域生态安全的价值》，《广西民族研究》2008 年第 4 期。

罗康隆：《论苗族传统生态知识在区域生态维护中的价值》，《思想战线》2010 年第 2 期。

罗康隆：《生态人类学的"文化"视野》，《中央民族大学学报》2008 年第 4 期。

罗康隆：《生态人类学述略》，《吉首大学学报》2004 年第 7 期。

罗康隆：《族际文化制衡与资源利用格局》，《怀化学院学报》2007 年第 6 期。

罗艳霞：《新农村建设中的古村落保护开发研究——以山西平遥西源祠村为例》，硕士学位论文，太原理工大学，2008 年。

罗用频：《民族学视野中的村落资源分析——以南盘江畔的巴结村为例》，《贵州民族研究》2005 年第 1 期。

麻国庆：《"公"的水与"私"的水——游牧和传统农耕蒙古族"水"的利用与地域社会》，《开放时代》2005 年第 1 期。

马曜：《傣族水稻栽培和水利灌溉在宗族公社向农村公社过渡和国家起源中的作用》，《贵州民族研究》1983 年第 3 期。

马英：《云南民族文化生态村建设的实证研究——以富民县小水井村为例》，《昆明冶金高等专科学校学报》2010 年第 4 期。

马宗保、马晓琴：《人居空间与自然环境的和谐共生：西北少数民族聚落生态文化浅析》，《黑龙江民族丛刊》2007 年第 4 期。

毛琳箐：《黔贵文化区建筑景观的文化生态学解读》，硕士学位论文，哈尔滨工业大学，2009 年。

毛佑全：《哈尼族居住习俗及其他》，《云南师范大学学报》1990 年第 3 期。

梅再美：《贵州喀斯特山区农村庭园生态经济发展途径与对策探讨》，《贵州林业科技》2005 年第 3 期。

潘戎戎：《哈尼族水文化传播分析——以云南元阳丫多哈尼族为例》，硕士学位论文，浙江大学，2010 年。

裴盛基：《民族植物学研究二十年回顾》，《云南植物研究》2008 年第 4 期。

沈艾娣：《道德、权力与晋水水利系统》，《历史人类学学刊》2003 年第 1 卷第 1 期。

石峰：《"水利"的社会文化关联——学术史检阅》，《贵州大学学报》2005 年第 3 期。

宋蜀华：《从民族学视角论中国民族文物及其保护与抢救》，《中央民族大学学报》2004 年第 4 期。

孙澄、何作庆：《水文化的固守与变迁——以红河县侨乡迤萨镇水文化为例》，《红河学院学报》2010 年第 1 期。

陶战：《我国乡村生态系统在国家生物性保护行动计划中的地位》，《农业环境与发展》1995 年第 4 期。

田莹：《自然环境因素影响下的传统聚落形态演变探析》，硕士学位论文，北京林业大学，2007 年。

汪春龙：《景洪县森林遭受严重破坏的调查》，《云南林业调查规划》1981 年第 2 期。

王龙飞：《近十年来中国水利社会史研究述评》，《华中师范大学研究生学报》2010 年第 1 期。

王铭铭：《"水利社会"的类型》，《读书》2004 年第 11 期。

王亚华：《治水与治国——治水派学说的新经济史学演绎》，《清华大学学报》2007 年第 4 期。

王炎松、袁铮、刘世英：《民居及聚落形态变革规律初探——鄂东南阳新县传统聚落文化调查》，《武汉水利电力大学学报》1999 年第 3 期。

王友富、王清清：《民族地区的地方性水知识与水资源可持续发展研究——以云南石林彝族自治县撒尼人为例》，《青海民族研究》2011 年第 2 期。

王钊：《生态视野下的聚落形态和美学特征研究》，硕士学位论文，天津大学，2006 年。

王震中：《应该怎样研究上古的神话与历史》，《历史研究》1988 年第 2 期。

王智平、安萍：《村落生态系统的概念及其特征》，《生态学杂志》1995 年第 1 期。

王智平：《不同地貌类型区自然村落生态系统的比较研究》，《农村生态环境》1993 年第 2 期。

王智平：《不同地区村落系统的生态分布特征》，《应用生态学报》1993 年第 4 期。

王智平：《村落生态系统的概论及特征》，《生态学杂志》1995 年第 1 期。

王智平：《农村生态系统分布特征和模式的探讨》，《农村生态环境》1994 年第 1 期。

韦杨：《〈大瑶山团结公约〉研究》，硕士学位论文，广西民族大学，2005 年。

韦贻春：《广西龙脊廖家古壮寨梯田水利文化研究》，硕士学位论文，广西民族大学，2007 年。

韦贻春：《广西龙脊廖家古壮寨梯田水利文化研究》，硕士研究生学位论文，广西民族大学，2007 年 4 月。

韦玉娇：《三江侗族村寨的地理环境与民族历史变迁》，《广西民族学院学报》2002 年第 5 期。

吴春明、王樱：《"南蛮蛇种"文化史》，《南方文物》2010 年第 2 期。

吴大华：《论民族习惯法的渊源、价值与传承——以苗族、侗族习惯法为例》，《民族研究》2005 年第 6 期。

吴世华：《试论侗族民居建筑的群体意识》，《贵州民族研究》1992 年第 2 期。

吴政富：《梵净山苗族风俗初探》，《广西民族学院学报》2004 年第 6 期。

伍家平：《论民族聚落地理特征形成的文化影响与文化聚落类型》，《地理研究》1992 年第 3 期。

伍文义：《简论布依族的祭龙仪式与龙崇拜观念》，《贵州民族研究》2000 年第 3 期。

向晓玲：《少数民族环境保护习惯法研究》，硕士学位论文，西南政法大学，2010 年。

萧正洪：《历史时期关中地区农田灌溉中的水权问题》，《中国经济史研究》1999 年第 1 期。

肖青：《中国民族村寨研究省思》，《民族研究》2008 年第 4 期。

谢堤：《"利及邻封"——明清豫北的灌溉水利开发和县际关系》，《清史研究》2007 年第 2 期。

熊海珍：《中国传统村镇水环境景观探析》，硕士学位论文，西南交通大学，2008 年。

肖冠兰：《中国西南干栏建筑体系研究》，博士学位论文，重庆大学，2015 年。

徐晓光：《贵州苗族水火利用与灾害预防习惯规范调查研究》，《广西民族大学学报》2006 年第 6 期。

杨甫旺：《蛇崇拜与生殖文化初探》，《贵州民族研究》1997 年第 1 期。

杨国才：《中国大理白族与日本的农耕稻作祭祀比较》，《云南民族学院学报》2001 年第 1 期。

杨鹃国：《民族村落文化：一个"自组织"的综合系统》，《中南民族学院学报》1992 年第 6 期。

杨萍：《广西水源头古村落解读》，硕士学位论文，北方工业大学，2010 年。

杨世文：《撒尼村落形态和民居建筑研究——以石林大糯黑村为例》，硕士学位论文，西南林学院，2008 年。

杨庭硕、杨成：《侗族文化与生物多样性维护》，《怀化学院学报》2008
　　年第 6 期。

杨庭硕：《地方性知识的扭曲、缺失和复原——以中国西南地区的三个少
　　数民族为例》，《吉首大学学报》2005 年第 2 期。

杨庭硕：《侗族生态智慧与技能漫谈》，《大自然杂志》2004 年第 1 期。

杨庭硕：《论地方性知识的生态价值》，《吉首大学学报》2004 年第 7 期。

杨庭硕：《论外来物种引入之生态后果与初衷的背离——以"改土归流"
　　后贵州麻山地区生态退变史为例》，《云南师范大学学报》2010 年第
　　1 期。

杨庭硕：《苗族生态知识在石漠化灾变救治中的价值》，《广西民族大学学
　　报》2007 年第 3 期。

杨玉：《树立科学发展观，保护民族地区的水资源》，《中央民族大学学
　　报》（自然科学版）2004 年第 2 期。

杨知勇：《哈尼族"寨心"、"房心"凝聚的观念》，《云南民族学院学报》
　　1994 年第 2 期。

尹绍亭：《基诺族刀耕火种的民族生态学研究》，《农业考古》1988 年第
　　4 期。

尹绍亭：《云南的山地和民族生业》，《思想战线》1996 年第 4 期。

余敏先：《中国洪水再生型神话的生态学意义》，《淮南师范学院学报》
　　2011 年第 5 期。

云南省博物馆：《云南呈贡七步场东汉墓》，《考古》1982 年第 1 期。

曾黎：《建水古井的记忆与想象》，《中国三峡》2010 年第 8 期。

曾琴：《西双版纳傣族水井装饰艺术研究——以景洪市为例》，硕士学位
　　论文，昆明理工大学，2011 年。

张爱华：《"进村找庙"之外：水利社会史研究的勃兴》，《史林》2008 年
　　第 5 期。

张公瑾：《傣族的农业祭祀与村社文化》，《广西民族研究》1991 年第
　　3 期。

张俊峰：《明清以来晋水流域之水案与乡村社会》，《中国社会经济史研

究》2003 年第 2 期。

张宁：《克木人的农耕仪礼与禁忌——兼论交感巫术中的映射律》，《民族研究》1999 年第 6 期。

张小军：《复合产权：一个实质论和资本体系的视角——山西介休洪山泉的历史水权个案研究》，《社会学研究》2007 年第 4 期。

赵慧：《衡水水文化的建设与研究》，《水文化》2009 年第 2 期。

赵世瑜：《分水之争：公共资源与乡土社会的权力和象征——以明清山西汾水流域的若干案例为中心》，《中国社会科学》2005 年第 2 期。

赵晓梅、贾明：《浅析侗族聚落形态与发展》，《住区》2012 年第 2 期。

郑景文：《桂北少数民族聚落空间探析》，硕士学位论文，华中科技大学，2005 年。

郑云瀚：《云南民居的生态适应性》，《华中建筑》2006 年第 11 期。

郑振满：《明清福建沿海农田水利制度与乡族组织》，《中国社会经济史研究》1987 年第 4 期。

中共云南省委宣传部课题组：《生态文明与民族边疆地区的跨越式发展》，《云南民族学院学报》2002 年第 6 期。

周道玮、盛连喜、吴正方等：《乡村生态学概论》，《应用生态学报》1999 年第 3 期。

周鸿、赵德光、吕汇慧：《神山森林文化传统的生态伦理学意义》，《生态学杂志》2002 年第 4 期。

周慧：《贵州传统民居建筑的环境自然生态观》，《贵州民族研究》2007 年第 3 期。

周建中：《村落建设的生态经济学原则》，《湖北师范学院学报》1992 年第 1 期。

周建中：《村落生态经济系统与村落生态经济学》，《农业现代化研究》1990 年第 1 期。

周建中：《关于村落生态系统的几点思考》，《自然辩证法报》1988 年第 10 期。

周秋文等：《农村聚落生态系统健康评价初探》，《水土保持研究》2009 年第 5 期。

周相卿：《黔东南雷山县三村苗族习惯法研究》，《民族研究》2005 年第 3 期。

朱圣钟、吴宏岐：《明清鄂西南民族地区聚落的发展演变及其影响因素》，《中国历史地理论丛》1999 年第 4 期。

朱彦彬：《几种农村庭院经济模式及效益分析》，《现代农业》2005 年第 7 期。

朱垚：《傣族的生态环境思想研究》，硕士学位论文，云南师范大学，2006 年。

庄晓敏：《水利风景区水文化挖掘及载体建设研究》，硕士学位论文，福建农林大学，2011 年。

后　　记

　　管彦波研究员是我国杰出的民族学家，长期从事民族地理学、民族史相关研究。2008 年以来西南地区连年大旱，引发了管彦波对西南地区村落与水关系的思考。在多年理论思考和对西南地区长期田野调查的基础上，他完成了这本《水环境与西南民族村落关系的生态研究》。

　　该书是管彦波继《民族地理学》之后的又一部大作，倾入了他近十年的心血。从研究内容上看，这部专著是对《民族地理学》横向内容展开的细化研究。在《民族地理学》一书中，管彦波对民族地理学的研究内容有过明确说明，认为"民族文化地理""民族聚落地理""民族生态观"等是民族地理学研究需要重点关注的内容，并对此做了深入的理论思考。《水环境与西南民族村落关系的生态研究》一书对"山水、人文环境与西南民族村落生态关系""制度、信仰与仪式""传统生态知识与村落水环境的保护"等内容的研究，与《民族地理学》所倡导的研究内容一脉相承。书中有对村落社会研究、水利社会研究细致的文献梳理，也有对西南民族村落生态和环境类型、水环境的历史变迁和水文化价值等深入细致的研究。在当前生态文明建设的大背景下，该书无疑对研究西南地区村落文化与资源环境的关系，地方性知识对国家生态文明建设和环境保护与可持续发展方面，都具有相当重要的价值与意义。

　　遗憾的是，管彦波未能看到该书付梓。初稿完成以后，由于研究任务繁忙，修改和完善工作暂时搁浅，但初稿已经比较成熟。后来，我们对初稿进行了修改和完善。经过一年的努力，该书终于付梓。在此，非常感谢中国社会科学院批准出版该书并给予出版资助，也要特别感谢翟慧敏博士承担起该书的修改和校对工作，感谢中国社会科学出版社张林编辑的细致工作和辛勤付出。

中国社会科学院民族学与人类学研究所

资源环境与生态人类学研究室

2020 年 9 月 24 日